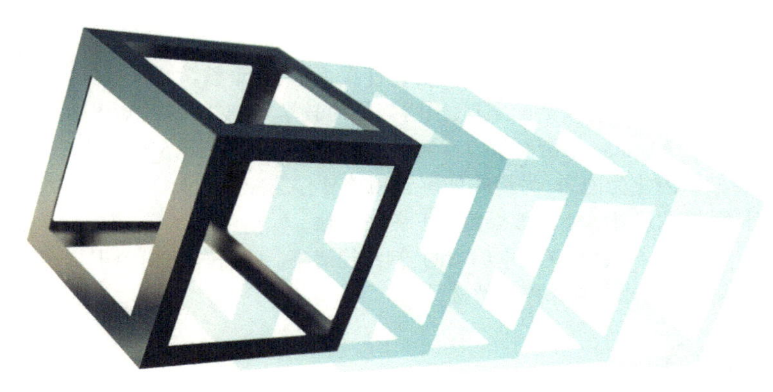

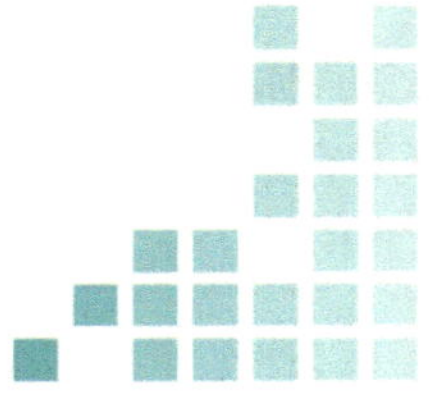

3ds Max
效果图制作活页教材

石 峰 主编
章杨丽 常宇航 副主编
贺志强 王梦璐 关玮玮 祝 东 编委

内容简介

本书是新型活页式融媒体教材，以项目任务式精心设计提炼了60个教学实践任务，其中教师主导24个任务，选择贴近学生、贴近生活的家具、卫浴等作为教学实例，将所教知识融入项目任务当中，循序渐进提升学生3ds Max的制作能力。学生主导的36个任务，以学生为中心，激发学生深入探究与学习，将知识内化为能力，为最终能够运用该软件为家具设计、室内设计、展示设计、橱柜设计、建筑外观、环艺设计等绘制效果图打下良好基础。

本书内容是基于中文版3ds Max 2020版本编写的，其结构清晰、语言平实，内容丰富、专业，适合作为院校和培训机构室内设计专业课程的教材。

图书在版编目（CIP）数据

3ds Max效果图制作活页教材 / 石峰主编. -- 北京 :
北京航空航天大学出版社, 2024. 4
ISBN 978-7-5124-4385-3

Ⅰ. ①3… Ⅱ. ①石… Ⅲ. ①三维动画软件-职业教育-教材 Ⅳ. ①TP391. 414

中国国家版本馆 CIP 数据核字（2024）第 080471 号

3ds Max效果图制作活页教材
石　峰　主　编
章杨丽　常宇航　副主编
责任编辑　刘恬利
*
北京航空航天大学出版社出版发行
北京市海淀区学院路37号(邮编100191)　http://www.buaapress.com.cn
发行部电话:(010)82317024　传真:(010)82328026
读者信箱:bhjiaopei@163.com　邮购电话:(010)82316936
北京富资园科技发展有限公司印装　各地书店经销
*
开本:710×1 000　1/16　印张:18.75　字数:347千字
2024年4月第1版　2024年4月第1次印刷
ISBN 978-7-5124-4385-3　定价:88.00元

若本书有倒页、脱页、缺页等印装质量问题，请与本社发行部联系调换。联系电话:(010)82317024

前言

Preface

本书依据《职业院校教材管理办法》、《国家职业教育改革实施方案》、《全国大中小教材建设规划》等文件要求，按照教育部2020年发布的中等职业学校专业课程标准，落实立德树人根本任务，贯彻职业教育“三教”改革精神，由一线优秀双师型教师和企业设计师组成的编写团队编写。

本书紧密结合职业教育特点，密切联系教学实际，突出技能训练和实操能力，以提升能力为目标，并以全新的形式满足教师、学生和社会需求为目标的指导思想。

本书由六个项目共60个任务组成。通过制作生活家具模型、办公家具模型、室内和日用品模型、瓷器模型、餐桌和橱柜模型、椅子沙发模型、卫浴模型等，循序渐进提升学生3ds Max的制作能力。通过熟练制作书中案例任务，学生将完全能够适应3ds Max软件在工作的需要。

本书在编写中突出了以下特色：

1. 线上资源与纸质教材密切配合，为新形态的一体化教材。典型任务、拓展任务既可通过纸质教材分步骤学习，也可通过扫描二维码观看制作视频线上学习，便于学习者不受限制，反复学习。

2. 教师主导教学任务选择贴近学生、贴近生活的家具、卫浴等作为教学实例，将复杂枯燥的参数命令以应用的角度融合到任务制作中，制作步骤讲解详细。先完成制作再总结归纳任务案例所涉及的知识点，使学生轻松掌握软件功能并能灵活运用。

3. 以学生为中心工单任务的教学方式激发学生的学习动力和学习热情。根据学生的认知特点，使其体验沉浸式学习。“学生主导任务A”和“学生主导任务B”让学生举一反三，巩固知识提升技能。“课后作业任务”创设“蹦一蹦够得到”的任务，有梯度地锻炼学生的自学探究能力，从而大幅度提升操作技能。

4. 任务驱动、三维评价，全面夯实强化技能。通过“教师主导教学任务”、“学生主导制作任务”、“典型任务”、“拓展任务”，任务图直观、赏心悦目，任务目的可评可测，任务要求具体明确，任务步骤清晰准确，三个维度评价学生任务，全面夯实、强化了3ds Max效果图制作技能，提升了学生的整体素养。

5. 注重课程思政，促进学生发展。中高职阶段是学生成长的关键性时期，也是进行思政教育的最佳时期，将思政教育融入到教学环节中，立德树人，可以促进学生得到长远可持续发展。

6. 注重核心素养，提升学生的必备品格和能力。本书以提高实际操作能力，培养学科核心素养为目标，强调学生做 3D 效果图的动手能力，锻炼学生如何举一反三，分析物体结构、解决空间思维能力。“课后作业”设计了“自学知识技能”、“探索研究”环节，以恰当的方式培训学生的自学能力，从而激发兴趣、提高自信、提升品格。

7. 结构合理、符合学习认知规律。本书借鉴近年职业教育课程改革和教材建设成功经验，精选案例、精心设计教材各环节。“知识点梳理”、“设计师点拨”、“资料库”等设计有的放矢、有效、有趣，提高了学习效率，培养了学生的学习能力。

本书主编石峰负责总体策划、组织协调及全书统稿，并负责项目二任务 2、项目四、项目六的编写及教材微课主讲；章杨丽负责软件介绍篇章、项目一、项目五任务 1 的编写、教材课件制作；常宇航负责项目二任务 1、项目三任务 2 的编写；贺志强负责项目三任务 1、项目五任务 2 的编写；王梦璐参与部分插图设计、微课后期制作。本书主审：姜晓辉；企业设计师祝东、关玮玮等专家参与教材编写工作并从行业规范、岗位技能、新技术等方便提出了指导性意见。

本书难免存在不足之处，敬请读者批评指正。

石　峰

2024 年 4 月

3ds Max 助您实现梦想
——软件介绍及应用

3D Studio Max，简称为 3d Max 或 3ds Max，是 Discreet 公司开发的（后被 Autodesk 公司合并）基于 PC 系统的 3D 建模渲染和制作软件。它的前身是基于 DOS 操作系统的 3D Studio 系列软件。从 1990 Autodesk 成立多媒体部，推出了第一个动画工作开始，3D Studio 软件便开始走上了历史的舞台。3D Studio 经历了发行、收购、合并等一系列的操作，现在已经是一款被广泛应用于视觉效果、角色动画、游戏、建筑设计、室内设计、展示设计、3D 打印技术、影视、工业设计等众多领域的多功能软件。

3ds Max2020 软件无论是在角色动画设计的应用上，还是在交互图形界面的设计上，都进行了改良和创新，进一步开发了建模平台的功能，增强了渲染能力，极大地帮助设计人员提高工作效率，这款软件成为名副其实的生产力。

在现在的信息化时代下，3ds Max 软件在未来的发展上将更加趋于智能化和多元化。软件简化了过去繁琐的程序，增加了更多的综合性功能，相信 3ds Max 软件将越来越多地被应用于社会的各个领域。

3ds Max 在游戏、动画领域的应用

3ds Max 是游戏、动画领域主要的制作软件。游戏设计师通过 3ds Max 软件的建模、动画、渲染等功能，将游戏中的角色、场景及动画效果完整地制作出来，达到游戏脚本的要求。

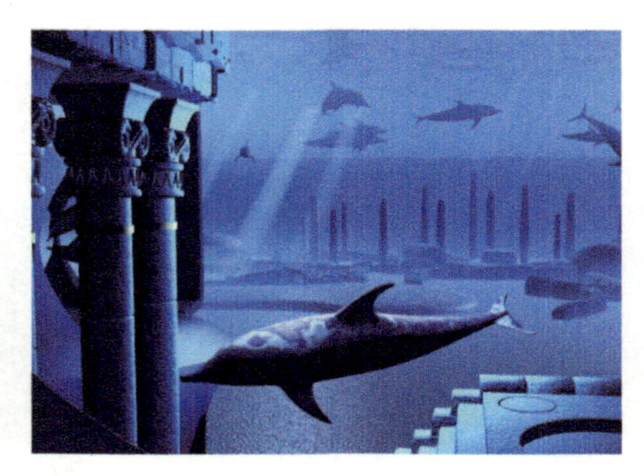

动漫设计作品　作者　杨爽（主编学生）

3ds Max 在室内设计、展示设计、建筑设计中的应用

室内设计和展示设计是指对建筑内部空间的再创造，通过墙体、水电、空间分布、家具合理安排、色彩搭配、饰品装饰等进行规划。而 3ds Max 软件能通过建模、材质贴图等功能最终渲染出效果图，提供完美的设计稿。全面掌握 3ds Max 软件是建筑设计专业最基本的要求。软件强大的制图功能在建筑设计领域有着不可替代的地位。3ds Max 制作的建筑效果图可以向大众展示建筑完成后的实际效果，也能表达出设计者的意图。

室内设计作品　作者　徐梓宁（主编学生）

建筑效果图作品　作者　梁怡瑶（主编学生）

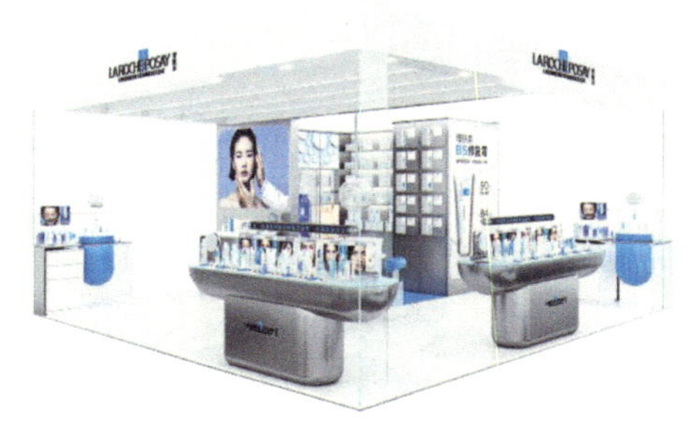

展示设计作品　作者　胡凤梅（主编学生）

3ds Max 在 3D 打印技术中的应用

随着打印技术的发展，3ds Max 软件在建模上方便、快捷、灵活等特点给打印技术提供了更多的可能性，在建筑、医疗、陶瓷、环境保护等各个领域都有 3D 打印技术的身影，不但提高了工作效率，还缩短了生产周期，起到了举足轻重的作用。

3D 打印作品　作者　石岱（主编学生）

目 录

Contents

项目一

制作简单家具模型

任务 1
使用标准几何体制作生活家具模型

任务描述

一、任务介绍

当同学们刚打开软件看到其复杂的操作界面时，会感到眼花缭乱、无从下手，容易产生畏惧的心理，所以首要任务是让复杂的软件简单化。通过制作简单的生活家具模型这种实际操作，了解 3ds Max 软件工作主界面及简单的建模原理，为下一步深入学习软件操作奠定基础。家具模型可参考图 1-1-1。

图 1-1-1

二、任务目标

任务表

教师主导教学任务	学生主导制作任务
典型任务:用长方体制作小饭桌模型	任务A:制作茶几模型
拓展任务:用长方体制作鞋柜模型	任务B:制作电视柜模型

知识目标

1. 能复述3ds Max软件操作界面的各部分组成。
2. 能描述3ds Max软件操作界面的各部分作用。

技能目标

1. 能看懂工作区的各个视图。
2. 能运用标准基本体制作简单家具模型。

素养目标

1. 学好3D数字化技术,助力"中国制造2025"。
2. 培养学生发现问题、解决问题以及勇于探究的能力。
3. 提升同学们的分析能力和勤于反思的能力。

典型任务 使用长方体制作小饭桌模型

一、任务要求

1. 利用长方体制作简单桌子模型。

2. 本次任务重点是能够看懂工作区的各个视图，并依据视图准确完成模型制作。

3. 掌握用移动命令移动物体的方法。

4. 掌握快速复制物体的方法（Shift+✥【选择并移动】）。

小饭桌模型可参考图 1-1-2。

图 1-1-2

扫一扫，观看教学视频

二、实施步骤

1. 选择文件菜单中的【重置】命令，重新设置系统。

2. 创建桌面模型。在顶视图中使用 +【创建】命令，在 对象类型 中单击 长方体，在顶视图中创建长方体，参数设置为长度：100，宽度：100，高度：4，其余参数值默认，如图 1-1-3 所示。

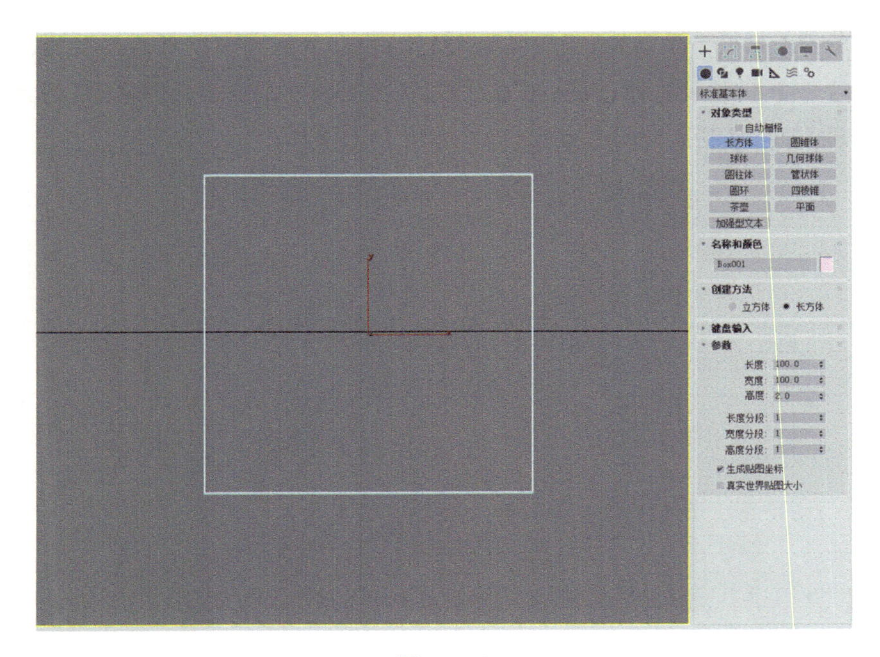

图 1-1-3

3. 创建桌腿模型。在 对象类型 中单击 长方体 ,在顶视图中创建长方体,长度:10,宽度:10,高度:-80,其余参数值不变,如图 1-1-4 所示。

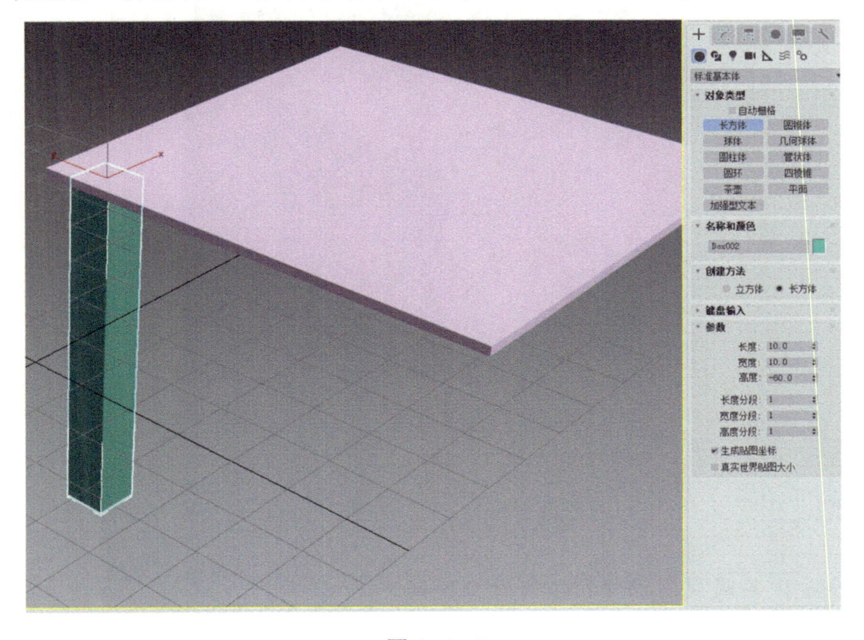

图 1-1-4

4. 在主工具栏中单击【选择并移动】工具，在顶视图中单击选择桌腿物体并按下键盘 Shift 键移动物体，锁定 X 轴方向，拖拽复制一个新的桌腿模型，用此方法锁定 Y 轴方向，复制另外两个桌腿模型，如图 1-1-5 所示。

图 1-1-5

5. 创建桌腿横梁模型。在 对象类型 中单击 长方体，在前视图中创建长方体，参数设置为长度：8，宽度：80，高度：8，其余参数值不变，利用所学复制的方法复制出其他横梁模型，如图 1-1-6 所示。

图 1-1-6

操作思考

问题 1. 不同视图操作物体有什么不同？

问题 2. 各个工作区如何切换？

知识点梳理

3ds Max 软件启动后，即可进入该软件的工作主界面，如图 1-1-7 所示，由菜单栏、工具栏、命令面板区、工作视图区、命令行、状态栏、时间滑块、视图控制区、动画控制区组成。

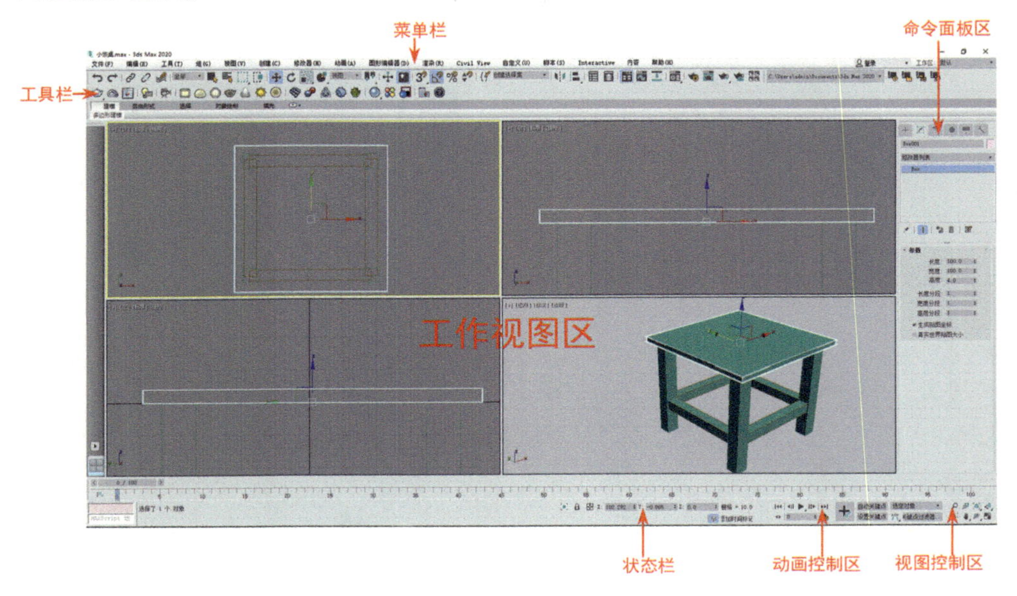

图 1-1-7

1. 菜单栏

3ds Max 软件中的菜单栏包含了软件的大部分操作命令，如图 1-1-8 所示。

文件(F)　编辑(E)　工具(T)　组(G)　视图(V)　创建(C)　修改器(M)　动画(A)　图形编辑器(D)　渲染(R)　Civil View　自定义(U)　脚本(S)　Interactive　内容　帮助(H)

图 1-1-8

2. 工具栏

3ds Max 软件中的很多常用命令以按钮形式在这里体现，如图 1-1-9 所示。

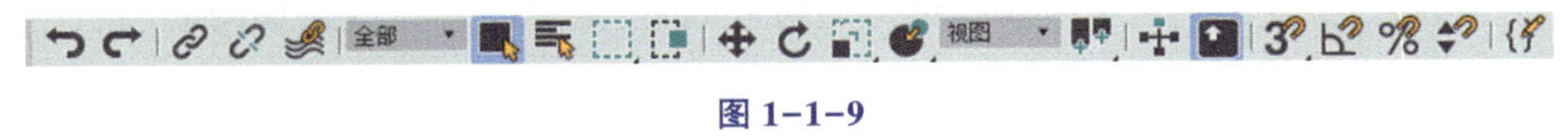

图 1-1-9

3. 工作视图区

在创建物体时，通过视图可以从不同角度观察所创建的物体，使创建更加精确。

4. 创建修改命令面板

创建命令面板包括几何体创建命令面板、图形创建命令面板、灯光创建命令面板、摄像机创建命令面板、辅助对象创建命令面板、空间扭曲创建命令面板和系统创建命令面板 7 个面板。每个命令面板中都包含了很多创建按钮，可以通过使用这些创建按钮创建不同物体，如图 1-1-10 所示。

在修改命令面板中可以对创建的物体进行编辑、修改、添加修改命令，如图 1-1-11 所示。

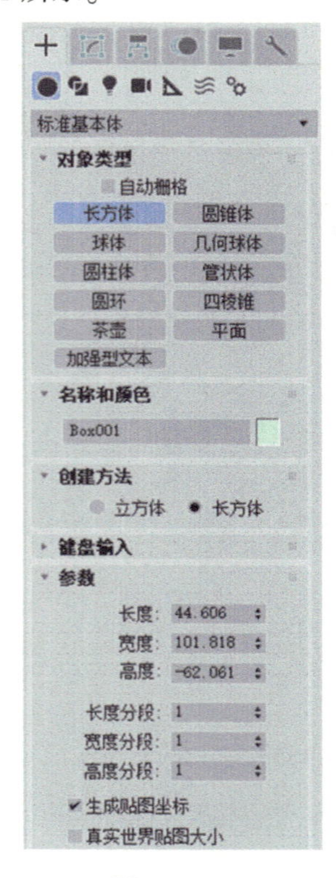

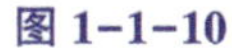
图 1-1-10

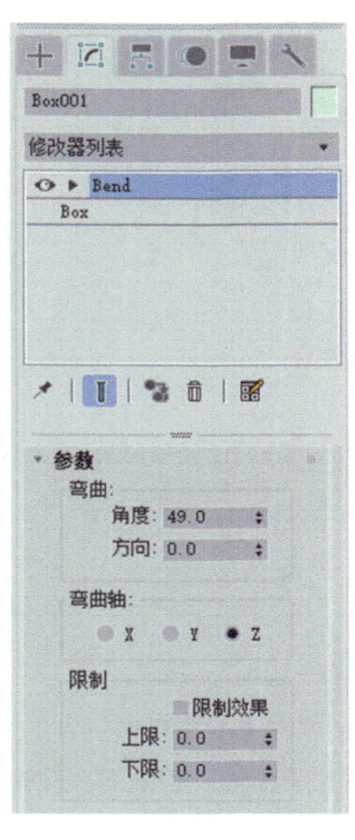

图 1-1-11

5. 状态栏

状态栏主要用于显示当前所选择的物体数目、坐标位置和目前视图的网络单位，如图 1-1-12 所示。

图 1-1-12

6. 动画控制区

动画控制区主要用于进行动画的记录、动画帧的选择、动画的播放以及动画时间的控制，如图 1-1-13 所示。

7. 视图控制区

通过视图控制区工具使用提高工作效率，如图 1-1-14 所示。

图 1-1-13

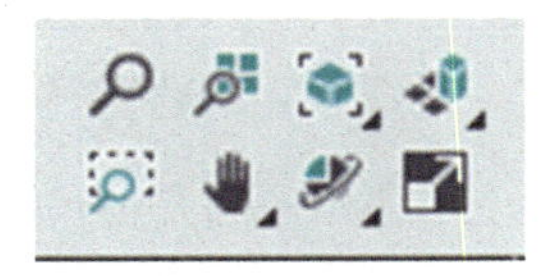

图 1-1-14

拓展任务 使用长方体制作鞋柜模型

一、任务要求

1. 本次任务的重点是运用长方体制作鞋柜模型，能够运用移动命令复制多个物体。

2. 能够运用移动命令，在不同轴向移动、复制物体。

3. 熟悉修改物体参数设置方法。

鞋柜模型可参考图 1-1-15。

图 1-1-15

扫一扫，观看教学视频

二、实施步骤

1. 选择文件菜单中的【重置】命令，重新设置系统。

2. 创建鞋柜顶面模型。在顶视图中使用 +【创建】命令，在 对象类型 中单击 长方体，在顶视图中创建长方体，参数设置为长度：42，宽度：122，高度：3，其余参数值不变，如图 1-1-16 所示。

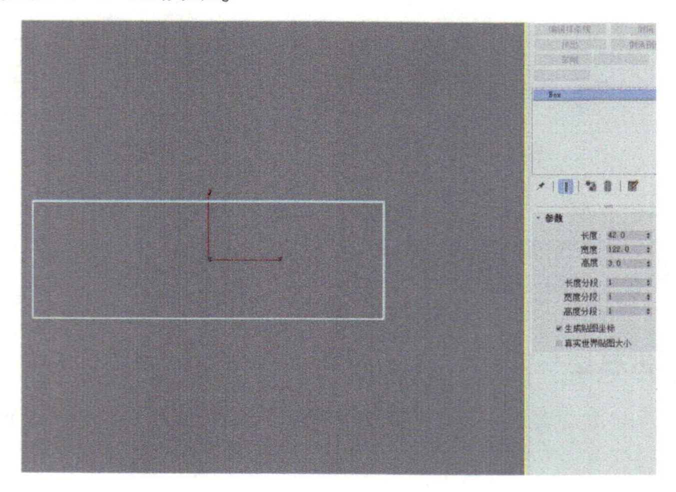

图 1-1-16

3. 创建鞋柜侧板模型。在 对象类型 中单击 长方体，在顶视图中创建长方体，长度：38，宽度：3，高度：-110，其余参数值不变，如图 1-1-17 所示。

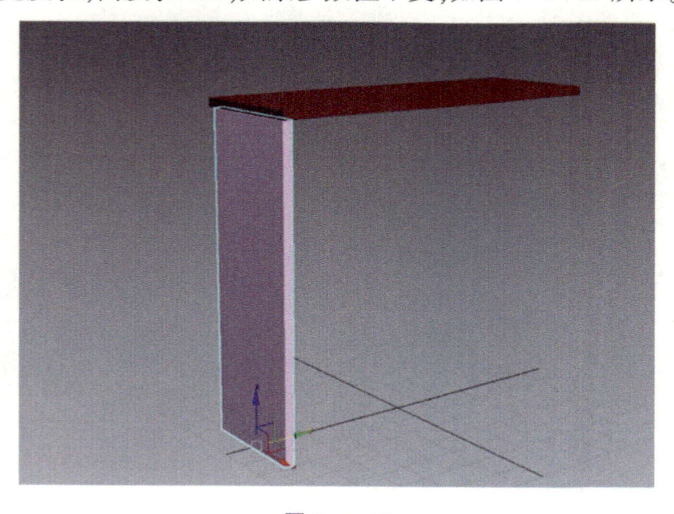

图 1-1-17

4. 在主工具栏中单击✥【选择并移动】工具，在顶视图中单击选择鞋柜侧板模型并按下键盘 Shift 键移动物体，拖拽拷贝另外两个鞋柜侧板模型，如图 1-1-18 所示。

5. 创建鞋柜横梁模型。在 ▾ 对象类型 中单击 长方体 ，在顶视图中创建长方体，参数设置为长度：38，宽度，114，高度：3，其余参数值不变，如图 1-1-19 所示。

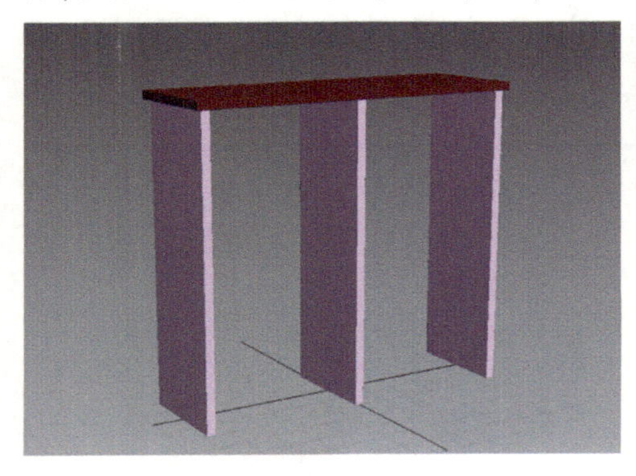

图 1-1-18

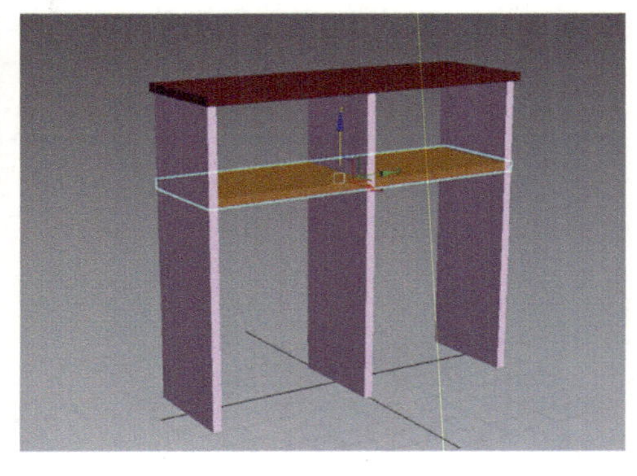

图 1-1-19

6. 在主工具栏中单击✥【选择并移动】工具，在前视图中单击选择横梁模型并按下键盘 Shift 键移动物体，锁定 y 轴方向，拖拽复制出另外 3 层横梁模型，如图 1-1-20 所示。

7. 选择第三层横梁模型，单击【修改】命令，修改参数，宽度：57，其它不变，效果如图 1-1-21 所示。

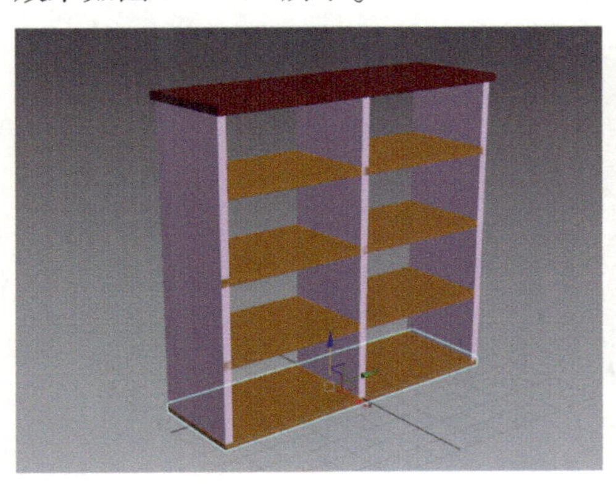

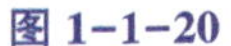

图 1-1-20

图 1-1-21

设计师点拨

工作区视图原理

3ds Max 工作区视图原理就如同汽车模型顶部、前面、侧面各有一部照相机，如图 1-1-22、图 1-2-23 所示。

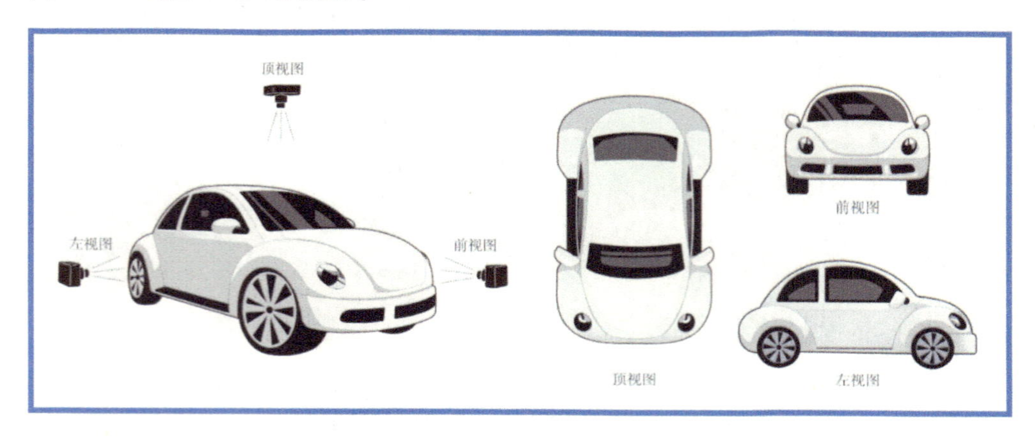

图 1-1-22

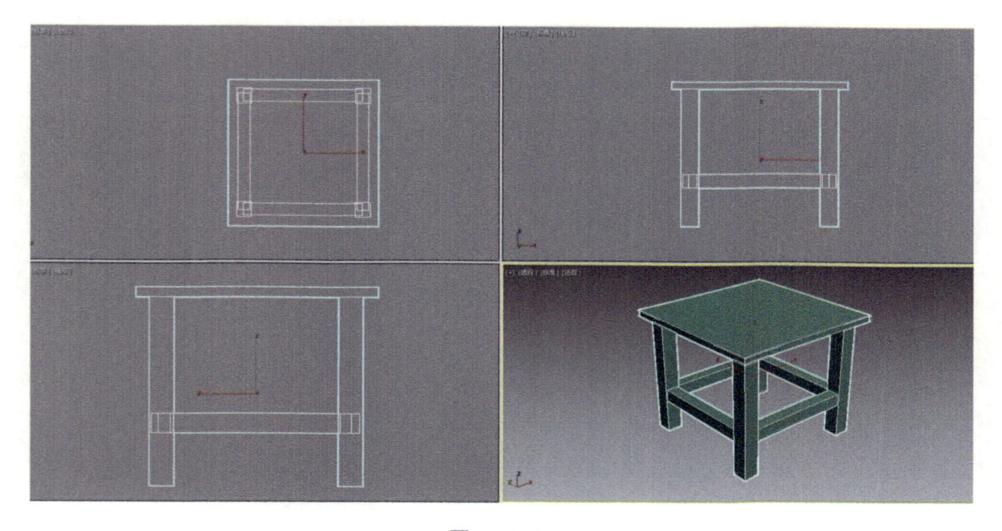

图 1-1-23

资料库 3ds Max 常用命令快捷键

图　标	快捷键	用　途
	T/B	顶视图/底视图
	F	前视图
	L	左视图
	C	摄像机视图
	P	透视图
【缩放】	Alt+Z	缩放
【缩放区域】	Ctrl+W	缩放区域
【缩放所有区域】		缩放所有区域
【平移视图】	按下鼠标滚轮	可以平移视图
【最大显示】		最大化显示选定对象
【所有最大显示】		所有视图最大化显示选定对象
【环绕】	Alt+按下鼠标滚轮	环绕
【最大化视口切换】	Alt+W	最大化视口切换
	G	视图栅格显示开关

学习笔记

学生主导任务A　茶几模型制作任务单和评价单

茶几模型制作任务单

任务名称	茶几模型制作		
效果图			
分解图			
学生姓名		同组成员	
任务目的	1. 要求学生独立完成茶几模型制作,巩固学习的知识和技能。 2. 熟悉 3ds Max 软件工作区 4 个视图,培养学生 3D 空间感觉。 3. 使学生体会 3ds Max 基本几何体初次建模的乐趣。		
任务重点	1. 初步看懂工作区 4 个视图模型外观形状。 2. 能够运用移动命令在不同轴向移动、复制物体。		
任务要求	1. 使用长方体制作茶几模型。 2. 使用移动命令复制茶几局部模型。 3. 合理运用工作区 4 个视图创建模型。 4. 提交文件名为:作业名称-姓名-班级,MAX 格式文件,不渲染。		
学分	茶几模型制作:0.2 学分。		

茶几模型制作任务评价单

姓名		任务名称									
项目	评价要点及标准	自评			他评			师评			
		A	B	C	A	B	C	A	B	C	
课堂状态	注意力是否集中										
	学习是否主动										
	练习是否认真										
	学习热情是否高涨										
学习策略	认真预习										
	不耻下问										
	敢于面对困难										
	勤于动手实践										
	善于思考										
知识目标											
技能目标											
反思											

学生主导任务B 电视柜模型制作任务单和评价单

电视柜模型制作任务单

任务名称	电视柜模型制作		
效果图			
分解图			
学生姓名		同组成员	
任务目的	1. 要求学生独立完成电视柜模型制作,巩固学习的知识和技能。 2. 熟悉 3ds Max 软件工作区的 4 个视图,培养学生 3D 空间感觉。 3. 使学生体会 3ds Max 基本几何体创建家具的乐趣。		
任务重点	1. 初步看懂工作区 4 个视图模型外观形状。 2. 能够运用移动命令复制多个物体。		
任务要求	1. 使用长方体、圆柱体制作电视柜模型。 2. 使用移动命令复制电视柜局部模型。 3. 合理运用工作区 4 个视图创建模型。 4. 提交文件名为:作业名称-姓名-班级,MAX 格式文件,不渲染。		
学分	电视柜模型制作:0.2 学分。		

电视柜模型制作任务评价单

姓名		任务名称								
项目	评价要点及标准	自评			他评			师评		
		A	B	C	A	B	C	A	B	C
课堂状态	注意力是否集中									
	学习是否主动									
	练习是否认真									
	学习热情是否高涨									
学习策略	认真预习									
	不耻下问									
	敢于面对困难									
	勤于动手实践									
	善于思考									
知识目标										
技能目标										
反思										

课后作业任务单

任务名称	学生教室桌椅模型制作
作业要求	1. 同学们利用课后时间,依照学生教室桌椅的效果图,运用标准几何体完成教室桌椅模型制作。 2. 本次任务的重点和难点是在一个场景中完成桌子和椅子模型,然后利用移动复制命令,完成所有模型复制。 3. 立体字模型的制作方法还没有学习,重在吸引同学们兴趣,引发同学们的思考和观察,为后续学习奠定基础。 4. 课后作业任务有一定的难度,鼓励同学们大胆探索、发现问题、提出问题,可以锻炼同学们的分析能力和解决问题的能力。
效果图	自信 专注 认真 乐观
效果图	

前视图 左视图	
效果图	
前视图 左视图	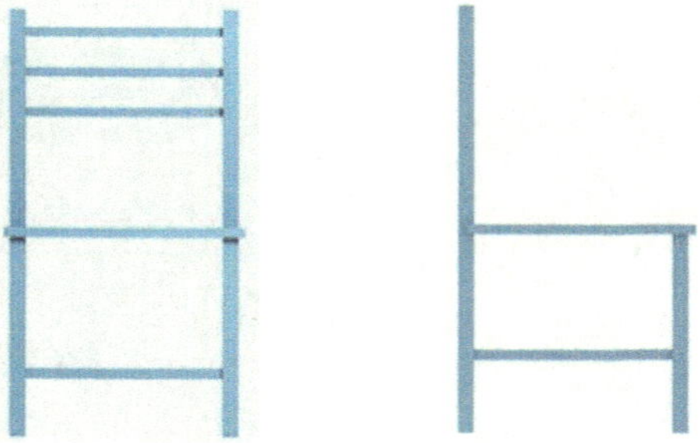
思考探索	立体字模型： 重在吸引同学们兴趣，引发同学们思考、观察、探索、研究，为后续学习奠定基础 制作要领提示： 二维线挤出命令 自信 专注 认真 乐观
问题	

学习笔记

任务 2
使用标准几何体制作办公家具模型

任务描述

一、任务介绍

在现实生活中,几何体形状的物体随处可见,例如皮球、桌椅、衣柜、灯管等。3ds Max 软件自带多种几何体,可以随意组合,创造出不同的造型。本次任务通过使用标准几何体制作办公家具模型,使同学们掌握使用标准几何体制作简单家具模型的基本方法,同时了解标准几何体建模的基本原理。办公家具模型可参考图 1-2-1。

图 1-2-1

二、任务目标

任务表

教师主导教学任务	学生主导制作任务
典型任务:使用长方体制作电脑桌模型	任务 A:制作电脑组合桌模型
拓展任务:使用圆柱体制作折叠凳模型	任务 B:制作餐桌模型

知识目标

1. 能用自己的语言描述 3ds Max 软件建模的基本原理。
2. 能描述制作简单家具模型的方法。

技能目标

1. 会使用 3ds Max 软件选择物体工具进行多选和减选。
2. 会设置和修改物体对象参数。
3. 会使用移动、旋转工具,镜像命令。

素养目标

1. 通过制作三维模型,提升同学们的立体感知能力。
2. 培养同学们将复杂问题分解为几个简单问题,化繁为简的转化能力。

典型任务 使用长方体制作电脑桌模型

一、任务要求

1. 运用标准几何体制作电脑桌模型。
2. 本次任务重点是物体对象参数设置和修改。
3. 熟练使用拷贝命令复制物体。
4. 熟练使用移动、旋转工具。

电脑桌模型可参考图1-2-2。

图1-2-2

扫一扫,观看教学视频

二、实施步骤

1. 选择文件菜单中的【重置】命令,重新设置系统。

2. 创建桌面模型。选择+【创建】命令面板上的标准几何体,在 对象类型 中,单击 长方体 ,在顶视图中创建长方体,参数设置为长度:60,宽度:120,高度:2,其余参数值不变,如图1-2-3所示。

3. 创建侧面模型。在左视图中继续创建长方体,参数设置为长度:75,

宽度:55,高度:2,其余参数值不变,同时在左视图中调整其位置,位置如图 1-2-4 所示。

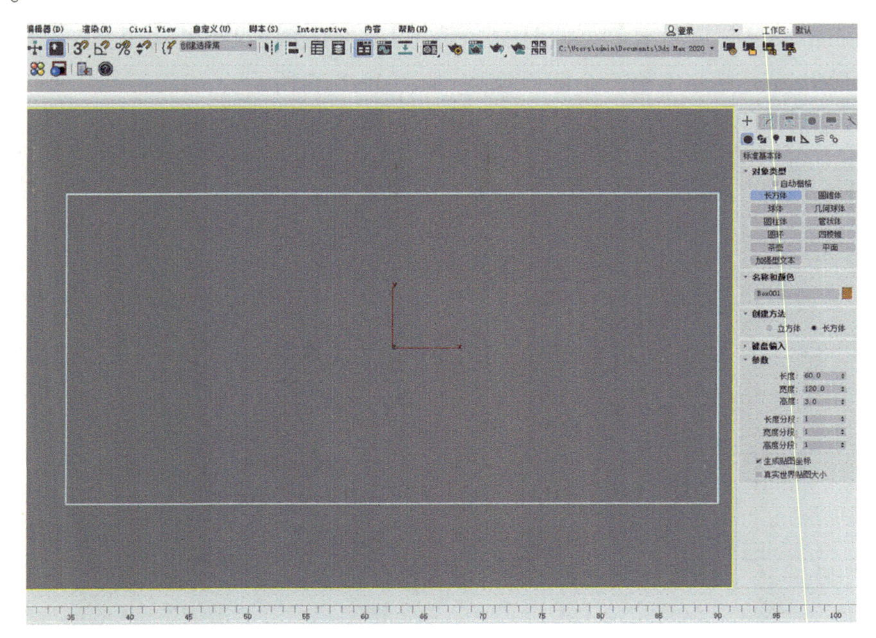

图 1-2-3

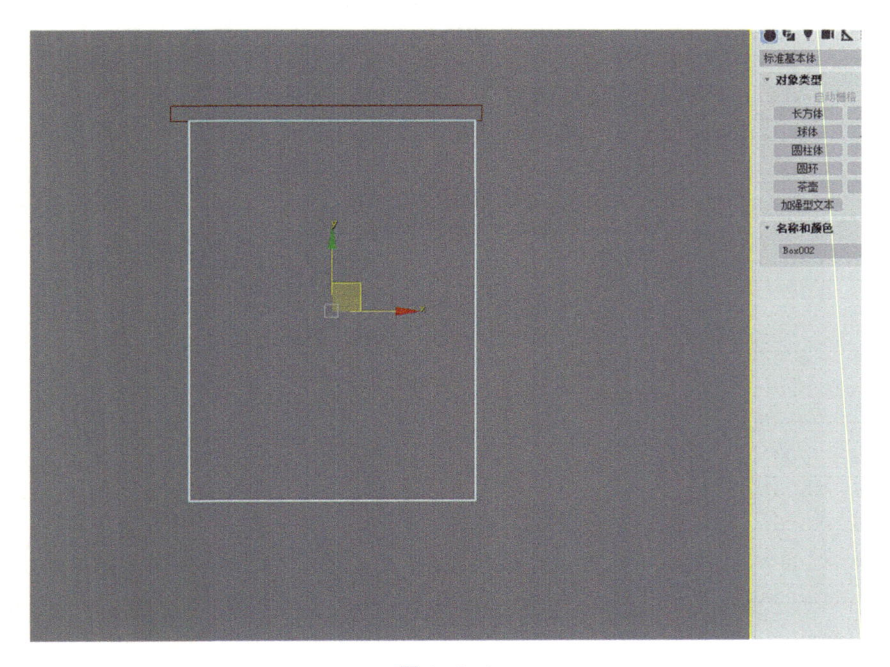

图 1-2-4

4. 创建其它侧面模型。在前视图中，利用复制的方法创建电脑桌的其它侧面模型部分。单击选择步骤二中创建的长方体模型，锁定 X 轴方向，按住 shift 键的同时向右拖动鼠标进行复制，弹出【克隆选项】的对话框，如图 1-2-5 所示，单击确定。依照此方法复制出第三个侧面模型，如图 1-2-6 所示。

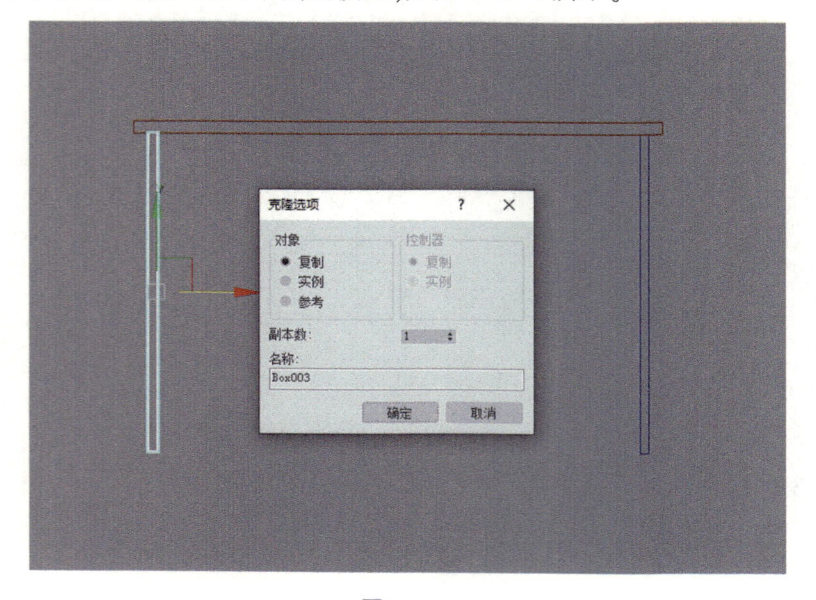

图 1-2-5

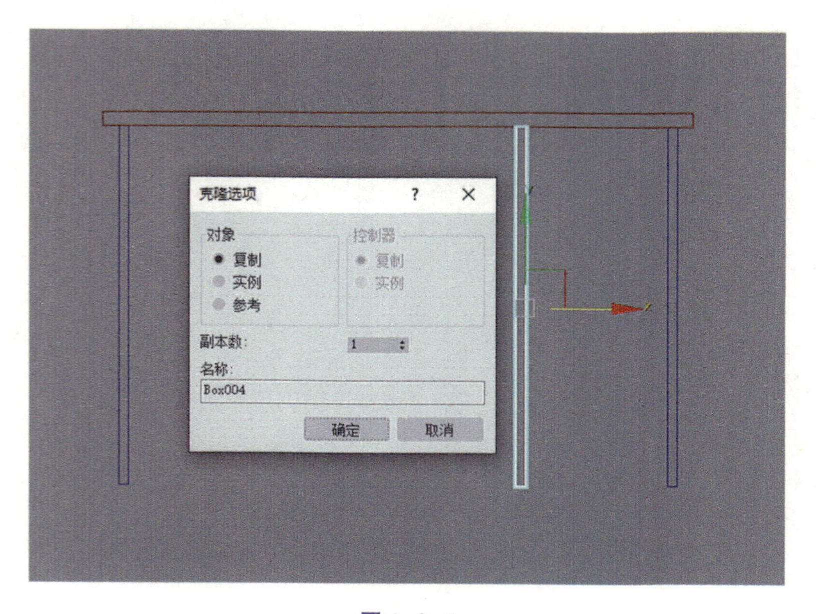

图 1-2-6

5. 创建电脑桌的后搁板模型。在前视图中创建长方体，长度：30，宽度：75，高度：2。单击【选择并旋转】工具，在左视图中以 Z 轴为轴心旋转 -40 度，如图 1-2-7 所示。

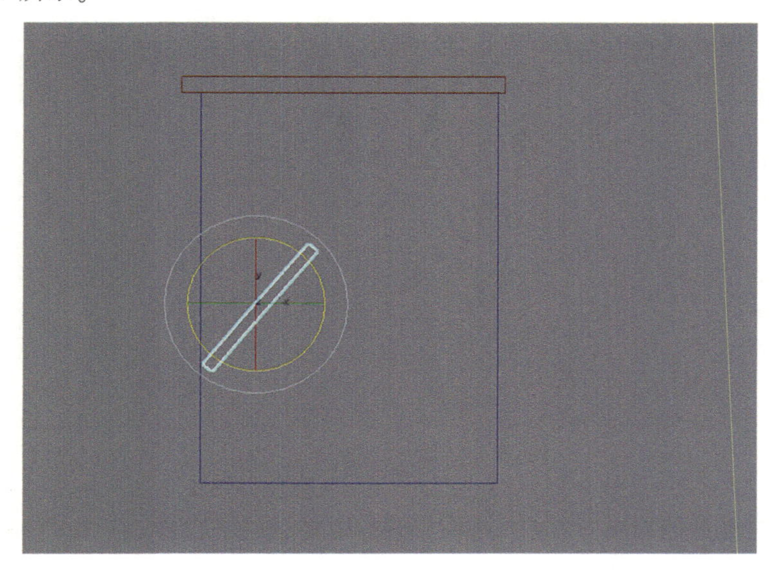

图 1-2-7

6. 创建放置键盘的搁板模型。在顶视图创建出长方体如图 1-2-8 和图 1-2-9 所示，并在其他视图中将其移动到合适位置。

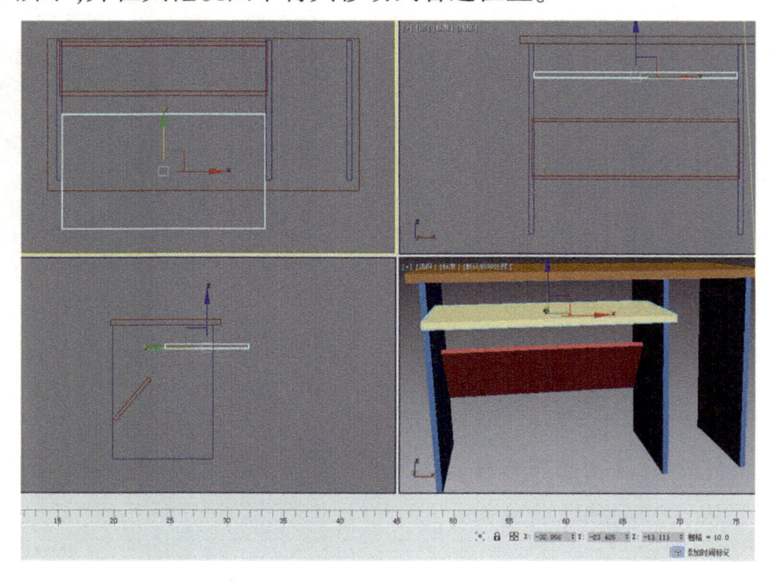

图 1-2-8

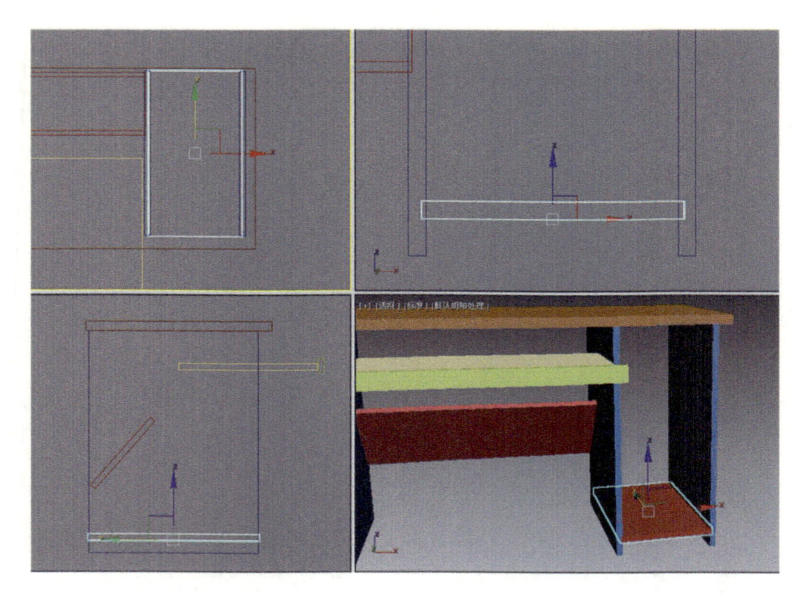

图 1-2-9

7. 创建键盘挡板模型。在顶视图创建长方体，调整适当位置，如图 1-2-10 所示。调整后完成制作电脑桌模型，如图 1-2-11 所示。

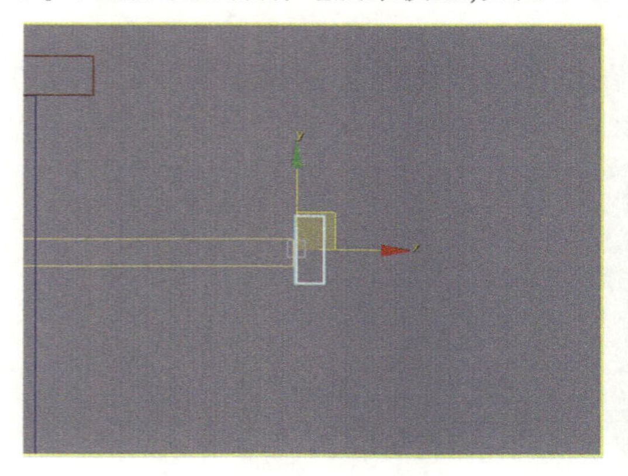

图 1-2-10

图 1-2-11

操作思考

问题 1. 如何修改物体的参数？

问题 2. 如何控制物体的轴向？

知识点梳理

1. 选择物体工具

【选择物体】:只具有选择功能,不能对选择的对象进行其它操作。

【选择并移动】:具有选择的功能,同时还可以对选择的对象进行移动。

【选择并旋转】:具有选择的功能,同时还可以对选择的对象进行旋转。

【选择并缩放】:具有选择功能,同时还可以对选择的对象进行缩放。

2. 对象的多选或减选

3ds Max 软件操作时,经常需要选择多个对象进行操作修改,常用的有以下三个方法:

(1)点选方法:使用、、、四个工具时,配合按下键盘 Ctrl 键可以用鼠标单击多选物体,按下 Alt 键可以减选物体。

(2)框选方法:使用主工具栏中【区域选择】工具,用鼠标左键可以框选多个物体,或者可以配合键盘 Ctrl 键和 Alt 键多选物体或减选物体。

(3)名称选择方法:使用主工具栏中【名称选择】工具,可以使用鼠标选择物体对象的名称从而选择多个物体。

3. 操作调整物体对象

(1)物体对象参数修改:

选择【名称选择】创建命令面板上的标准几何体,在 对象类型 中单击 长方体 ,在顶视图中创建长方体,如图 1-2-12 所示;单击【修改】命令,修改长方体【高度】参数,如图 1-2-13 所示。

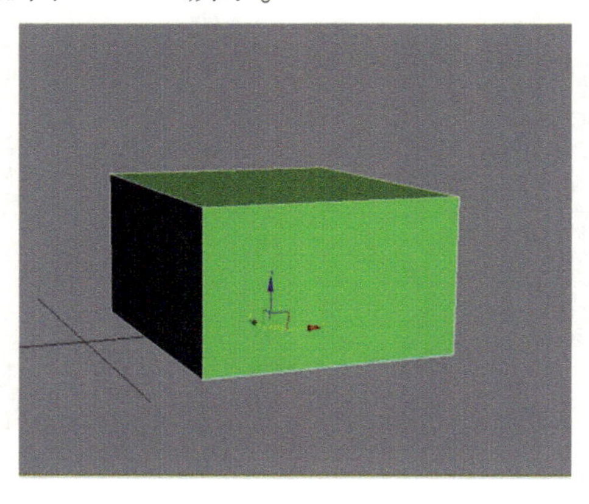

图 1-2-12

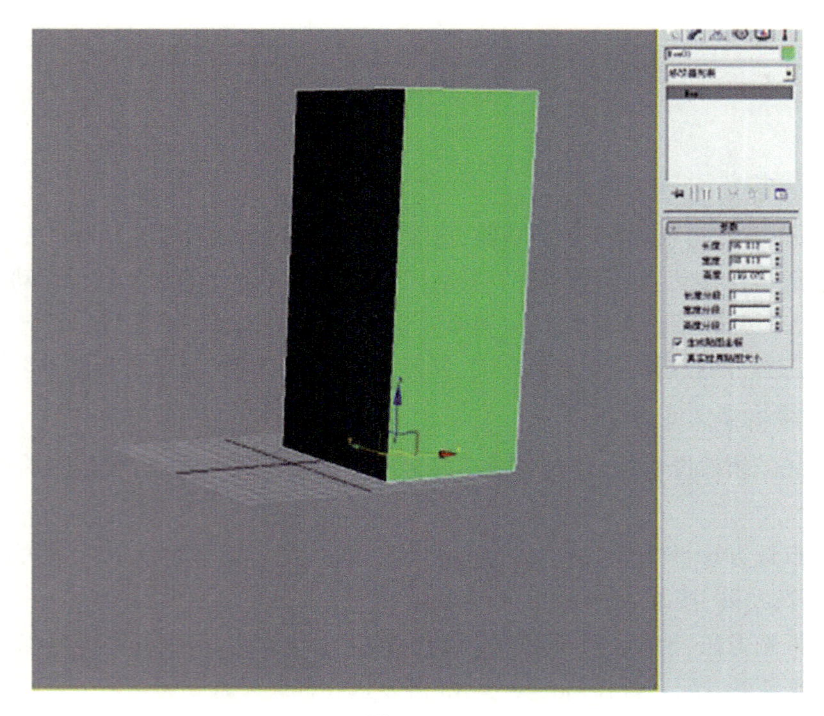

图 1-2-13

（2）选择对象添加修改命令：

选择＋【创建】命令面板上的标准几何体，在 ▾ 对象类型 中单击 圆柱体 ，在顶视图中创建圆柱体，如图 1-2-14 所示。单击【修改】命令，在 修改器列表 选择【弯曲】命令，修改长方体【角度】参数值：-85，如图 1-2-15 所示。

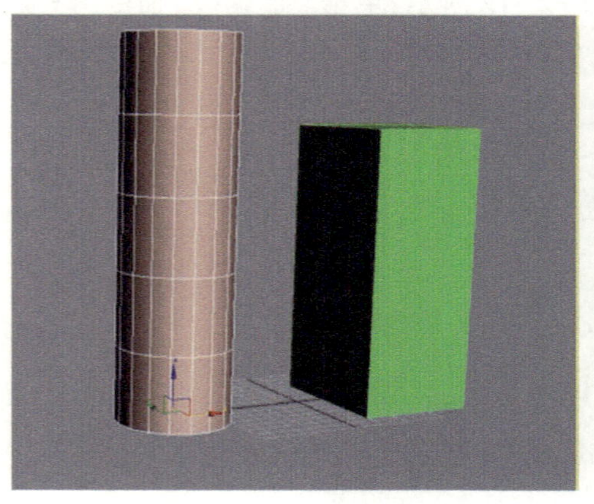

图 1-2-14

图 1-2-15

4. 复制物体对象的方法

3ds Max 软件在创建室内场景时，经常需要制作很多形态相同的物体对象，我们可以通过复制的方式快速获得，复制的方法有以下几种：

（1）菜单复制：

鼠标单击菜单栏【编辑】-【克隆】命令方法复制物体对象，具体步骤如下。

选择文件菜单中的【重置】命令，重新设置系统，选择 + 【创建】命令面板上的标准几何体，在 对象类型 中单击 茶壶 ，在顶视图中创建茶壶物体，单击菜单栏【编辑】-【克隆】命令，弹出如图 1-2-16 所示【克隆选项】对话框，单击主工具栏【选择并移动】工具，移动茶壶物体，如图 1-2-17 所示。

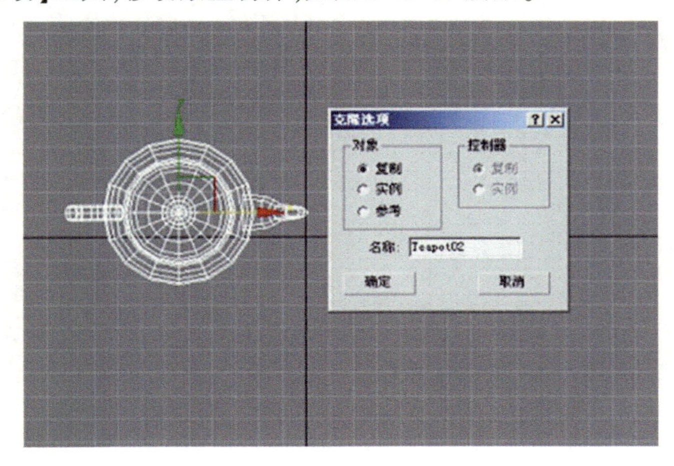

图 1-2-16

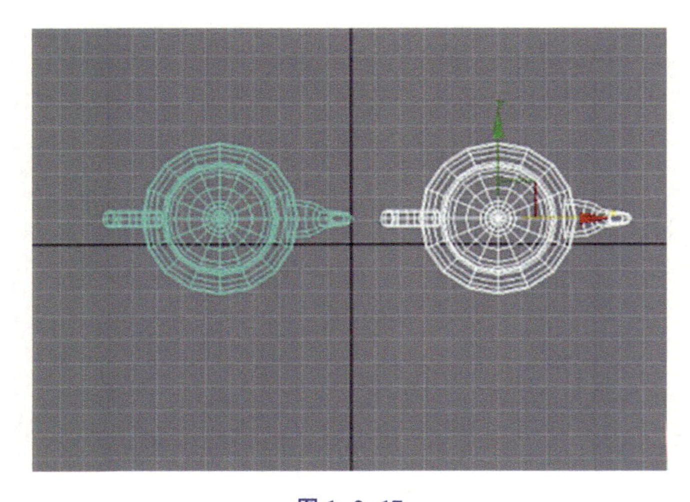

图 1-2-17

（2）键盘快捷键复制物体对象的方法：

选择＋【创建】命令面板上的标准几何体，在 对象类型 中单击 茶壶 ，在顶视图中创建茶壶物体，单击主工具栏【选择并移动】工具，同时按下键盘 Shift 键移动茶壶物体，如图 1-2-18 所示。依照此项操作方法，【选择并旋转】、【选择并缩放】也可以完成旋转复制物体和缩放复制物体，如图 1-2-19 和图 1-2-20 所示。

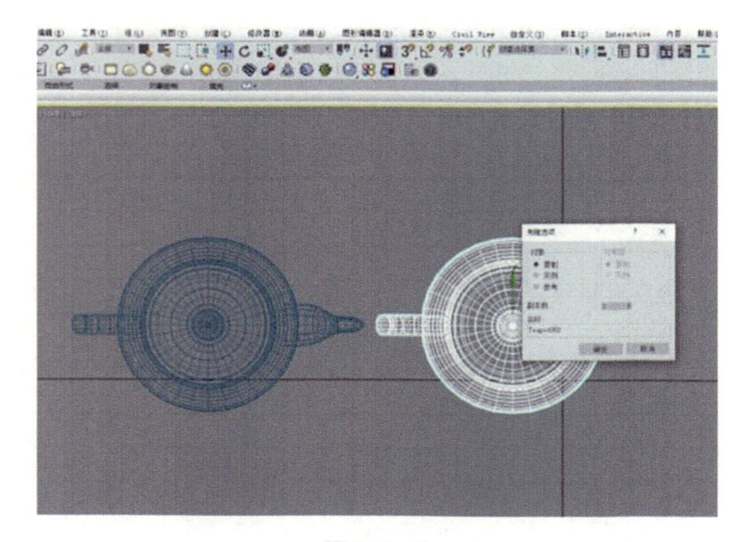

图 1-2-18

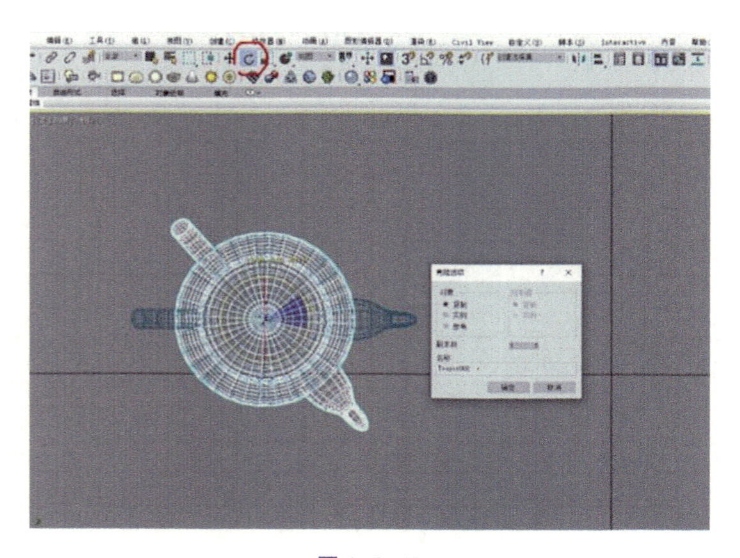

图 1-2-19

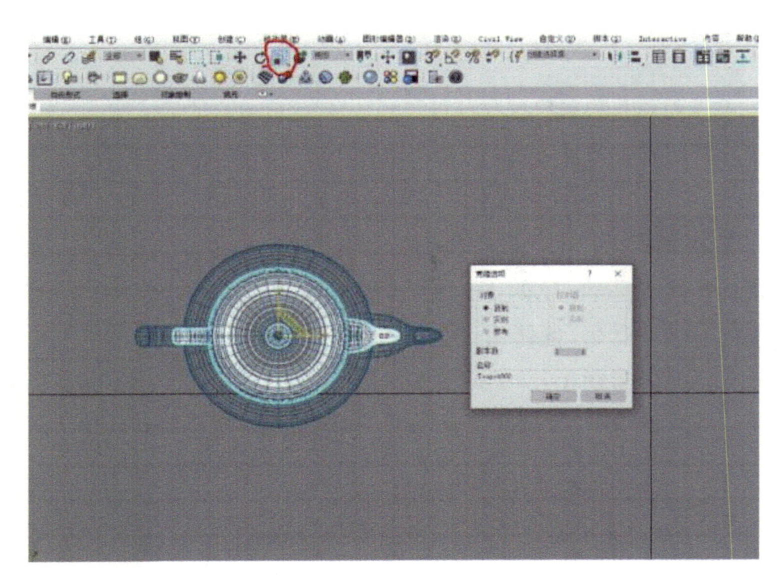

图 1-2-20

(3)镜像工具复制物体的方法：

选择＋【创建】命令面板上的标准几何体，在▾对象类型中单击 茶壶 ，在顶视图中创建茶壶物体，单击主工具栏【镜像】工具，弹出【镜像】对话框，在克隆当前选择选项中选择【复制】，如图 1-2-21 所示。

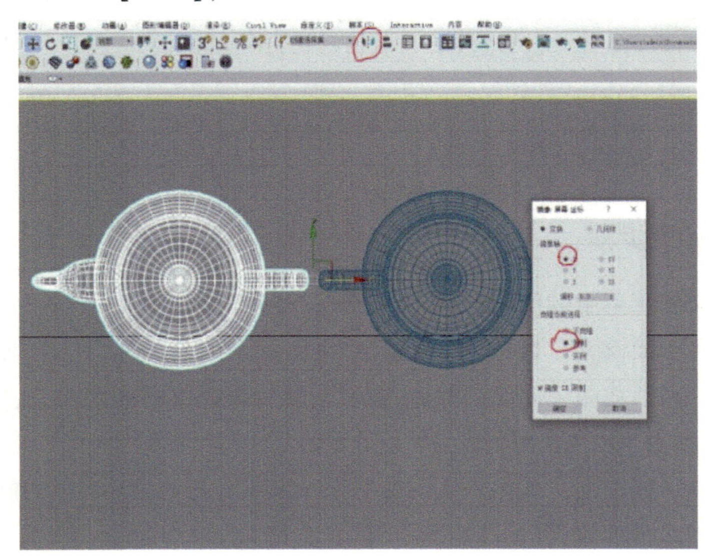

图 1-2-21

拓展任务 使用圆柱体制作折叠凳模型

一、任务要求

1. 本次任务重点是学习使用圆柱体制作折叠凳模型。

2. 熟练使用移动命令、旋转命令和镜像命令。

折叠凳模型可参考图 1-2-22。

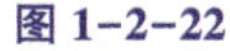

图 1-2-22

扫一扫，观看教学视频

二、实施步骤

1. 选择文件菜单中的【重置】命令，重新设置系统。

2. 制作凳子面模型。选择＋【创建】命令面板上的几何体，在 对象类型 中，单击 圆柱体 ，在顶视图中创建圆柱体，参数设置为半径：15，高度：2，边数：25，其余参数值不变，如图 1-2-23 所示。

3. 制作凳子腿模型。单击＋【创建】命令面板上几何体中的 圆柱体 按钮，在顶视图中创建圆柱体，参数设置为半径：1. 5，高度：-45，边数：25，其余参数值不变，如图 1-2-24 所示。

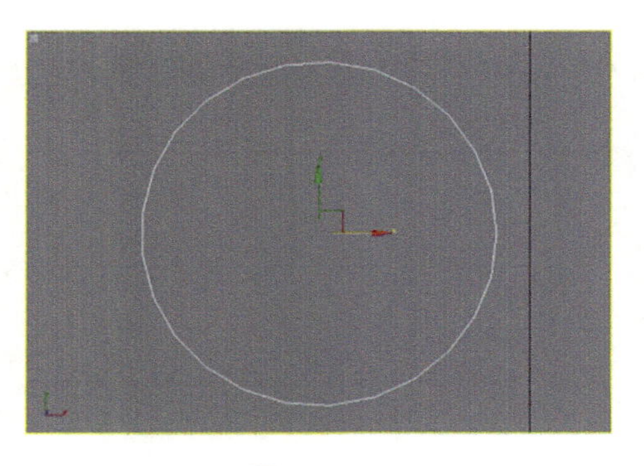

图 1-2-23

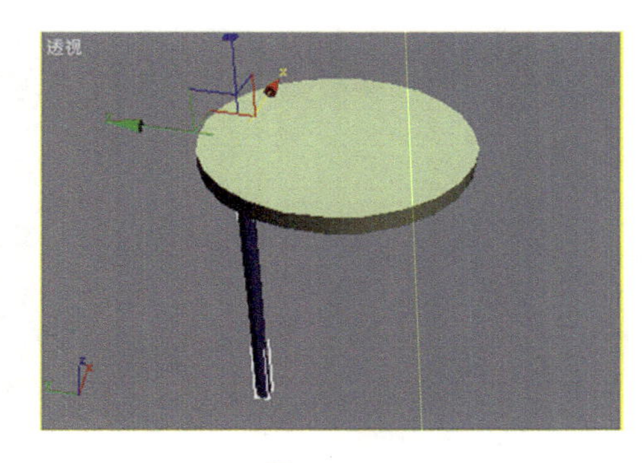

图 1-2-24

4. 复制另一侧的凳子腿模型。单击主工具条中的【选择和移动】按钮，锁定Y轴方向，按下键盘中 Shift 键的同时，在顶视图中将圆柱体向下移动，单击确定，如图 1-2-25 所示。

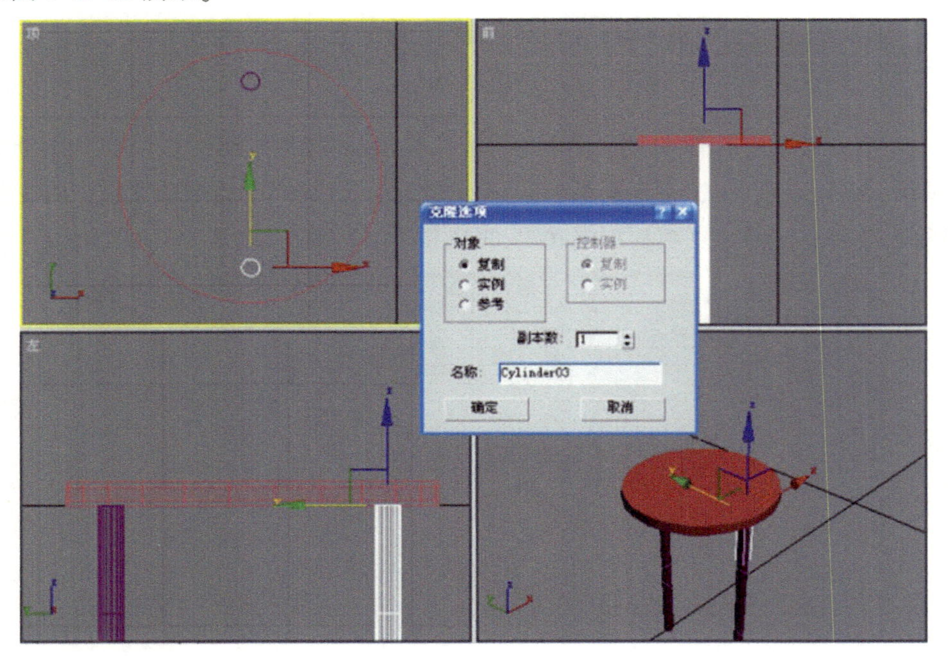

图 1-2-25

5. 制作凳子腿横梁模型。在前视图中创建圆柱物体，参数设置为半径：1，高度：15，边数：25，其余参数值不变。单击主工具条中的【选择和移动】工具，按下键盘中 Ctrl 键的同时，在左视图中单击圆柱体 1 模型和圆柱体 2 模型，选择组菜单中的【组】命令，在弹出的浮动面板中，将组名命名为凳子腿 1，单击确定，如图 1-2-26 所示。

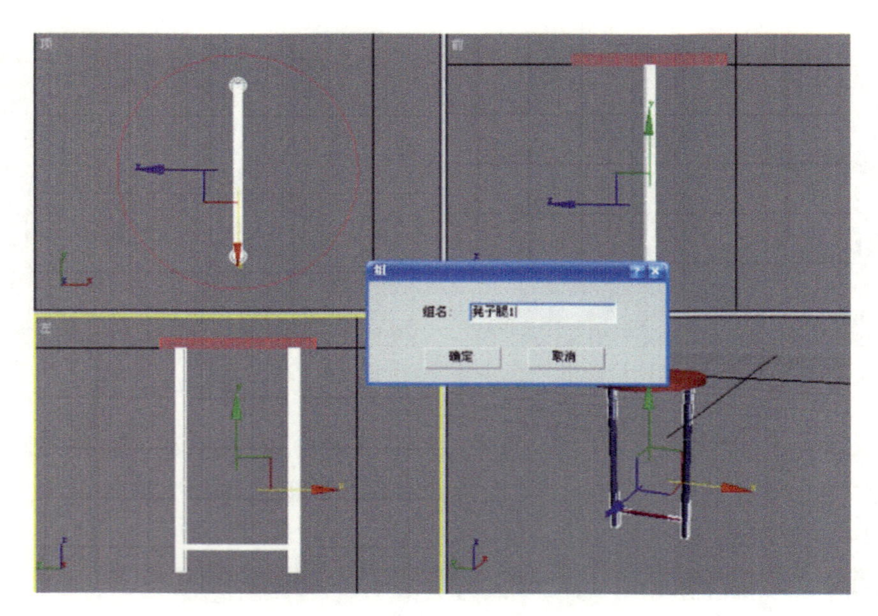

图 1-2-26

6. 单击主工具条中的【选择和旋转】工具，在前视图中选择成组物体凳子腿1 模型，旋转 30 度，单击主工具条中的【镜像】工具，在弹出的浮动面板中的克隆当前选择项下，选择【复制】，单击确定，完成凳子模型制作，如图 1-2-27 所示。

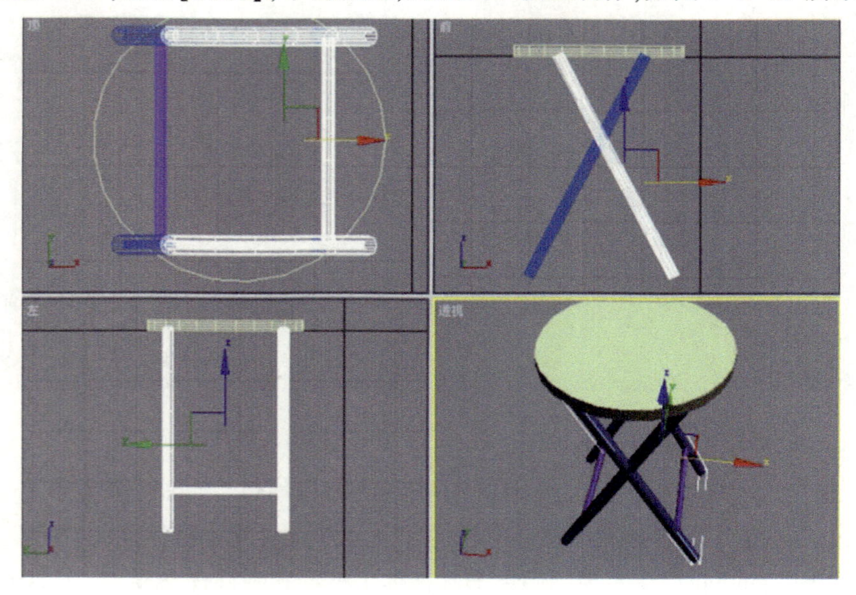

图 1-2-27

设计师点拨

用标准几何体创建模型的原理就如同我们小的时候搭建积木游戏一样,就这么简单,如图 1-2-28 所示。

图 1-2-28

资料库 常用命令快捷键

图标	快捷键	用途
【撤销】	Ctrl+Z	撤销上一次的操作结果
【重做】	Ctrl+Y	取消上一次撤销命令的效果
【捕捉开关】	S	在三维空间中锁定需要的位置
【角度捕捉开关】	A	用于设置进行旋转操作时的角度捕捉
【选择对象】	Q	使用选择物体按钮选取一个或多个物体进行操作
【选择和移动】	W	选择物体并进行移动操作
【选择和旋转】	E	选择物体并进行旋转操作
【缩放工具】	R	选择物体并进行缩放操作
【名称选择】	H	通过物体名称来指定选择物体，快捷准确
【镜像】		可克隆一个或多个物体的镜像，可以选择不同的克隆方式
【对齐】	Alt+A	可将当前物体和目标物体对齐
【渲染设置】	F10	可对渲染选项进行参数设置
【渲染产品】	Shift+Q	可控制渲染按钮
【材质编辑器】	M	开启材质编辑器，可对材质进行编辑
【选择锁定切换】	空格键	将会对当前选择集合进行锁定
【孤立当前选择】	Alt+Q	可将当前选择物体孤立显示，其他物体隐藏。再次按该按钮退出孤立显示

学生主导任务A 电脑组合桌模型制作任务单和评价单

电脑组合桌模型制作任务单

任务名称	电脑组合桌模型制作		
效果图			
分解图			
学生姓名		同组成员	
任务目的	1. 要求学生独立完成电脑组合桌模型制作,巩固学习的知识和技能。 2. 依托 3ds Max 软件工作区 4 个视图,制作三维模型,提升立体感知能力。 3. 理解 3ds Max 软件建模原理,体会独立制作完成电脑组合桌模型的成就感。		
任务重点	1. 能够修改物体参数设置。 2. 能够运用移动命令,进行多个物体复制。		
任务要求	1. 使用长方体制作电脑组合桌模型。 2. 使用移动命令复制电脑组合桌局部模型。 3. 合理运用工作区 4 个视图创建模型,设置模型部件参数。 4. 提交文件名为:作业名称-姓名-班级,MAX 格式文件,不渲染。		
学分	电脑组合桌模型制作:0.2 学分。		

电脑组合桌模型制作任务评价单

姓名		任务名称									
项目	评价要点及标准	自评			他评			师评			
		A	B	C	A	B	C	A	B	C	
课堂状态	注意力是否集中										
	学习是否主动										
	练习是否认真										
	学习热情是否高涨										
学习策略	认真预习										
	不耻下问										
	敢于面对困难										
	勤于动手实践										
	善于思考										
知识目标											
技能目标											
反思											

学生主导任务B 餐桌模型制作任务单和评价单

餐桌模型制作任务单

任务名称	餐桌模型制作		
效果图			
分解图			
学生姓名		同组成员	
任务目的	1. 要求学生独立完成餐桌模型制作,巩固学习的知识和技能。 2. 依托 3ds Max 软件工作区 4 个视图,制作三维模型,提升立体感知能力。 3. 理解 3ds Max 软件建模原理,体会独立制作完成餐桌模型的成就感。		
任务重点	1. 能够精确修改物体参数设置。 2. 能够运用移动命令,复制多个物体。		
任务要求	1. 使用长方体、圆锥体制作餐桌模型。 2. 合理运用工作区 4 个视图创建模型,外观比例合理,左右对称、美观。 3. 提交文件名为:作业名称-姓名-班级,MAX 格式文件,不渲染。		
学分	餐桌模型制作:0.2 学分。		

餐桌模型制作任务评价单

姓名		任务名称	

项目	评价要点及标准	自评			他评			师评		
		A	B	C	A	B	C	A	B	C
课堂状态	注意力是否集中									
	学习是否主动									
	练习是否认真									
	学习热情是否高涨									
学习策略	认真预习									
	不耻下问									
	敢于面对困难									
	勤于动手实践									
	善于思考									
知识目标										
技能目标										
反思										

课后作业任务单

任务名称	茶几桌模型制作
作业要求	1. 同学们利用课后时间，依照茶几桌的效果图，完成模型制作。 2. 本次任务的重点和难点在于运用标准几何体制作茶几桌模型抽屉，茶几桌桌面由扩展基本体完成制作。 3. 苹果和果盘模型目前还不会制作，同学可自学后面章节任务，重在吸引同学们的兴趣，引发同学们的思考、探索和研究，为后续学习奠定基础。 4. 课后作业任务有一定的难度，鼓励同学们大胆探索、发现问题、提出问题，可以锻炼同学们的分析能力和解决问题的能力。
效果图	
分解图	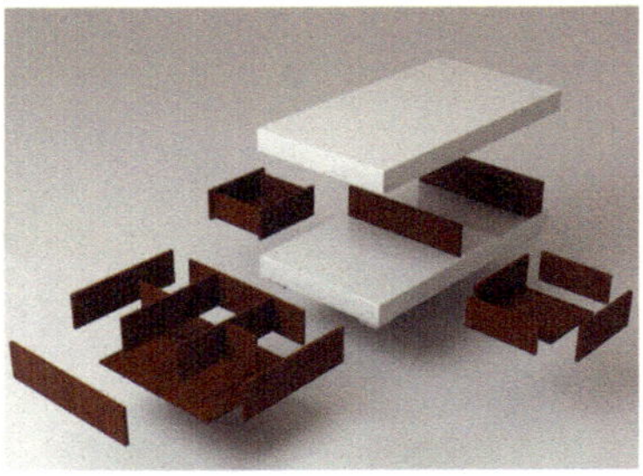
顶视图	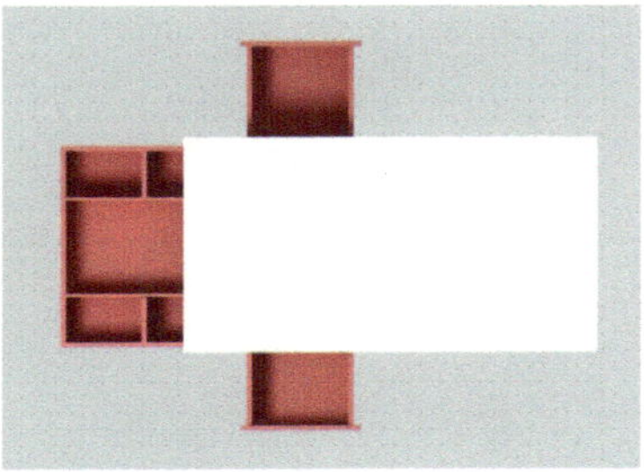

已学 知识技能	模型部件名称： 茶几桌抽屉 制作要领提示： 标准几何体 布尔运算	
自学 知识技能	模型部件名称： 茶几桌桌面 制作要领提示： 扩展基本体	
探索 研究	模型部件名称： 苹果模型 果盘模型 制作要领提示： 二维线 车削	
问题		

学习笔记

项目二

制作室内装饰和日用品模型

任务 1
使用二维线制作封闭式日用品模型

一、任务介绍

3ds Max 中的样条曲线通过添加修改命令生成三维模型,是 3ds Max 创建模型的常用的方法,熟练地掌握二维线图形的创建和编辑,是创建三维模型的基础。本次任务通过二维线及车削修改命令制作苹果模型,使学生掌握二维线创建、修改以及添加修改命令生成三维模型的方法。封闭式日用品模型可参考图 2-1-1。

图 2-1-1

二、任务目标

任务表

教师主导教学任务	学生主导制作任务
典型任务:使用二维线制作苹果模型	任务A:制作装饰花瓶模型
拓展任务:使用二维线制作瓶子模型	任务B:制作茶叶罐模型

知识目标

1. 能叙述出3ds Max软件中二维线图形的创建、修改使用方法。

2. 能用语言描述二维线图形添加车削命令转换三维模型参数设置方法。

技能目标

1. 熟练创建、修改二维线。

2. 掌握车削命令的使用和参数设置方法。

3. 具备制作各类封闭车削模型的技能。

素养目标

1. 使用二维线精准绘制瓶子造型,培养学生专注认真的学习状态、细心踏实的职业习惯。

2. 通过苹果模型的创建,提高学生对事物的细微感知力和观察能力。

典型任务 使用二维线制作苹果模型

任务实施

一、任务要求

1. 使用二维线绘制苹果图形(半个图形)。
2. 熟练使用圆点、角点、贝兹点、贝兹角点命令进行线型外观修改。
3. 熟练使用车削命令,并正确设置参数。
4. 苹果图形绘制比例适中,美观。

苹果模型可参考图 2-1-2。

图 2-1-2

扫一扫,观看教学视频

二、实施步骤

1. 选择【文件】菜单中的【重置】命令,重新设置系统。

2. 在 +【创建】命令面板中,单击【图形】按钮,在 对象类型 面板中选择 线 ,在前视图中绘制曲线,作为苹果的横截表面,如图 2-1-3 所示。

3. 选择【修改】命令面板,在 选择 栏目下单击【点】,用移动命令选择点,右击,将点改为 Bezier 点,调整出合适的弧度,如图 2-1-4 所示。

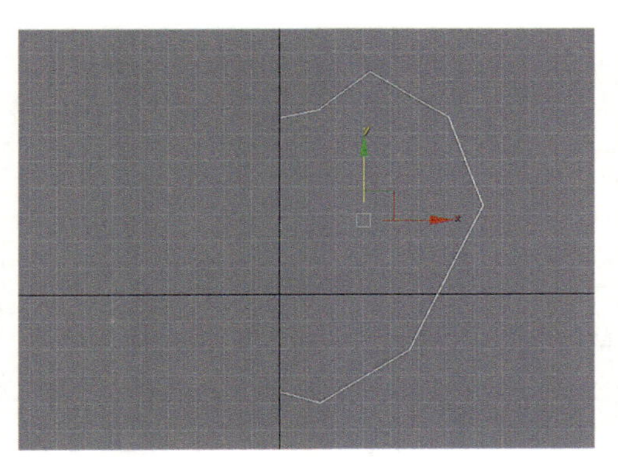

图 2-1-3

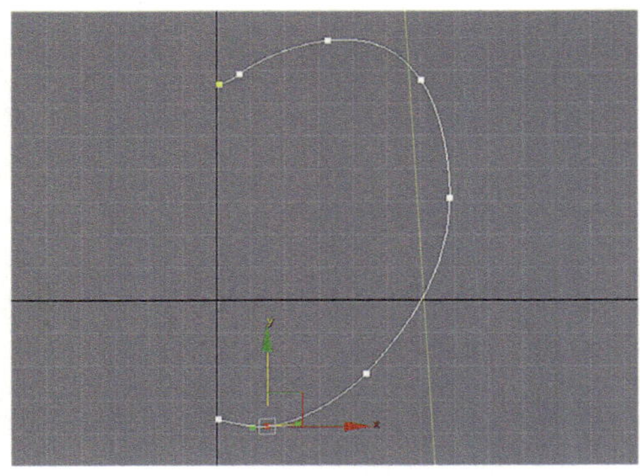

图 2-1-4

4. 选择【修改】命令面板，在【修改器列表】中添加【车削】命令，得到模型后如图 2-1-5 所示，修改属性面板中的参数，勾选焊接内核，翻转法线。分段设置为 50，增加物体表面光滑度，对齐方式选择最小，调整后如图 2-1-6、图 2-1-7 所示。

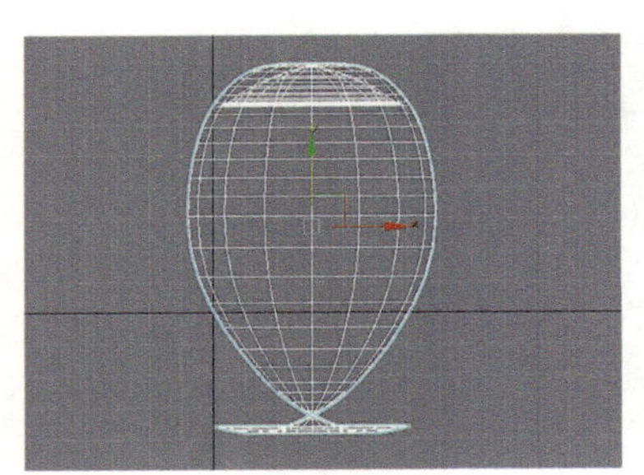

图 2-1-5

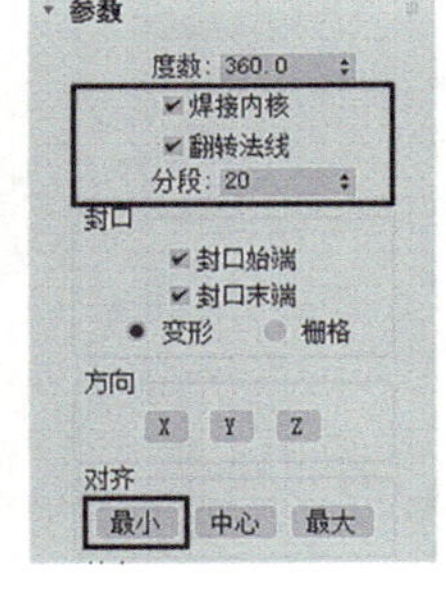

图 2-1-6

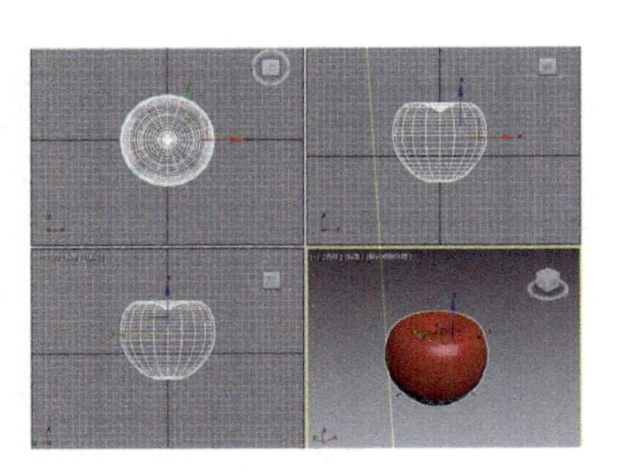

图 2-1-7

操作思考

问题 1. 苹果模型底部出现洞的原因是什么？

问题 2. 物体表面有硬边的原因是什么？

知识点梳理

1. 创建二维图形

3ds Max 中包括两种类型的二维图形：样条曲线和 NURBS 曲线，本节仅讲解样条曲线。样条线是一种矢量图，除了 3ds Max 创建之外，还可以从其他的软件中导入进来。

(1)创建样条曲线

步骤：

①开放样条线创建：在 ＋【创建】命令面板中单击【图形】按钮，在 ▾ 对象类型 面板中选择 线 ，在顶视图任意位置单击确定线的起点，移动鼠标并单击，右击结束此线段的绘制工作，如图 2-1-8 所示。

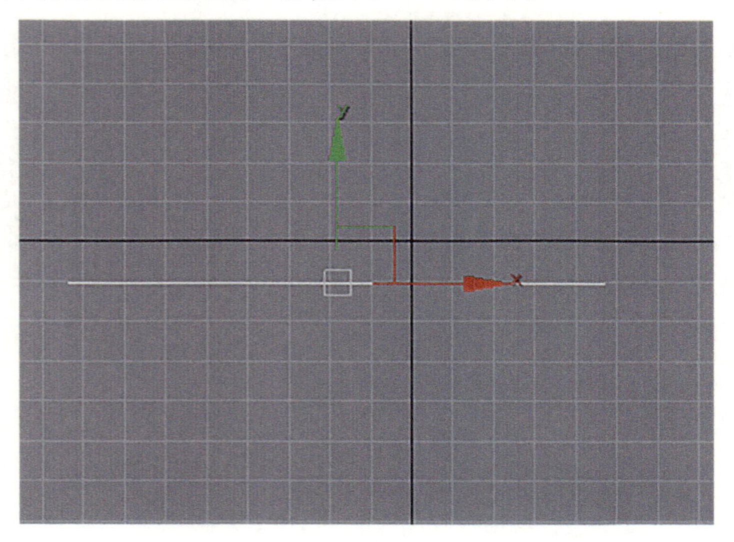

图 2-1-8

②封闭样条线创建：在 ＋【创建】命令面板中单击【图形】按钮，在 ▾ 对象类型 面板中选择 线 ，在需要绘制图形的位置单击，确定多边形的第一个顶点，然后拖动鼠标拉出直线，再次单击确定第二个顶点，再拖动鼠标拉出直线，在适当位置确定第三个顶点。依次类推，将最后一个顶点与第一个顶点汇合，这时弹出如图 2-1-9 所示对话框，在对话框中选择“是”，这样就完成了一个封闭样条线的绘制，如图 2-1-10 所示。

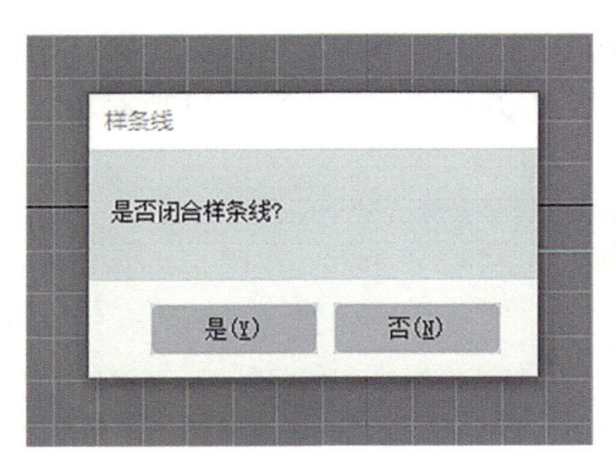

图 2-1-9

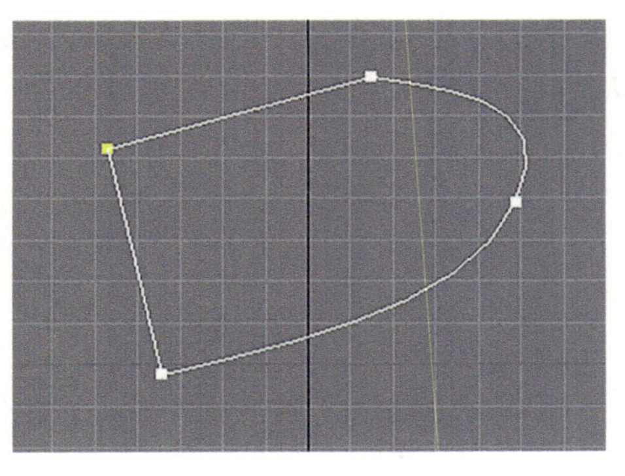

图 2-1-10

(2)其他二维图形的创建

步骤：

①在 +【创建】命令面板中单击【图形】按钮，在图形面板中还包括矩形、圆、椭圆、弧、圆环、多边形、星形、文本、螺旋线、截面。

②分别单击矩形、圆、椭圆、弧、圆环、多边形、星形、文本、螺旋线、截面并在顶视图中分别创建该物体，如图 2-1-11 所示。

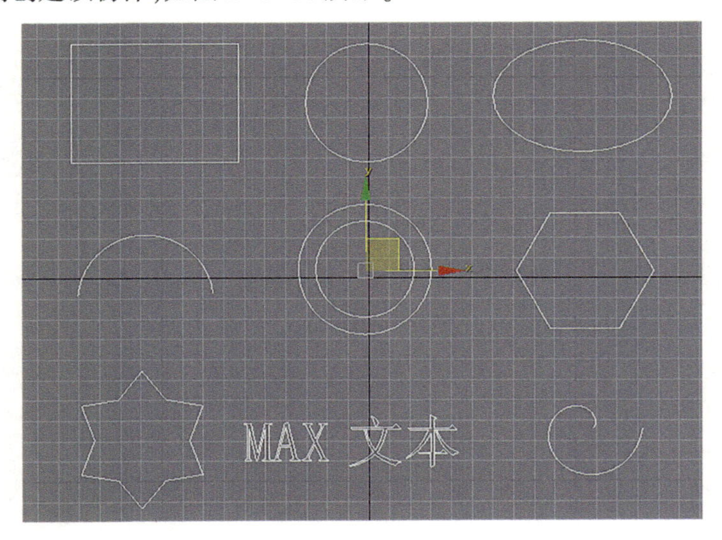

图 2-1-11

(3)导入 AutoCAD 图形

步骤：

①选择【文件】菜单中的【重置】命令，重新设置系统。

②选择菜单命令【文件】→【导入】，在弹出的选择要导入的文件对话框中，如

图 2-1-12 所示，在文件类型项选择 AutoCAD 图形(＊.WDG，＊.DXF)，找到需要导入的文件，单击确定后将 CAD 文件导入当前的场景中，如图 2-1-13 所示。

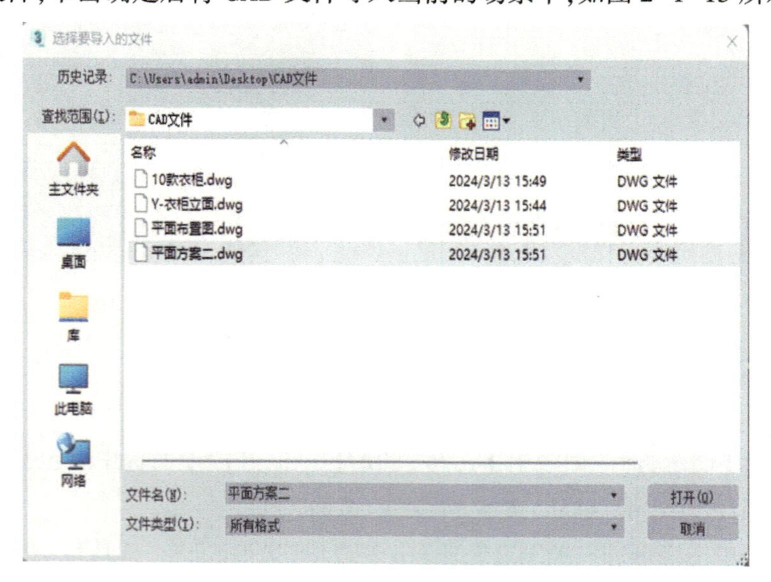

图 2-1-12

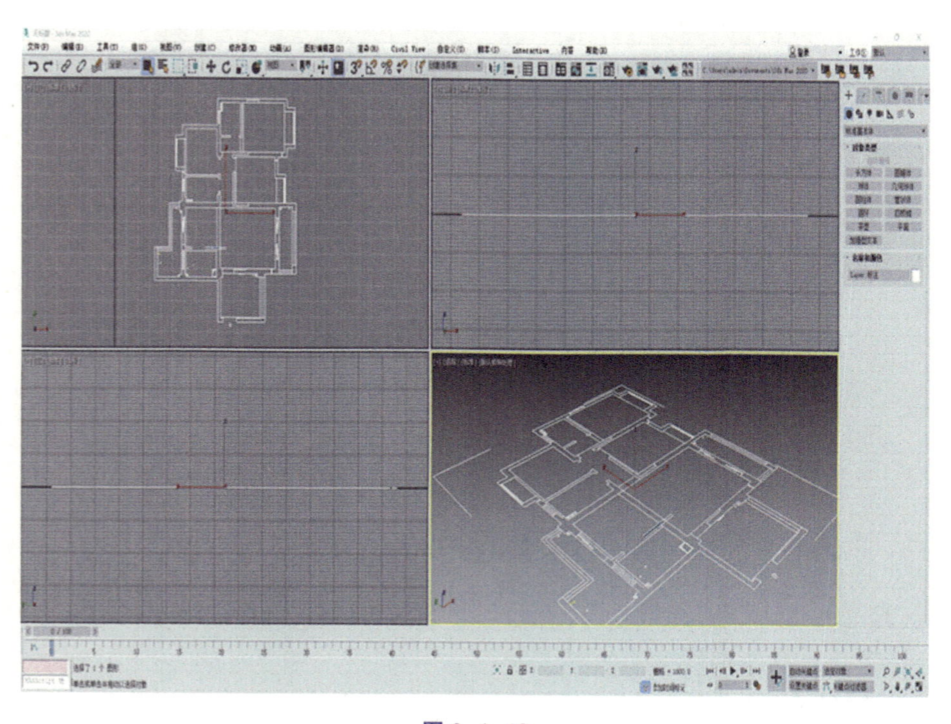

图 2-1-13

2. 编辑样条线次物体——顶点

（1）顶点的增加与删除

步骤：

①选择【文件】菜单中的【重置】命令，重新设置系统。

②选择＋【创建】命令面板上的【图形】，在 对象类型 中单击 线 ，在前视图中创建线，如图 2-1-14 所示。

③选择【修改】命令面板，在 选择 扩展栏中激活【点】按钮，变成黄色显示，进入点编辑状态。

④增加点：在 几何体 扩展栏中选择 优化 按钮，在前视图中单击已经画出的线两次，为样条线增加两个点，用移动命令移动这两个点，如图 2-1-15 所示。

⑤删除点：用【选择对象】工具选择一个点，在 几何体 扩展栏中，使用【切线】选项下的【删除】按钮或者在菜单栏【编辑】中选择【删除】命令删除该点。

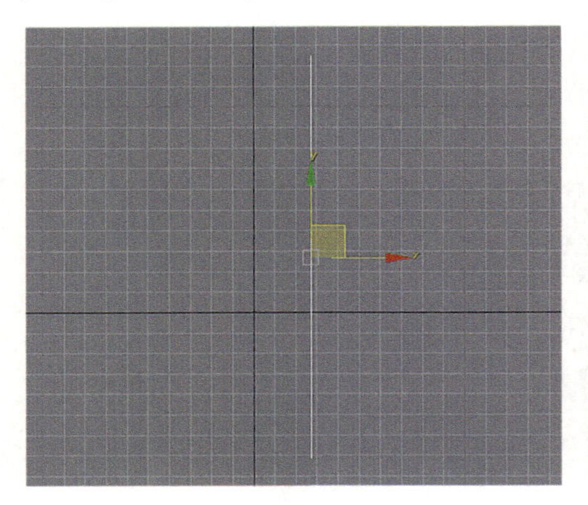

图 2-1-14

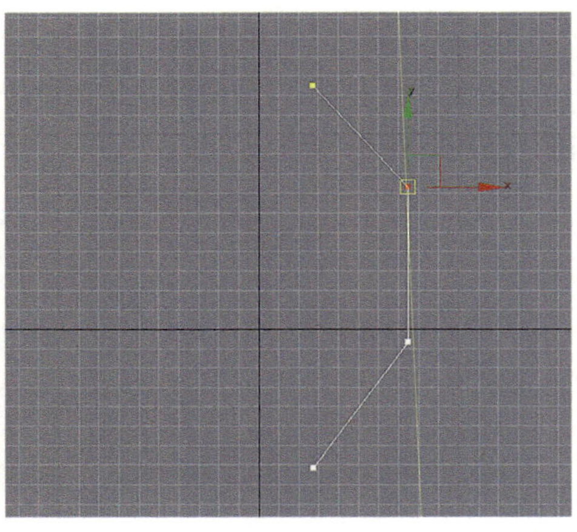

图 2-1-15

（2）顶点的打断与焊接

步骤：

①打断点：继续使用上个任务中 MAX 文件，用【选择对象】工具选择一个点，在 几何体 扩展栏中，单击 断开 按钮，用移动命令移动该点，会发现该点已经断开，被分成两个点，如图 2-1-16 所示。

②焊接点：用【选择对象】工具选择断开的两个点，在 几何体 扩展栏中，单击 焊接 按钮，如果没有焊接上可以修改 焊接 0.1 按钮旁的数

值，如图 2-1-17 所示，再次单击 焊接 按钮，完成该点的焊接。

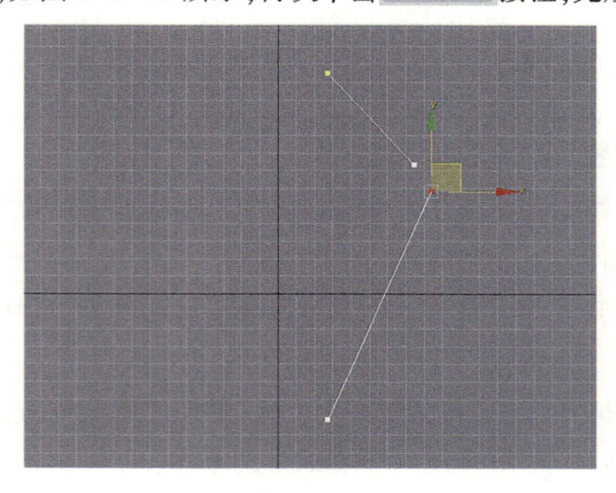

图 2-1-16

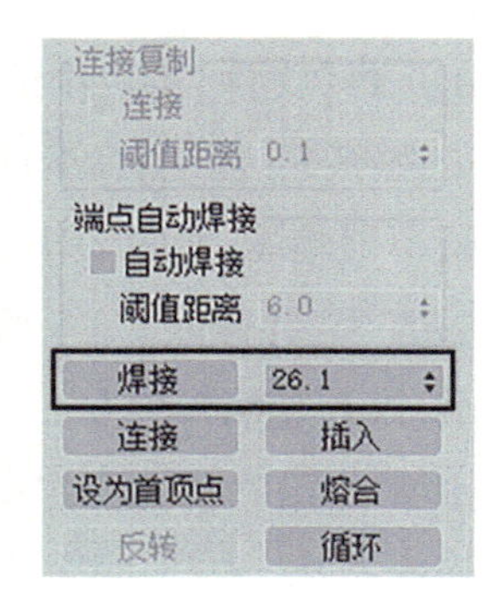

图 2-1-17

(3) 顶点属性的设置

步骤：

①选择【文件】菜单中的【重置】命令，重新设置系统。

②选择＋【创建】命令面板上的【图形】，在 对象类型 中，单击 线 按钮并在前视图中创建线，如图 2-1-18 所示。

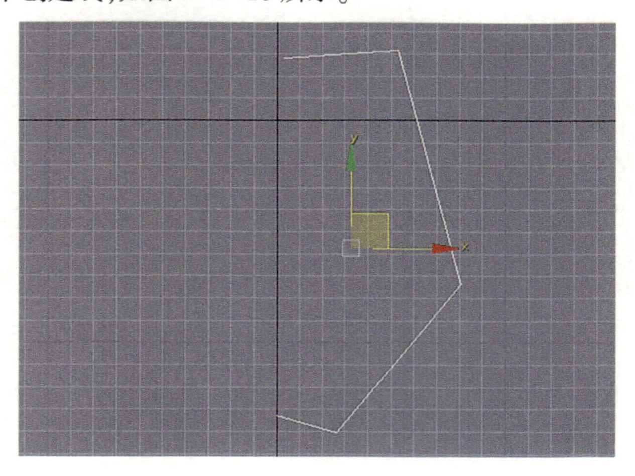

图 2-1-18

③激活【点】按钮，进入点编辑状态，在线的任意一个顶点上右击，可以在快捷菜单中设置该点的不同平滑属性，如图 2-1-19 所示。

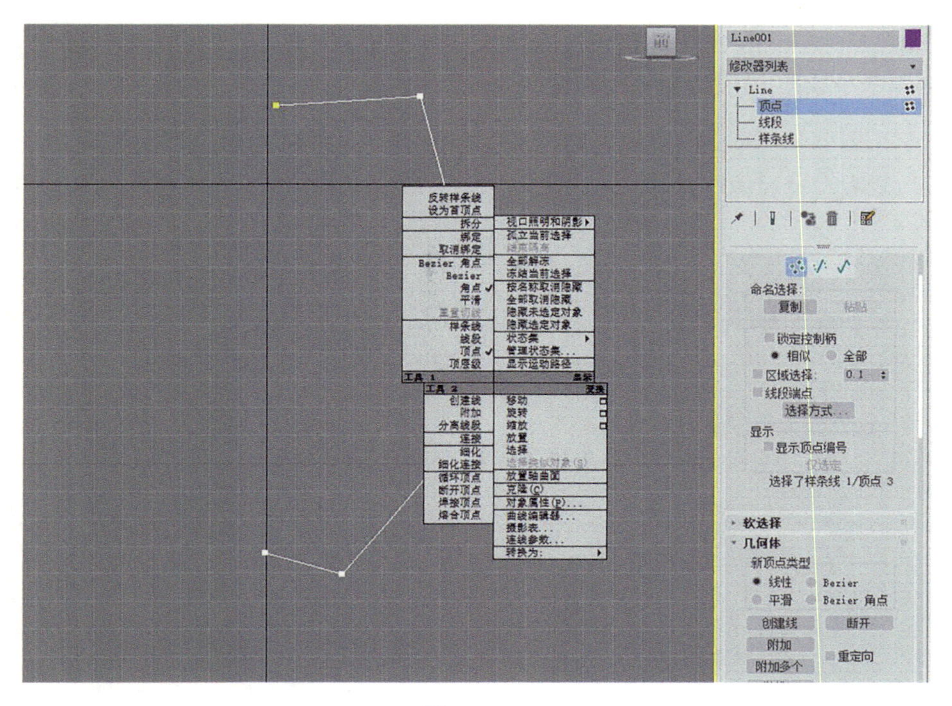

图 2-1-19

④分别设置【Bezier 角点】、【Bezier】、【角点】、【平滑】4 种类型，效果如图 2-1-20 所示。

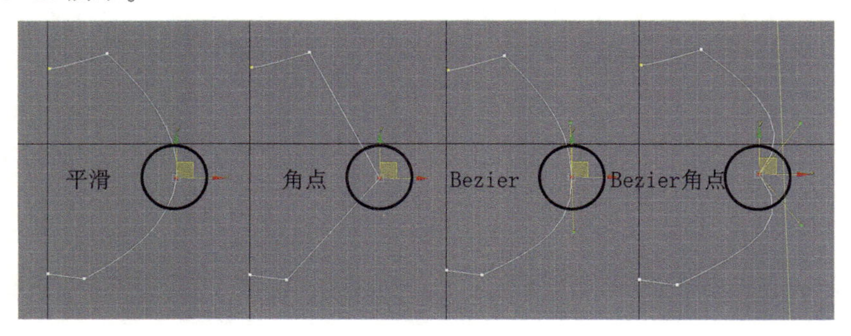

图 2-1-20

3. 编辑样条线次物体——线段

线段的拆分与分离

步骤：

①使用上个任务中 MAX 文件，激活【线段】按钮，进入线段编辑状态，。

②拆分线段：使用选择工具选择一段线段，在 几何体 扩展栏中将

拆分 按钮旁的参数设置为 3,选择线段被等距离增加了 3 个顶点,将选择线段分为 4 个小线段,如图 2-1-21 和图 2-1-22 所示。

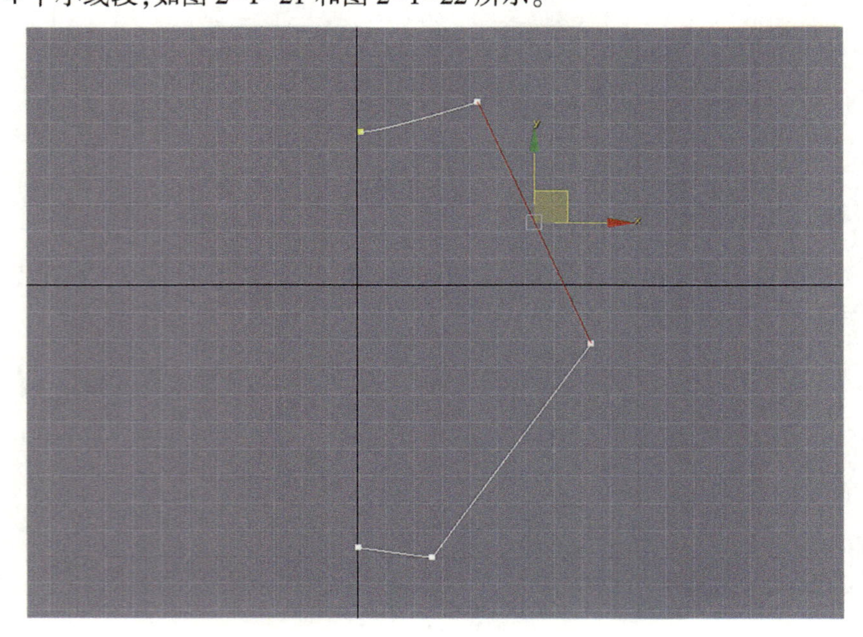

图 2-1-21

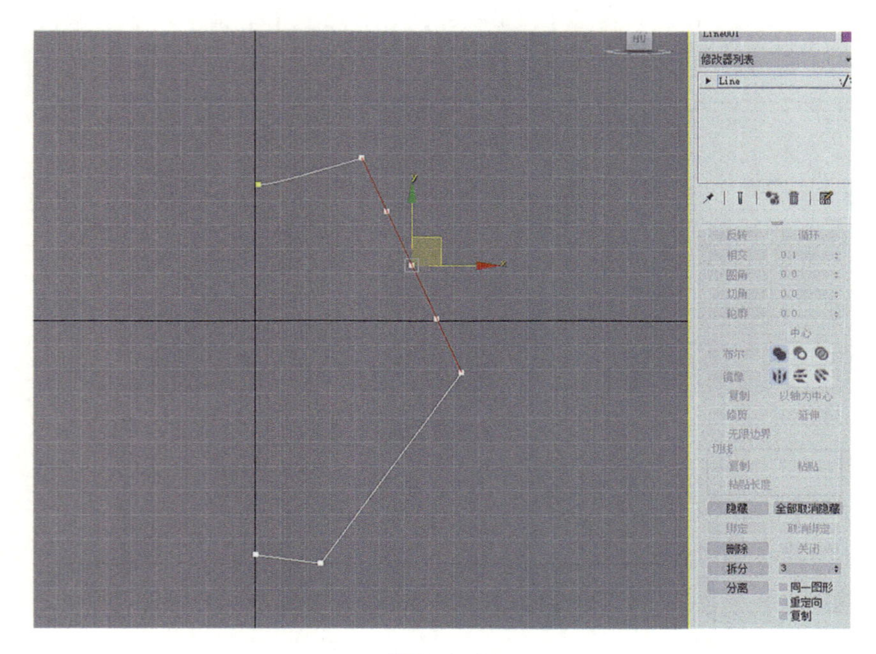

图 2-1-22

③分离线段：使用选择工具选择一段线段，在 几何体 扩展栏中单击 分离 按钮，可以将当前选择线段分离出去，成为一个独立的曲线物体，如图 2-1-23 所示。包括三个附加选项，勾选【同一图形】：分离的线段是原曲线的一部分，但和原曲线相接的顶点已经断开。勾选【重定向】：分离的线段会移动位置，成为独立的曲线物体。勾选【复制】：会保留当前的线段，同时分离一个复制独立的曲线物体，如图 2-1-24 所示。

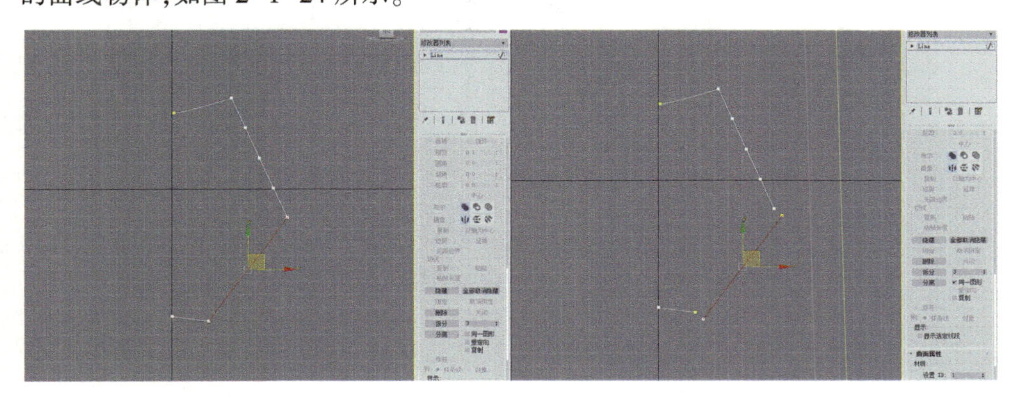

图 2-1-23

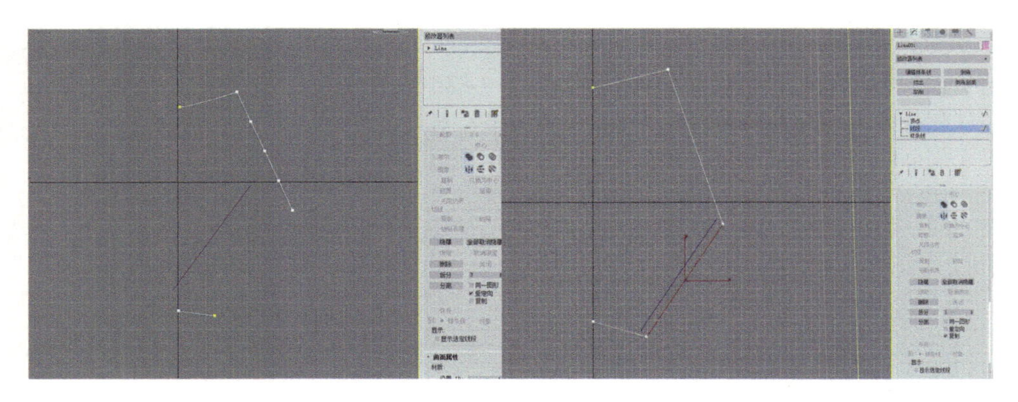

图 2-1-24

4. 编辑样条线次物体——样条线

样条线轮廓

步骤：

①选择【文件】菜单中的【重置】命令，重新设置系统。

②选择 +【创建】命令面板上的 【图形】，在 对象类型 中单击 线 按钮并在前视图中创建线，如图 2-1-25 所示。

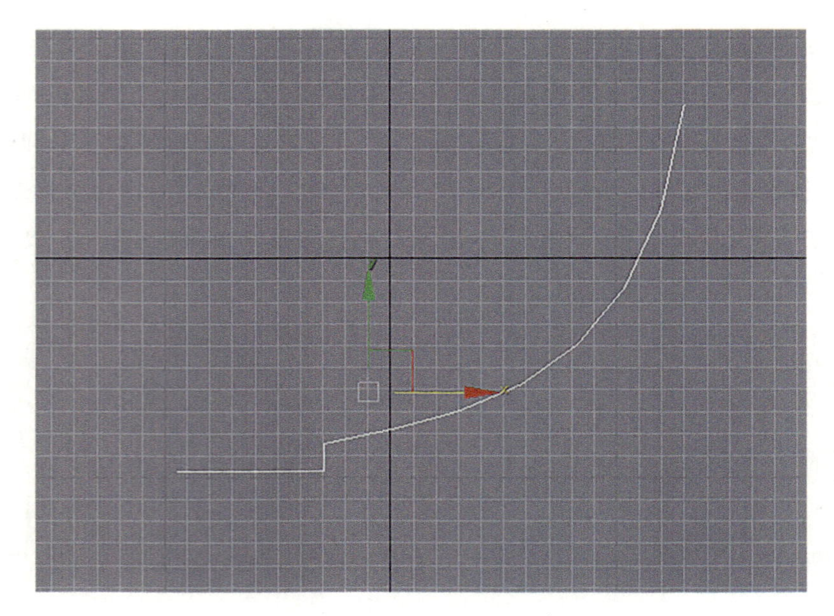

图 2-1-25

③选择【修改】命令面板，在 选择 扩展栏中激活 按钮，进入样条线编辑状态。在视图中选择线物体，在 几何体 扩展栏中单击 轮廓 按钮，在线条上直接拖曳鼠标为线条增加轮廓线或者在 轮廓 按钮旁数值栏输入数值，同样可以完成增加轮廓的任务，如图 2-1-26 所示。

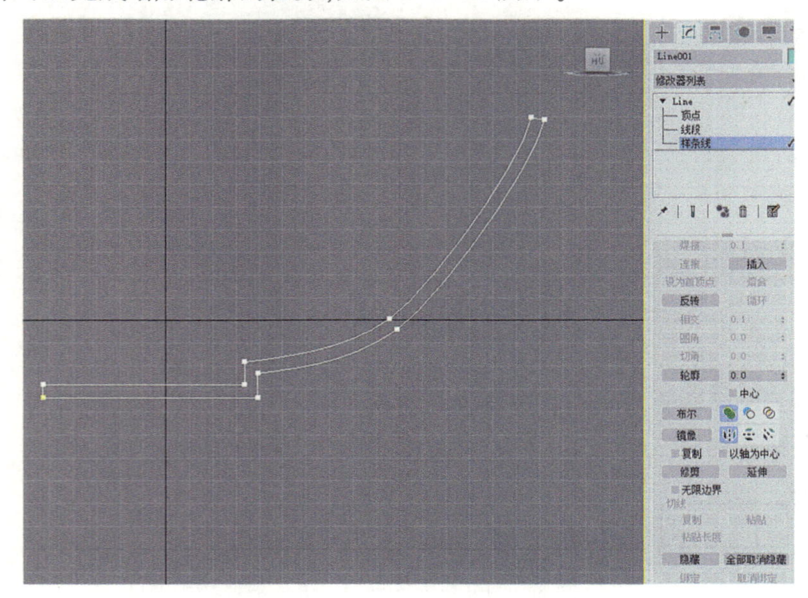

图 2-1-26

拓展任务　使用二维线制作瓶子模型

一、任务要求

1. 使用二维线精准绘制瓶子造型。
2. 本次任务重点是掌握优化和圆角命令的使用方法。
3. 熟练使用车削命令的正确方法和参数设置。
4. 瓶子模型比例适合。

瓶子模型可参考图 2-1-27。

图 2-1-27

扫一扫，观看教学视频

二、实施步骤

1. 选择【文件】菜单中的【重置】命令，重新设置系统。

2. 在 +【创建】命令面板中单击【图形】按钮，在 对象类型 面板中选择 线 ，在前视图中绘制瓶子的基本图形，做为瓶子的横截表面，如图 2-1-28 和图 2-1-29 所示。

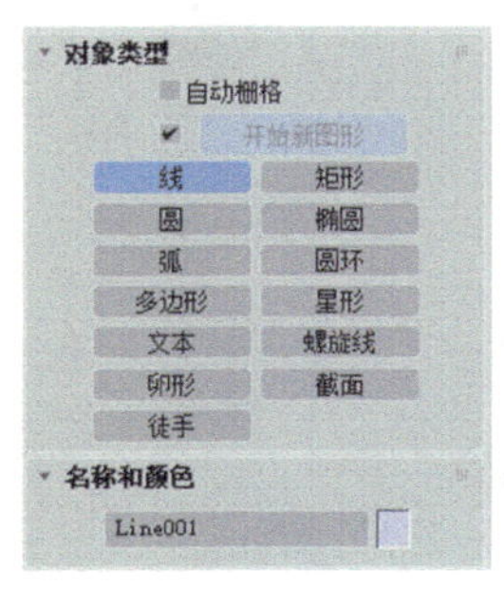

图 2-1-28

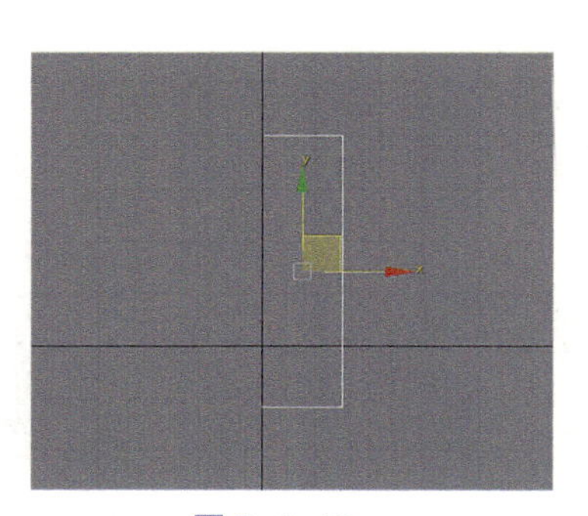

图 2-1-29

3. 选择【修改】命令面板，进入点编辑状态，单击 几何体 面板中的 优化，为样条线添加锚点如图 2-1-30、图 2-1-31 所示。

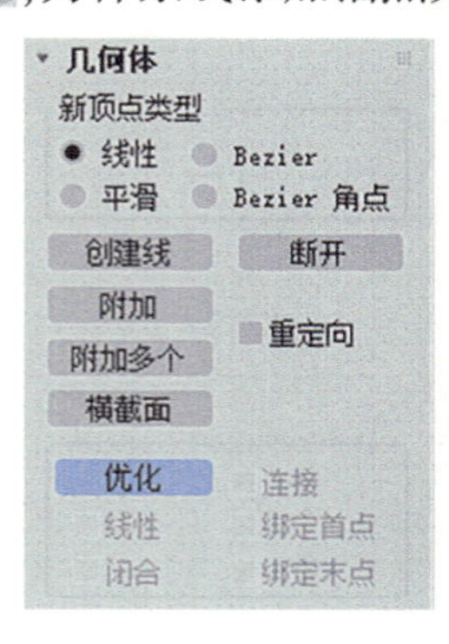

图 2-1-30

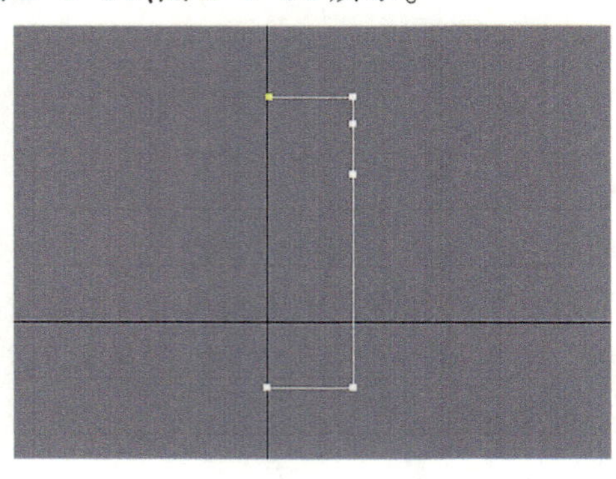

图 2-1-31

4. 选择上方锚点，右击选择【Bezier 角点】命令，调整样条线形态后如图 2-1-32 所示。

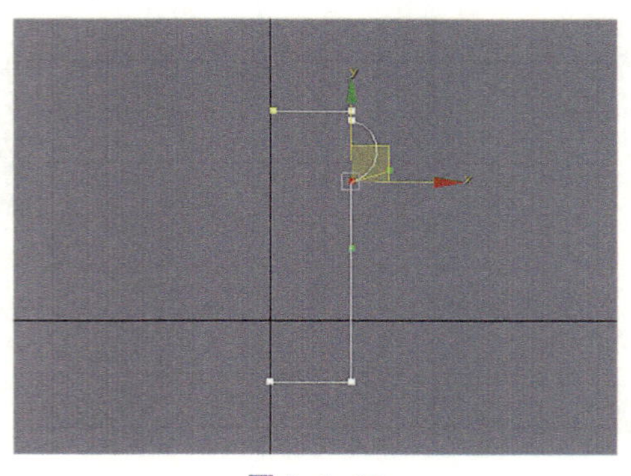

图 2-1-32

5. 选择下方锚点，单击 几何体 属性面板中 圆角 命令，调整右方参数后如图 2-1-33、图 2-1-34 所示。

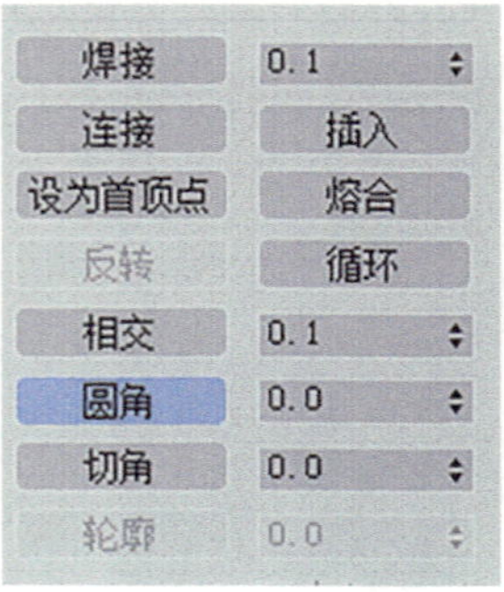

图 2-1-33

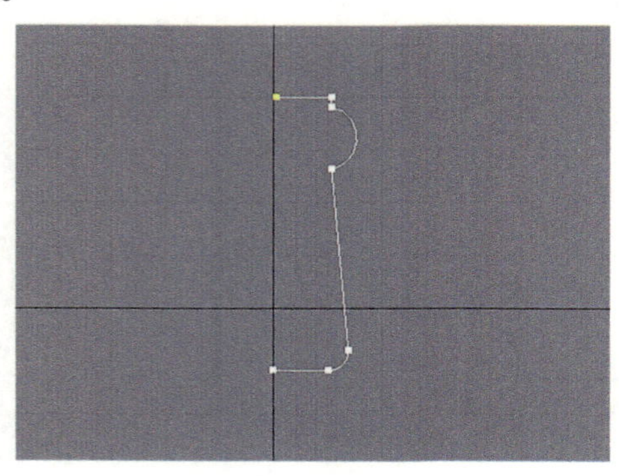

图 2-1-34

6. 选择编辑好的样条线添加【车削】命令，在参数面板中，勾选焊接内核，翻转法线，分段设置为 50，增加物体表面光滑度，对齐方式选择最小，完成瓶子模型制作，如图 2-1-35 所示。瓶子造型有点粗，回到线的层级进入次物体点，将右面点全部选中，向左移动，完成模型制作，如图 2-1-36 所示。

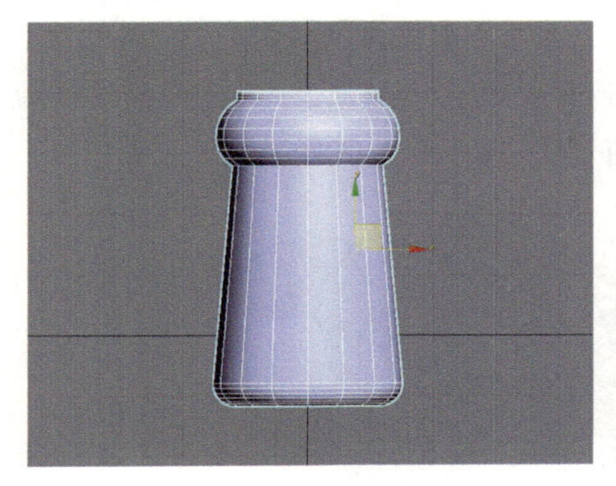

图 2-1-35

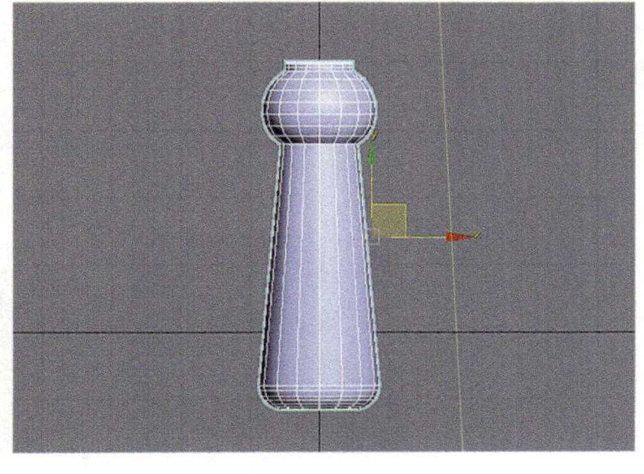

图 2-1-36

设计师点拨

车削命令建模的原理是二维线+车削命令=360 度旋转创建模型，如图 2-1-37 所示，生活中这类模型有许多。

图 2-1-37

资料库 古代工匠人物——鲁班

鲁班(公元前 507 年—公元前 444 年),姬姓,公输氏,名班,人称公输盘、公输般、班输,尊称公输子,又称鲁盘或者鲁般。战国时期鲁国人,是我国古代出色的土木建筑发明家,几千年以来,他的名字以及有关他的传说故事,一直在中国民间流传,是我国土木行业工匠们的行业祖师。图 2-1-38 所示为其作品之一。

图 2-1-38

他从小就跟随家里人参加过许多土木建筑工程劳动,逐渐掌握了生产劳动的技能。木工师傅们用的手工工具,如钻、刨子、铲子、曲尺,划线用的墨斗,据说都是鲁班发明的。

2 400 多年来,人们把古代劳动人民的集体创造和发明也都集中到他的身上,因此有关他的发明创造的故事,实际上也是中国古代劳动人民发明创造的故事,鲁班的名字已经成为古代劳动人民智慧的象征,他的工匠技艺和智慧影响了中国古代建筑、木工艺术的发展,并延续至今。

学生主导任务A 装饰花瓶模型制作任务单和评价单

装饰花瓶模型制作任务单

<table>
<tr><td>任务名称</td><td colspan="3">装饰花瓶模型制作</td></tr>
<tr><td>效果图</td><td colspan="3"></td></tr>
<tr><td>前视图</td><td colspan="3"></td></tr>
<tr><td>学生姓名</td><td></td><td>同组成员</td><td></td></tr>
<tr><td>任务目的</td><td colspan="3">1. 要求学生独立完成装饰花瓶模型制作,巩固学习的知识和技能。
2. 能够使用二维线绘制并编辑修改图形。
3. 熟练运用车削命令制作三维模型。</td></tr>
<tr><td>任务重点</td><td colspan="3">1. 使用二维线绘制及编辑修改图形。
2. 车削命令创建模型和合理的参数设置。</td></tr>
<tr><td>任务要求</td><td colspan="3">1. 使用二维线和车削命令制作装饰花瓶模型。
2. 熟练使用圆点、角点、贝兹点、贝兹角点命令进行线型外观修改。
3. 合理运用优化和圆角命令。</td></tr>
<tr><td>学分</td><td colspan="3">装饰花瓶模型制作:0.2 学分。</td></tr>
</table>

装饰花瓶模型制作任务评价单

姓名		任务名称										
项目	评价要点及标准	自评			他评			师评		
		A	B	C	A	B	C	A	B	C
课堂状态	注意力是否集中									
	学习是否主动									
	练习是否认真									
	学习热情是否高涨									
学习策略	认真预习									
	不耻下问									
	敢于面对困难									
	勤于动手实践									
	善于思考									
知识目标										
技能目标										
反思										

学生主导任务B　茶叶罐模型制作任务单和评价单

茶叶罐模型制作任务单

任务名称	茶叶罐模型制作		
效果图			
分解图			
学生姓名		同组成员	
任务目的	1. 要求学生独立完成茶叶罐模型制作,巩固学习的知识和技能。 2. 能够使用线绘制并编辑修改图形,运用车削命令制作三维模型。 3. 能够举一反三完成所有该类模型制作。		
任务重点	1. 运用二维线命令绘制并编辑修改图形。 2. 车削命令创建模型和合理的参数设置。		
任务要求	1. 使用线和车削命令制作茶叶罐模型。 2. 熟练使用圆点、角点、贝兹点、贝兹角点命令进行线型外观修改。 3. 合理运用优化和圆角命令,制作模型细节。 4. 提交文件名为:作业名称-姓名-班级,MAX 格式文件,不渲染。		
学分	茶叶罐模型制作:0.2 学分。		

茶叶罐模型制作任务评价单

<table>
<tr><td>姓名</td><td></td><td>任务名称</td><td colspan="9"></td></tr>
<tr><td rowspan="2">项目</td><td rowspan="2">评价要点及标准</td><td colspan="3">自评</td><td colspan="3">他评</td><td colspan="3">师评</td></tr>
<tr><td>A</td><td>B</td><td>C</td><td>A</td><td>B</td><td>C</td><td>A</td><td>B</td><td>C</td></tr>
<tr><td rowspan="4">课堂状态</td><td>注意力是否集中</td><td></td><td></td><td></td><td></td><td></td><td></td><td></td><td></td><td></td></tr>
<tr><td>学习是否主动</td><td></td><td></td><td></td><td></td><td></td><td></td><td></td><td></td><td></td></tr>
<tr><td>练习是否认真</td><td></td><td></td><td></td><td></td><td></td><td></td><td></td><td></td><td></td></tr>
<tr><td>学习热情是否高涨</td><td></td><td></td><td></td><td></td><td></td><td></td><td></td><td></td><td></td></tr>
<tr><td rowspan="5">学习策略</td><td>认真预习</td><td></td><td></td><td></td><td></td><td></td><td></td><td></td><td></td><td></td></tr>
<tr><td>不耻下问</td><td></td><td></td><td></td><td></td><td></td><td></td><td></td><td></td><td></td></tr>
<tr><td>敢于面对困难</td><td></td><td></td><td></td><td></td><td></td><td></td><td></td><td></td><td></td></tr>
<tr><td>勤于动手实践</td><td></td><td></td><td></td><td></td><td></td><td></td><td></td><td></td><td></td></tr>
<tr><td>善于思考</td><td></td><td></td><td></td><td></td><td></td><td></td><td></td><td></td><td></td></tr>
<tr><td rowspan="3">知识目标</td><td></td><td></td><td></td><td></td><td></td><td></td><td></td><td></td><td></td><td></td></tr>
<tr><td></td><td></td><td></td><td></td><td></td><td></td><td></td><td></td><td></td><td></td></tr>
<tr><td></td><td></td><td></td><td></td><td></td><td></td><td></td><td></td><td></td><td></td></tr>
<tr><td rowspan="3">技能目标</td><td></td><td></td><td></td><td></td><td></td><td></td><td></td><td></td><td></td><td></td></tr>
<tr><td></td><td></td><td></td><td></td><td></td><td></td><td></td><td></td><td></td><td></td></tr>
<tr><td></td><td></td><td></td><td></td><td></td><td></td><td></td><td></td><td></td><td></td></tr>
<tr><td>反思</td><td colspan="10"></td></tr>
</table>

课后作业任务单

任务名称	陶瓷锅模型制作
作业要求	1. 同学们利用课后时间,依照陶瓷锅模型效果图,完成模型制作。 2. 重点和难点:运用二维线和车削命令制作陶瓷锅模型。 3. 自学内容:陶瓷锅把手。同学可自学后面章节任务:挤出命令,重在吸引同学们的兴趣,培养同学们的自学能力,为后续学习奠定基础。 4. 独立完成模型制作,熟练使用所学命令,注重细节刻画和造型美观。
效果图	
分解图	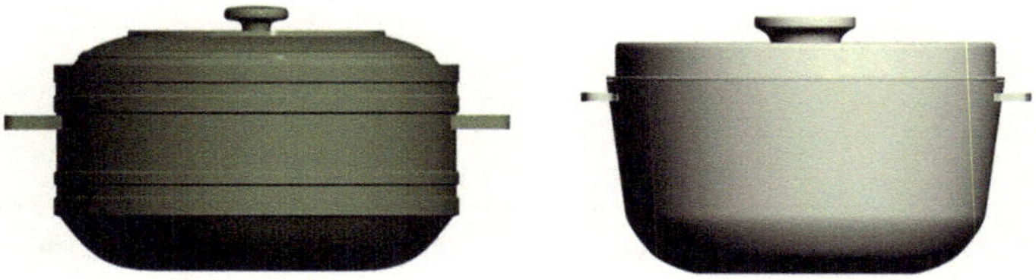
前视图	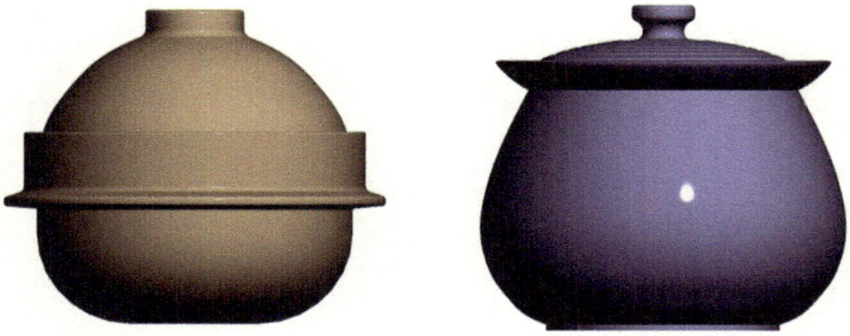

自学知识技能	模型部件名称： 陶瓷锅主体 制作要领提示： 轮廓	
探索研究	模型部件名称： 陶瓷锅把手 制作要领提示： 挤出	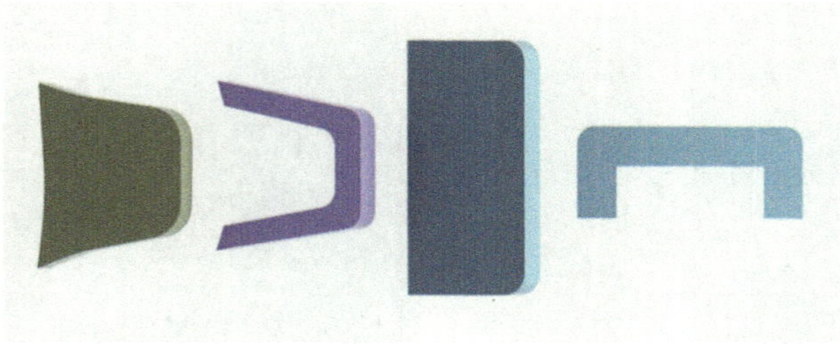
问题		

学习笔记

任务2
使用二维线制作敞口瓷器模型

任务描述

一、任务介绍

在上个任务中，同学们学习了二维线的创建和编辑修改，能够运用二维线制作如苹果、保温杯、茶叶罐等模型，这类模型的特点是封闭的。本节任务是我们一起探索敞口的如瓷碗、盘子、锅等模型如何制作，重点学习二维线中线段和样条线的编辑修改命令及车削命令，使同学们掌握敞口模型的建模原理及制作方法。敞口瓷器模型可参考图2-2-1。

图 2-2-1

二、任务目标

任务表

教师主导教学任务	学生主导制作任务
典型任务:使用二维线制作瓷碗模型	任务A:制作现代装饰花瓶模型
拓展任务:使用二维线制作瓷瓶模型	任务B:制作青花瓷花瓶模型

知识目标

1. 能说出3ds Max软件中二维线命令的使用方法。
2. 能叙述二维线中线段和样条线编辑命令的使用方法。
3. 会使用样条线轮廓命令。

技能目标

1. 能使用3ds Max软件中二维线命令绘制各类造型图形。
2. 能用圆点、角点、贝兹点、贝兹角点命令修改图形。
3. 掌握车削命令制作敞开模型的建模原理。

素养目标

1. 通过观察及制作瓷碗、瓷器模型,了解我国瓷器的悠久历史,增强学生们爱国情怀,增强文化自信。
2. 通过了解我国瓷器之精美,培养学生的工匠精神。

典型任务 使用二维线制作瓷碗模型

任务实施

一、任务要求

1. 运用二维线绘制瓷碗图形(半个图形)。
2. 本次任务的重点是掌握轮廓命令的使用方法。
3. 熟练使用圆点、角点、贝兹点、贝兹角点命令。
4. 熟悉敞口模型的建模原理。
5. 瓷碗图形绘制比例适中,美观。

瓷碗模型可参考图 2-2-2。

图 2-2-2

扫一扫,观看教学视频

二、实施步骤

1. 创建瓷碗截面图形。在 +【创建】命令面板中单击【图形】按钮,在 对象类型 面板中选择 线 ,在前视图中绘制瓷碗的横截面图形,如图 2-2-3 所示。

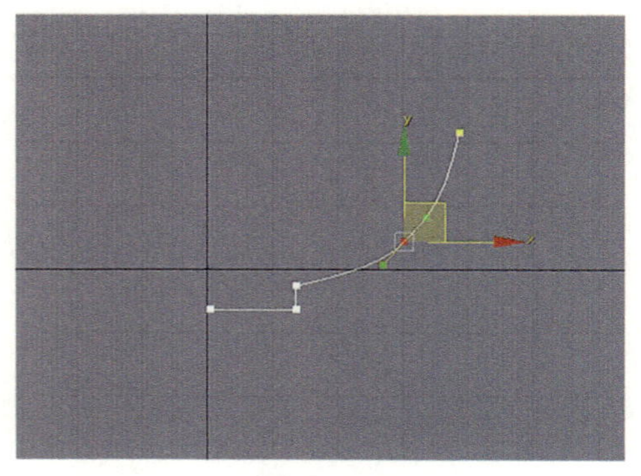

图 2-2-3

2. 在 选择 栏下单击【点】，用移动命令选择点，右击，选择 Bezier，将线的点改为 Bezier 点，调整点的弧度，使图形更圆滑，如图 2-2-4 所示。

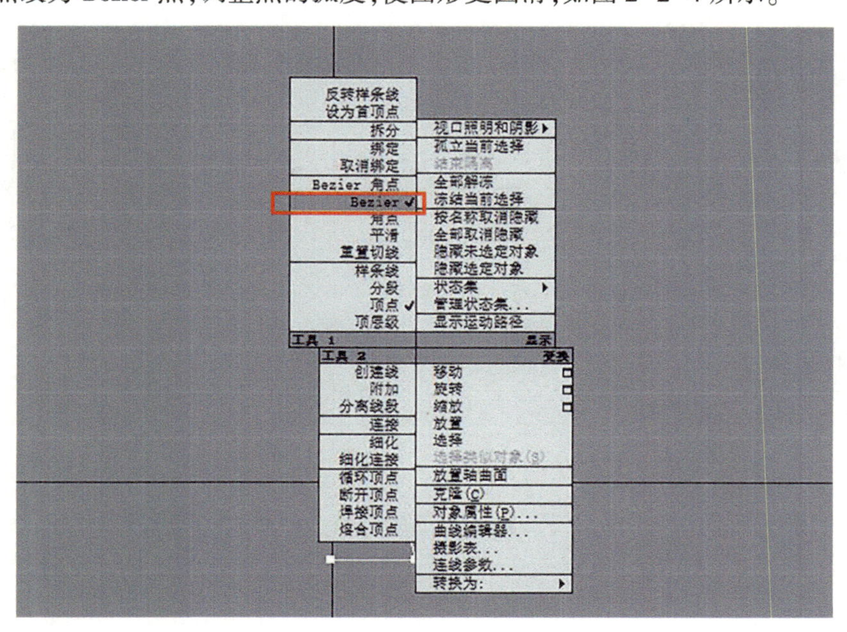

图 2-2-4

3. 创建瓷碗图形轮廓。选择【样线条】命令，单击 轮廓 （只有样条线处于被选择状态时，轮廓的命令才可使用）。在线上单击，拖动鼠标，即可得到轮廓线，如图 2-2-5、图 2-2-6 所示。

图 2-2-5

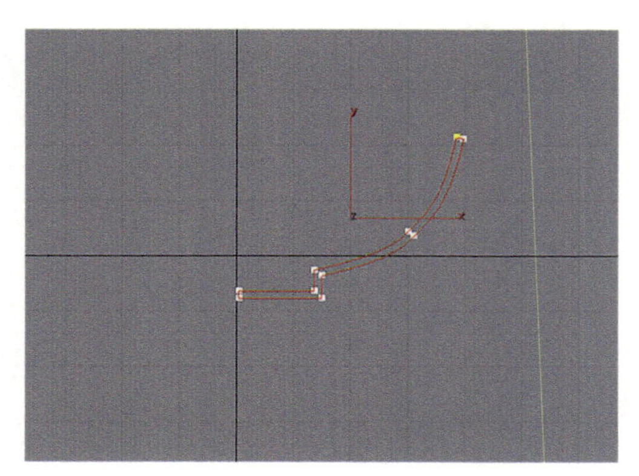
图 2-2-6

4. 结束上一个命令，在修改器列表中找到【车削】命令，添加给物体，此时出现的三维物体，如图 2-2-7 所示。在参数面板，将对齐（Aligh）方式选择为最小，分段:50,模型表面更光滑,如图 2-2-8 所示,最后效果如图 2-2-9 所示。

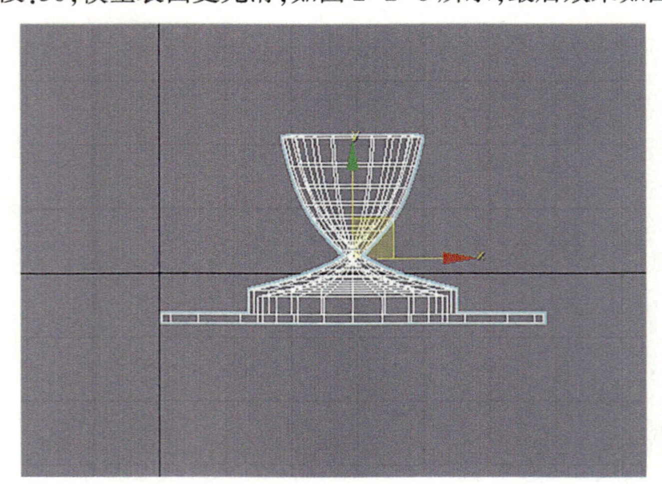

图 2-2-7

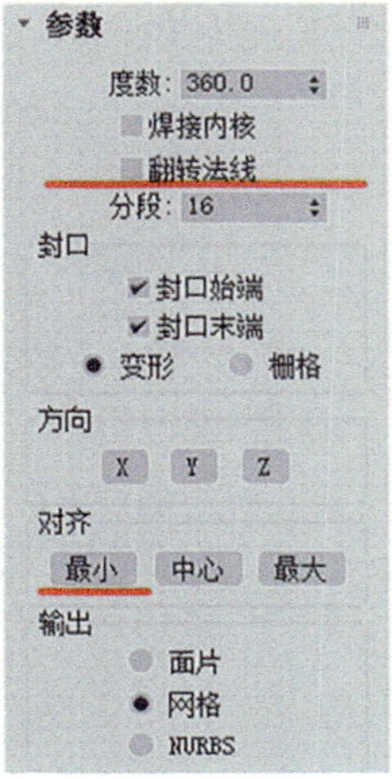

参数
度数: 360.0
焊接内核
翻转法线
分段: 16
封口
封口始端
封口末端
变形 栅格
方向
X Y Z
对齐
最小 中心 最大
输出
面片
网格
NURBS

图 2-2-8

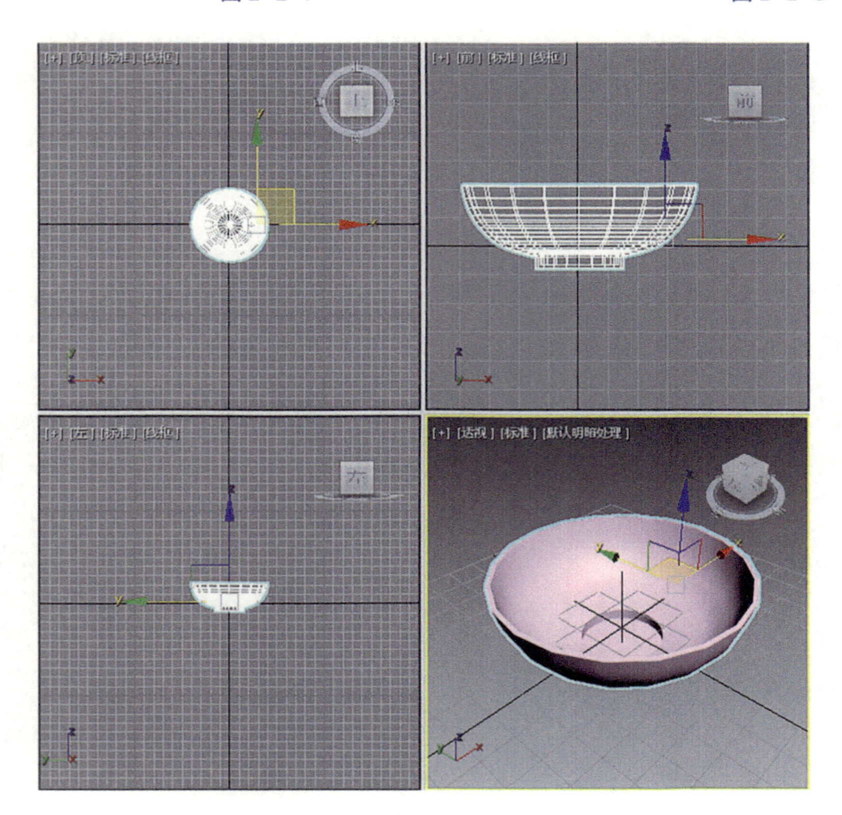

图 2-2-9

操作思考

问题 1. 圆、矩形如何进行加点等编辑修改？
问题 2. 分段数值的作用，设置多少比较适合？

知识点梳理

车削

通过旋转一个二维图形产生三维造型，非常实用的建模工具。

度数：设置物体旋转时的角度，系统默认值为 360 度，使物体围绕成一个完整的环形，如图 2-2-10 所示。

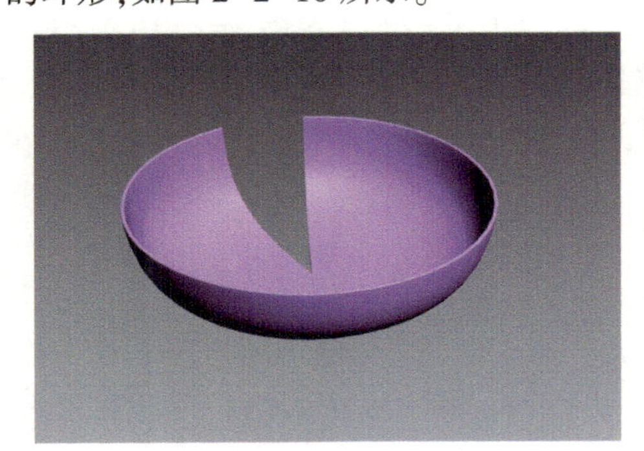
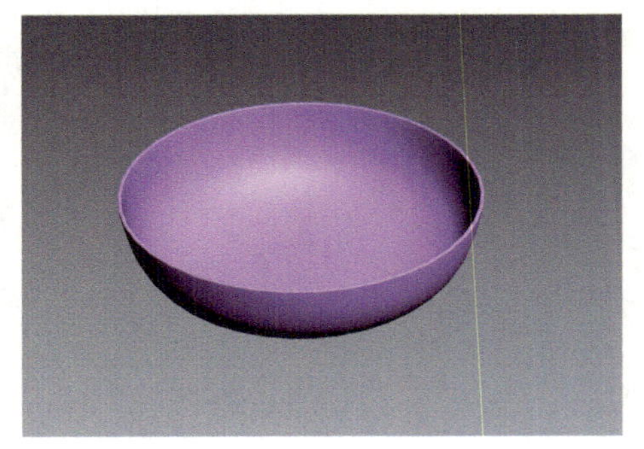

图 2-2-10

焊接内核：将轴心重合时的顶点进行焊接，使模型的结构更精简平滑，看不到缝隙。如图 2-2-11 所示。

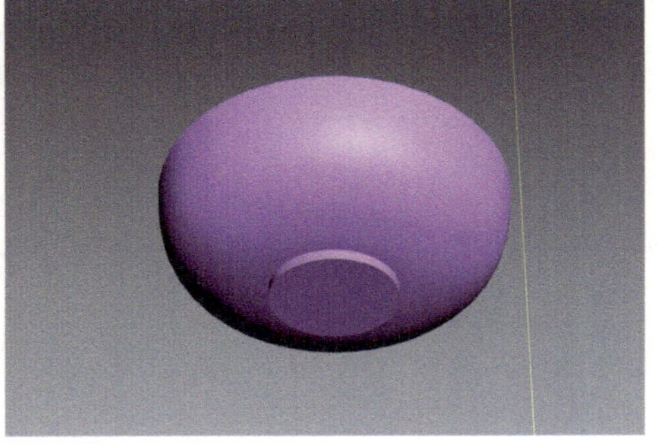

图 2-2-11

分段：设置物体旋转圆周上的线的段数，数值越大，物体就会越光滑，但不可太多。图 2-2-12 为分段数为 10 时的物体模型外观效果，图 2-2-13 所示为分段数为 30 时的物体模型外观效果。

图 2-2-12　　图 2-2-13

对齐：设置截面图于旋转轴向的对齐方式。如图 2-2-14 至图 2-2-16 所示。

· 最小：截面物体的线条左侧与旋转轴对齐。

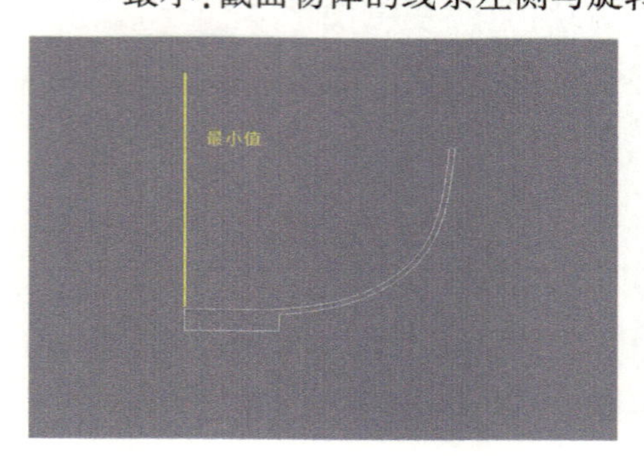

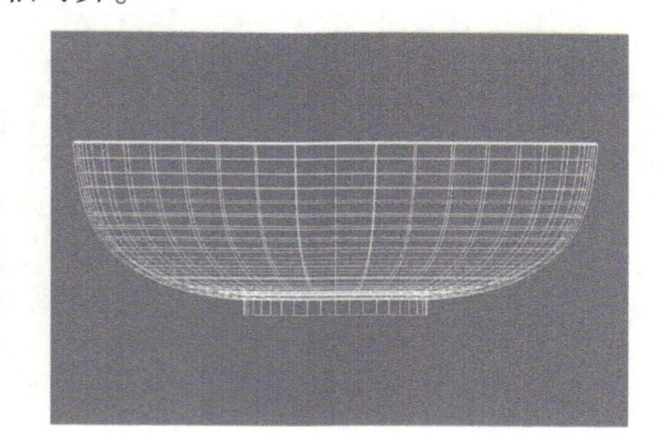

图 2-2-14

· 中心：截面物体的线条中心与旋转轴对齐。

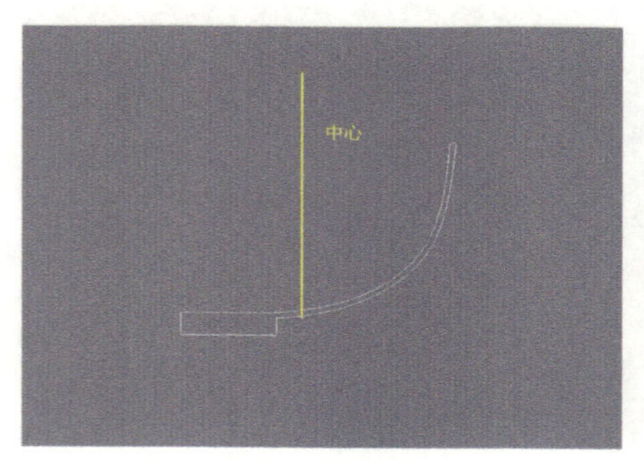

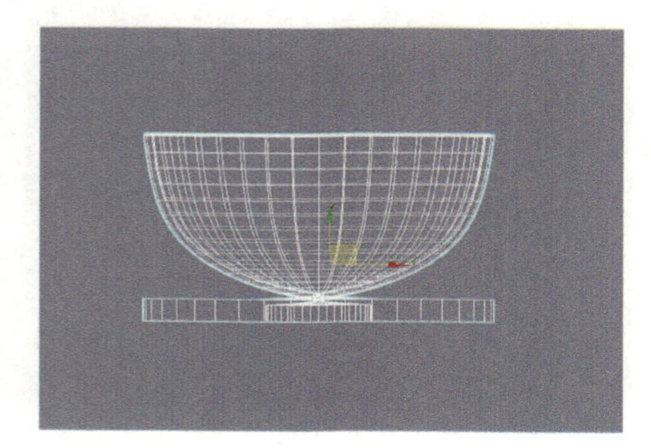

图 2-2-15

· 最大：截面物体的线条右侧与旋转轴对齐。

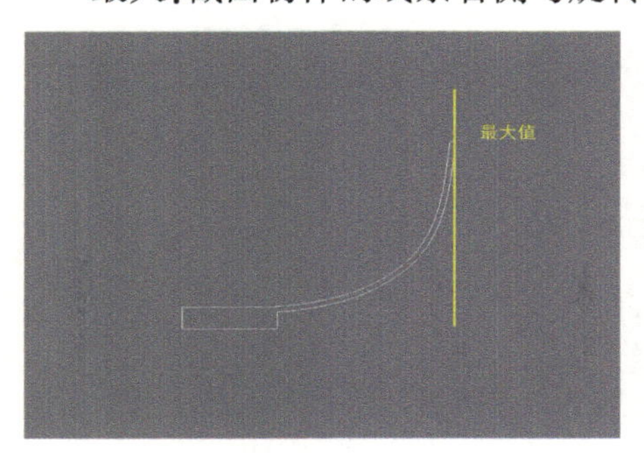

图 2-2-16

拓展任务 使用二维线制作瓷瓶模型

一、任务要求

1. 使用二维线精准绘制瓷瓶造型。
2. 本次任务的重点是掌握轮廓命令的使用方法。
3. 熟练使用车削命令的正确方法和参数设置。

瓷瓶模型可参考图 2-2-17。

图 2-2-17

扫一扫，观看教学视频

二、实施步骤

1. 创建瓷瓶截面。单击【图形】按钮，在 对象类型 面板中选择 线 ，在前视图中绘制瓷瓶的横截面图形，如图 2-2-18 所示。

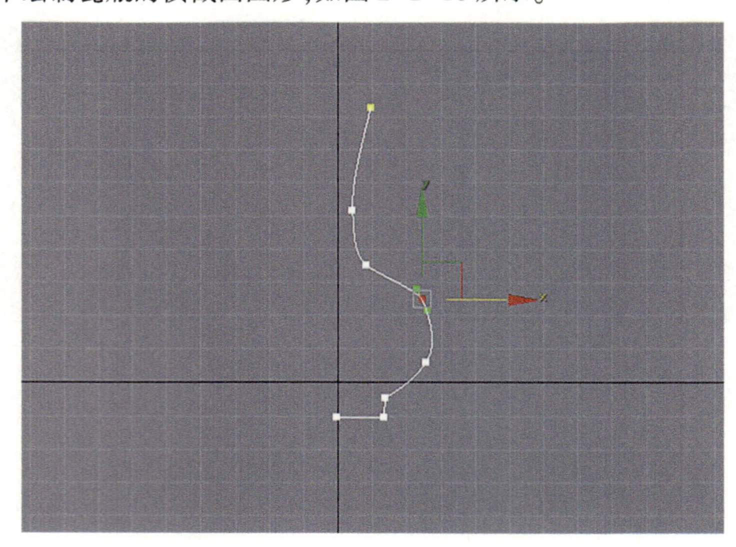

图 2-2-18

2. 在线的点上右击，出现对话框，选择 Bezier，将线的点改为 Bezier 点，以便调整图形弧度，使模型更圆滑。如图 2-2-19 所示。

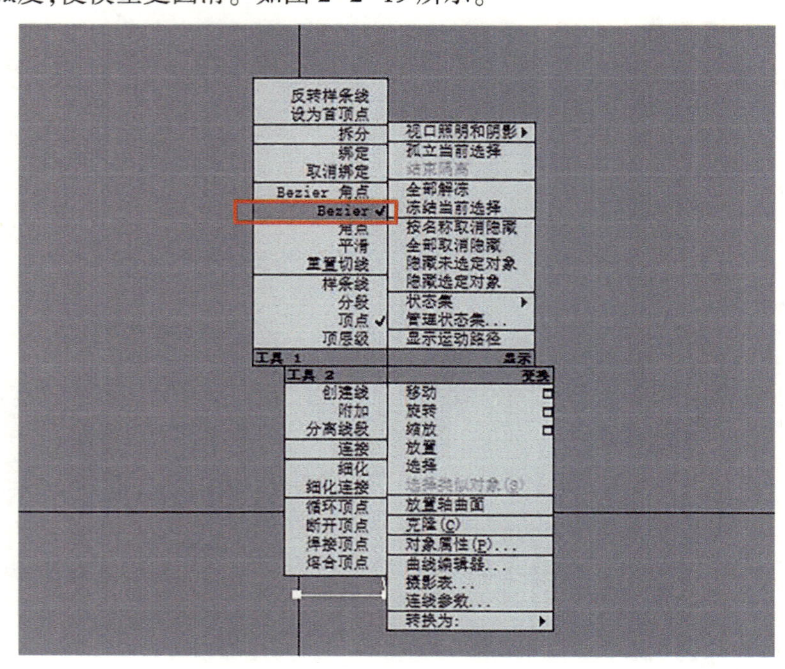

图 2-2-19

3. 创建瓷瓶图形轮廓。选择✓【样线条】命令，单击【轮廓】(只有样条线处于被选择状态时，轮廓的命令才可使用)。在线上单击，拖动鼠标，即可得到轮廓线，如图 2-2-20、图 2-2-21 所示。

图 2-2-20

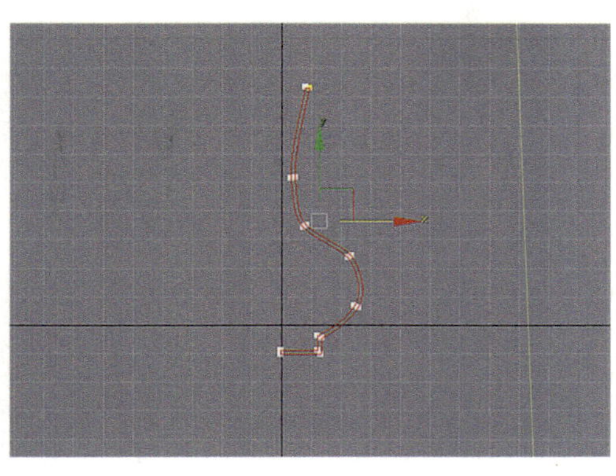

图 2-2-21

4. 结束上一个命令，在修改器中找到【车削】命令，添加给物体，此时出现的三维物体，如图 2-2-22 所示。在属性面板，将对齐(Aligh)方式选择为最小，分段：40，使其表面更光滑，如图 2-2-23、图 2-2-24 所示。

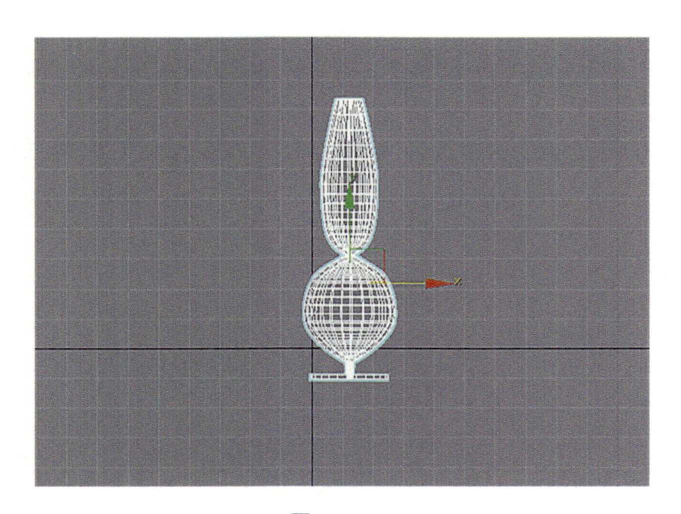

图 2-2-22

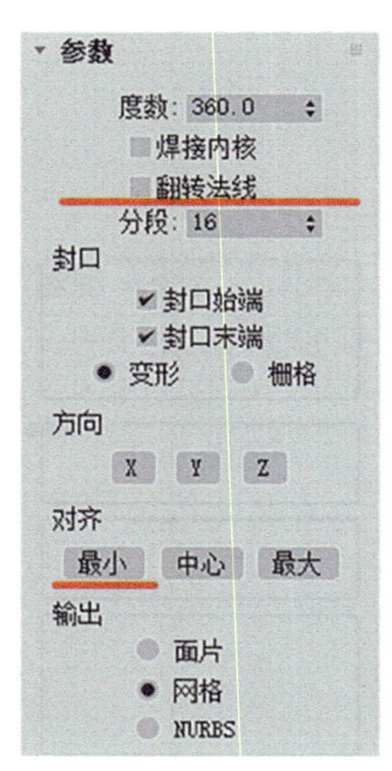

图 2-2-23

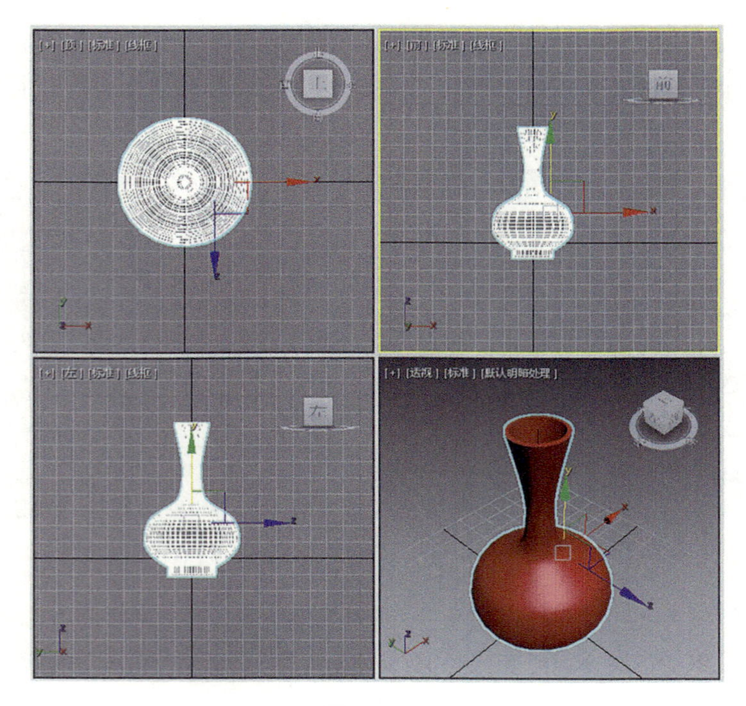

图 2-2-24

设计师点拨

掌握二维线车削建模的方法规律，同学们就可以独立制作许多相似的模型，如图 2-2-25 所示。

图 2-2-25

资料库 千年瓷都景德镇青花瓷

景德镇青花瓷是中华传统名瓷之一，作为特色江西的产物，它在景德镇被人们称为人间瑰宝。景德镇青花瓷始创于元代，到明、清两代为高峰。它用氧化钴料在坯胎上描绘纹样，施釉后高温一次烧成。它蓝白相映，怡然成趣，晶莹明快，美观隽久。青花瓷又称白地青花瓷，常简称青花，是中国瓷器的主流品种之一。青花是运用天然钴料在白泥上进行绘画装饰，再罩以透明釉，然后在高温 1300 摄氏度上下一次烧成，使色料充分渗透于坯釉之中，呈现青翠欲滴的蓝色花纹，显得幽倩美观，明净素雅。成品见图 2-2-26。

图 2-2-26

景德镇青花瓷艺术能够成为世界的宠儿、成为中华国粹的原因，不仅在于它凝聚了千年的文化和匠心，更是在于其蓝白二色间对民族文化的包容与融合。

2006 年 5 月 20 日，景德镇手工制瓷技艺经国务院批准列入第一批国家级非物质文化遗产名录。正是因为景德镇瓷器很多高品质的特点，精益求精的追求以及人们千年来对传统技艺的传承，才使景德镇瓷器可以历经千年依然辉煌，更成就了景德镇“千年瓷都”的美名。

学习笔记

学生主导任务A　现代装饰花瓶模型制作任务单和评价单

现代装饰花瓶模型制作任务单

任务名称	现代装饰花瓶模型制作		
效果图			
前视图			
学生姓名		同组成员	
任务目的	1. 要求学生独立完成现代装饰花瓶模型制作,巩固学习的知识和技能。 2. 能够使用二维线绘制并编辑修改图形。 3. 熟练运用车削命令制作三维模型,理解敞口车削模型的建模原理。		
任务重点	1. 使用二维线绘制及编辑修改图形,轮廓命令的应用。 2. 理解敞口车削模型的建模原理。		
任务要求	1. 使用二维线和车削命令制作现代装饰花瓶模型。 2. 熟练使用圆点、角点、贝兹点、贝兹角点命令进行线型外观修改。 3. 合理运用优化和圆角、轮廓命令。		
学分	现代装饰花瓶模型制作:0.2 学分。		

现代装饰花瓶模型制作任务评价单

姓名		任务名称								
项目	评价要点及标准	自评			他评			师评		
		A	B	C	A	B	C	A	B	C
课堂状态	注意力是否集中									
	学习是否主动									
	练习是否认真									
	学习热情是否高涨									
学习策略	认真预习									
	不耻下问									
	敢于面对困难									
	勤于动手实践									
	善于思考									
知识目标										
技能目标										
反思										

学生主导任务B 青花瓷花瓶模型制作任务单和评价单

青花瓷花瓶模型制作任务单

任务名称	青花瓷花瓶模型制作		
效果图			
前视图			
学生姓名		同组成员	
任务目的	1. 要求学生独立完成青花瓷花瓶模型制作,巩固学习的知识和技能。 2. 能够使用二维线绘制并编辑修改图形。 3. 熟练运用车削命令制作三维模型。		
任务重点	1. 使用二维线中线段和样条线的编辑修改命令。 2. 理解敞口车削模型的建模原理。		
任务要求	1. 使用二维线和车削命令制作青花瓷花瓶模型。 2. 熟练使用圆点、角点、贝兹点、贝兹角点命令进行线型外观修改。 3. 合理运用优化、圆角和轮廓命令。		
学分	青花瓷花瓶模型制作:0.2 学分。		

青花瓷花瓶模型制作任务评价单

姓名		任务名称								
项目	评价要点及标准	自评			他评			师评		
		A	B	C	A	B	C	A	B	C
课堂状态	注意力是否集中									
	学习是否主动									
	练习是否认真									
	学习热情是否高涨									
学习策略	认真预习									
	不耻下问									
	敢于面对困难									
	勤于动手实践									
	善于思考									
知识目标										
技能目标										
反思										

课后作业任务单

任务名称	陶瓷餐具模型制作
作业要求	1. 同学们利用课后时间,依照陶瓷锅模型效果图,完成模型制作。 2. 重点和难点:运用二维线和车削命令制作陶瓷锅模型。 3. 自学内容:陶瓷锅把手。同学可自学项目三任务:挤出命令,重在吸引同学们的兴趣,培养同学们的自学能力,为后续学习奠定基础。 4. 独立完成模型制作,熟练使用所学命令,注重细节刻画和造型美观。
效果图	
分解图	

<table>
<tr><td>前视图</td><td colspan="2"> </td></tr>
<tr><td>自学知识技能</td><td>模型部件名称：
把手
制作要领提示：
挤出
（参考项目三的教学内容）</td><td> 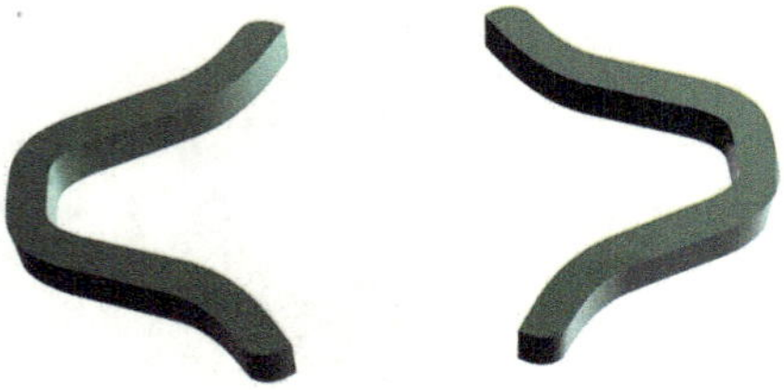</td></tr>
<tr><td>探索研究</td><td>模型部件名称：
瓷勺
制作要领提示：
可编辑多边形
（参考项目五的教学内容）</td><td> </td></tr>
<tr><td>问题</td><td colspan="2"></td></tr>
</table>

学习笔记

项目三

制作柜子模型

任务 1
使用挤出命令制作柜子模型

一、任务介绍

挤出命令是 3ds Max 软件中最常用的二维线建模修改命令，可以制作如室内家具、建筑外观等诸多模型，本次任务通过制作书柜模型，使学生熟练掌握二维线的创建、编辑、修改以及挤出命令的使用方法。柜子模型可参考图 3-1-1。

图 3-1-1

二、任务目标

任务表

教师主导教学任务	学生主导制作任务
典型任务:使用挤出命令制作书柜模型	任务 A:制作北欧风格边柜模型
拓展任务:使用挤出命令制作书架模型	任务 B:制作北欧风格酒柜模型

知识目标

1. 能叙述 3ds Max 软件挤出建模命令的参数设置方法。

2. 能叙述 3ds Max 软件二维线附加命令的应用方法。

技能目标

1. 熟练运用挤出命令制作实体模型和空心模型。

2. 掌握 3ds Max 软件二维线挤出命令创建复杂家具模型的技巧。

素养目标

1. 通过使用挤出命令,引导学生挤出时间,多练技能。

2. 通过体验挤出命令的强大作用,引导提升学生耐心坚持、不轻易放弃的抗压能力和创新能力。

典型任务 使用挤出命令制作书柜模型

任务实施

一、任务要求

1. 本次任务的重点是通过制作书柜模型,使学生掌握挤出命令的使用方法和应用技巧。

2. 熟练运用优化、圆角命令,熟练使用圆点、角点、贝兹点、贝兹角点命令。

3. 熟练使用挤出命令,并正确设置参数。

4. 通过学习制作书柜模型,运用挤出命令,掌握更多家具模型的制作方法。

书柜模型可参考图3-1-2。

图3-1-2

扫一扫,观看教学视频

二、实施步骤

1. 选择【文件】菜单中的【重置】命令,重新设置系统。

2. 书柜侧板模型制作。在+【创建】命令面板上单击【图形】,在 对象类型 中,使用 矩形 命令,在左视图中创建一个矩形,设置参数为长度:120,宽度:45,做为柜子的横截表面,如图3-1-3所示。

3. 选择【修改】命令面板，在修改器列表中选择【编辑样条线】，使用【优化】、【圆角】命令调整对象形态，如图 3-1-4 所示。

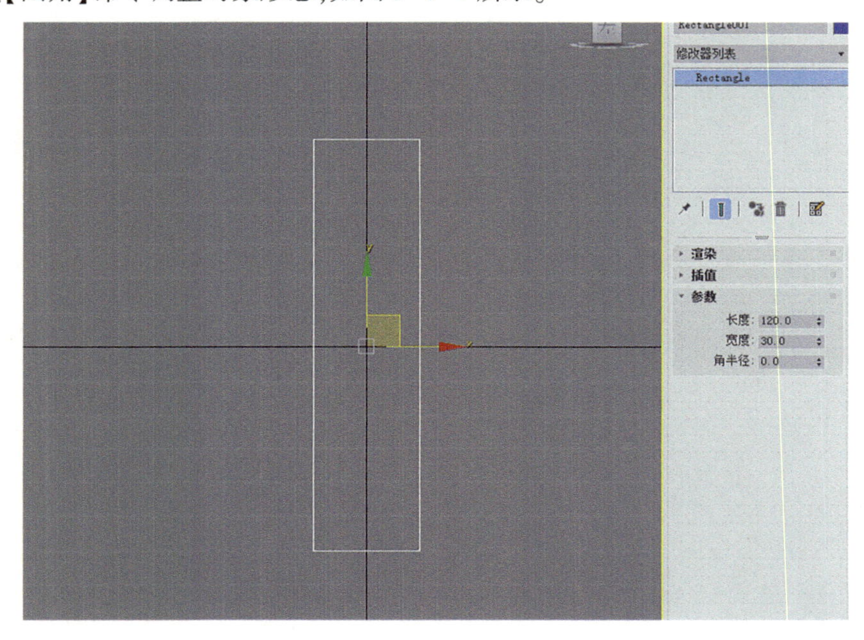

图 3-1-3

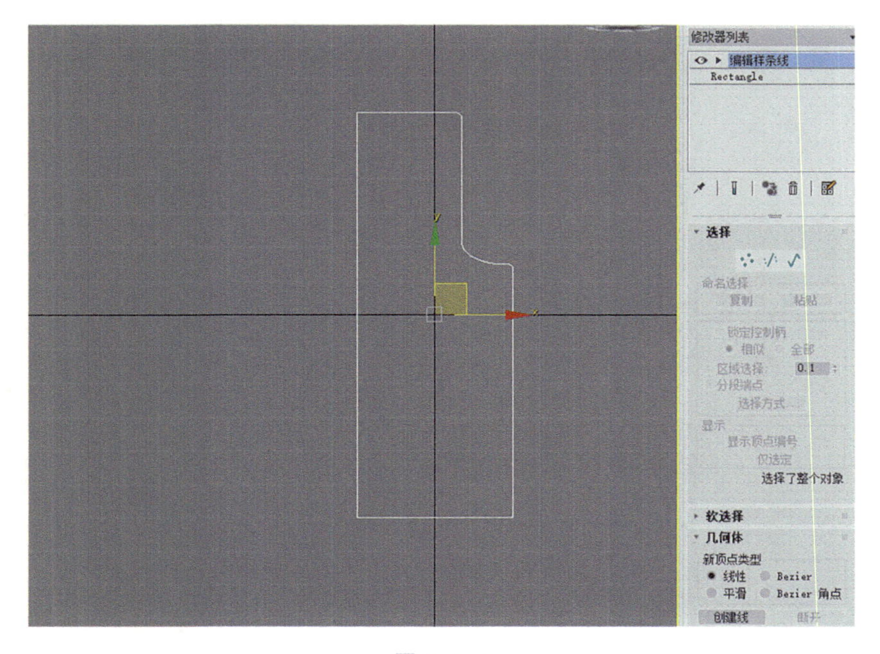

图 3-1-4

4. 选择【修改】命令面板，在【修改器列表】中添加【挤出】命令，数量设置为2，制作完成书柜侧板，如图 3-1-5 所示。按住 Shift 键复制侧板，如图 3-1-6 所示。

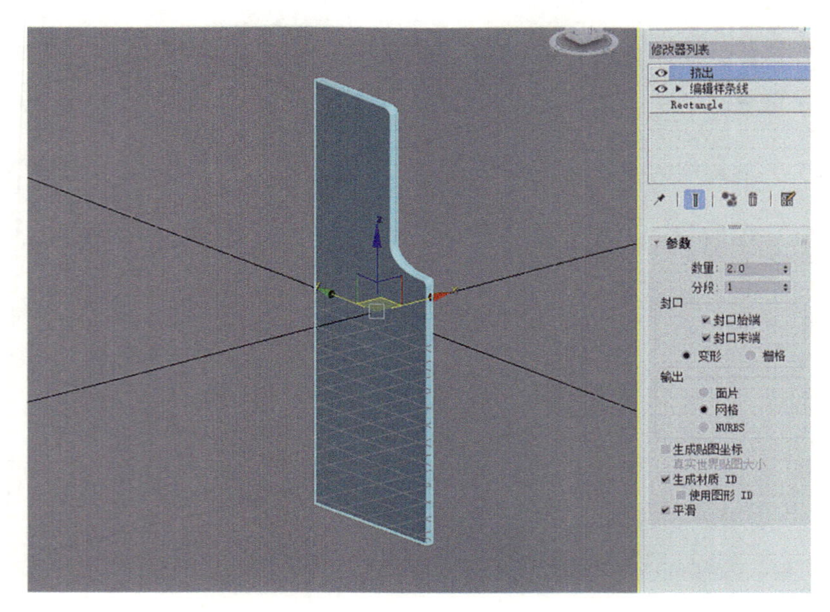

图 3-1-5

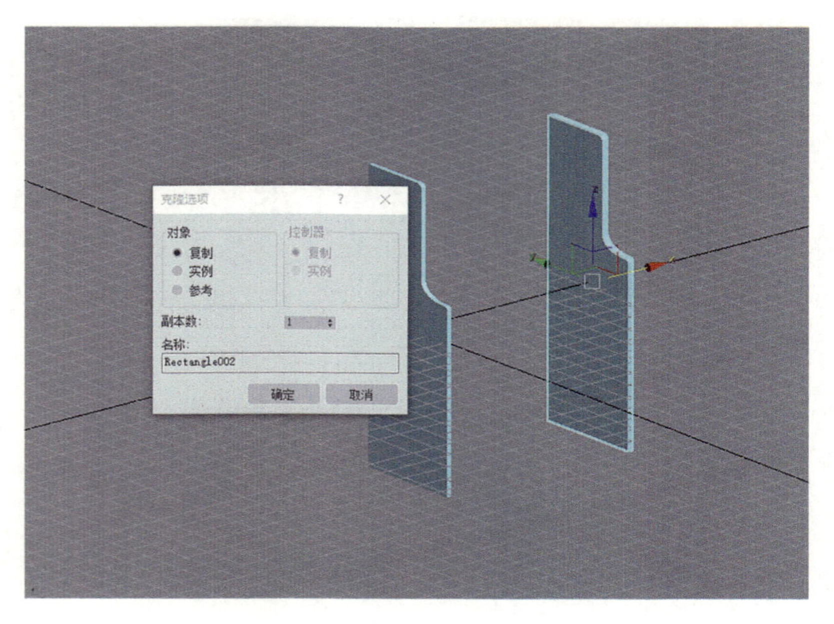

图 3-1-6

5. 在顶视图中使用【矩形】工具依次创建对象 A、B、C、D，依次分别设置参数为长度：30，宽度：82，长度：30，宽度：40，长度：45，宽度：82，长度：45，宽度：50。并各自使用【挤出】命令，数量设置为 2，如图 3-1-7 所示。复制对象 C，副本数为 2，复制对象 D，副本数为 1，与前面的侧板组合至适合位置，如图 3-1-8 所示。

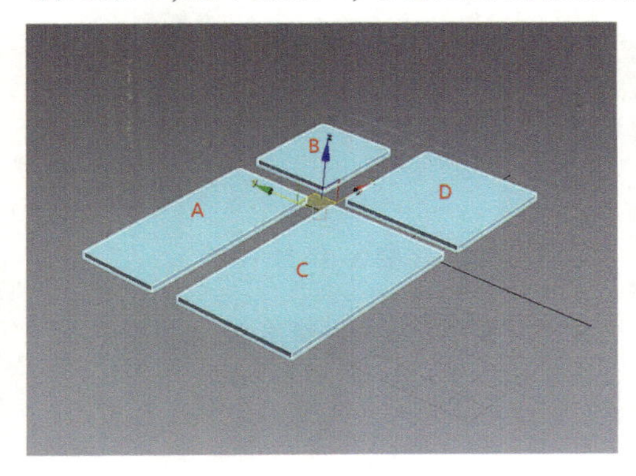

图 3-1-7

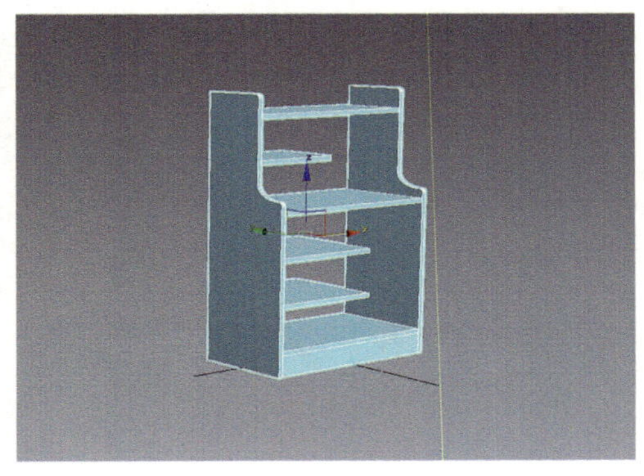
图 3-1-8

6. 在左视图中使用【矩形】工具依次创建对象 E（长度：38，宽度：30）、对象 F（长度：58，宽度：45），并各自使用【挤出】命令，数量设置为 2，如图 3-1-9 所示。

7. 在前视图中使用【矩形】工具依次创建对象 G（长度：120，宽度：84）、对象 H（长度：18，宽度：50），各自使用【挤出】命令，数量设置为 2，同时复制对象 H，副本数为 2，如图 3-1-10 所示。

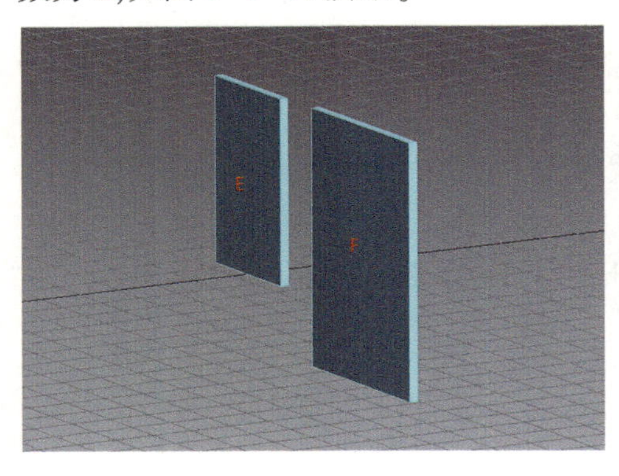

图 3-1-9

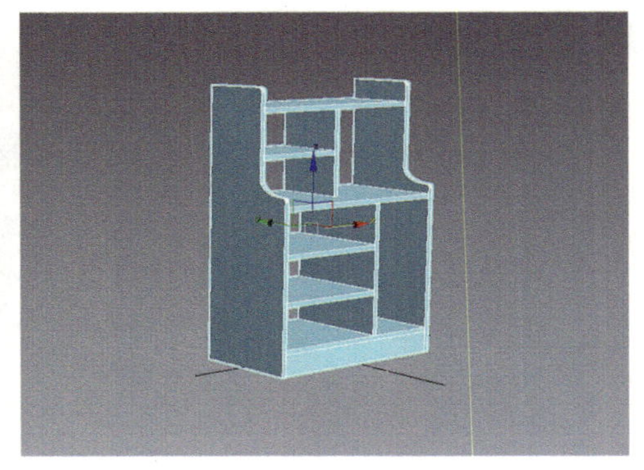
图 3-1-10

8. 抽屉把手模型制作。创建样条线并应用【车削】命令制作抽屉把手，复制副本数为 2，调整位置，组成抽屉门，如图 3-1-11、图 3-1-12、图 3-1-13 所示。

9. 将各部分组件调整位置组合，完成模型制作，如图 3-1-14 所示。

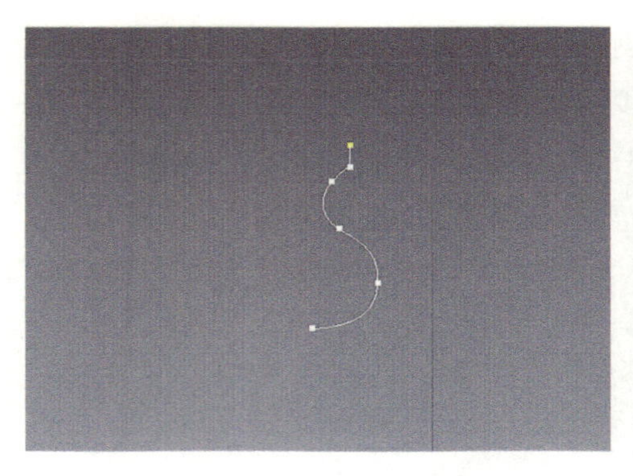

图 3-1-11

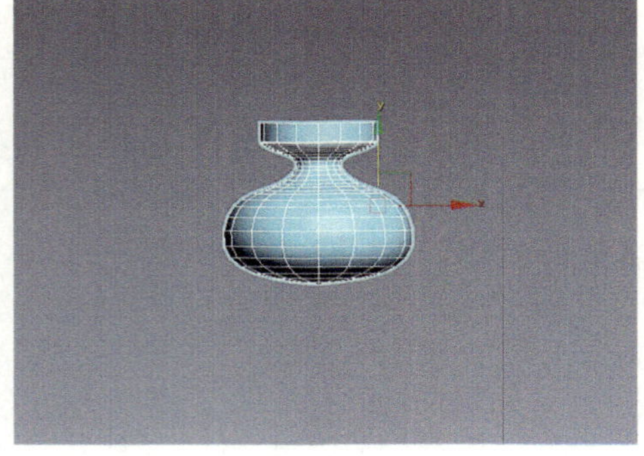

图 3-1-12

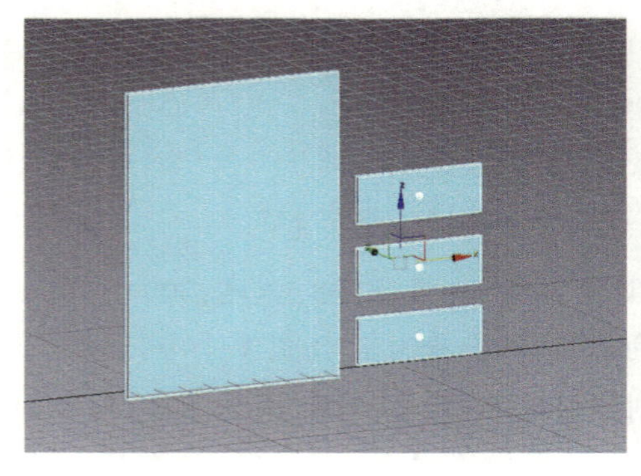

图 3-1-13

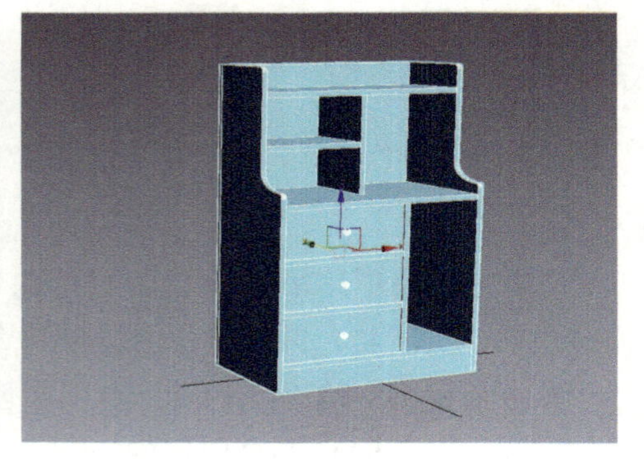

图 3-1-14

操作思考

问题1. 绘制完成二维线后，添加挤出命令，挤出的模型两边是空的如何解决？

问题2. 使用挤出命令创建模型，为什么绘制的图形必须是封闭的？

知识点梳理

挤出:将样条线图形增加厚度,挤压成三维实体,是非常实用的建模方法。

数量:是指二维物体拉伸为三维物体的数值,可以调节物体的厚度。挤出数量设置为 1 时模型挤出效果如图 3-1-15 所示,挤出数量设置为 10 时模型挤出效果如图 3-1-16 所示。

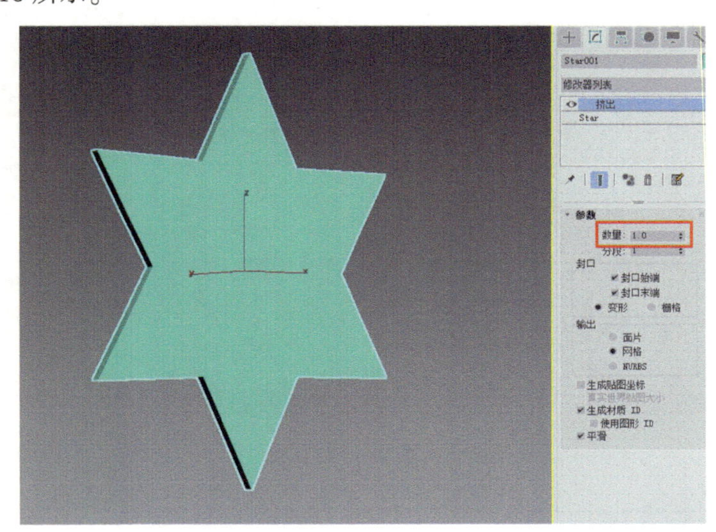

图 3-1-15

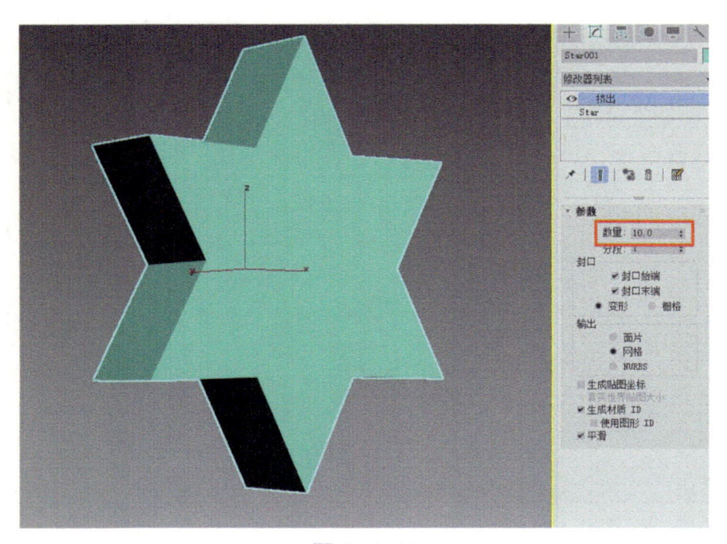

图 3-1-16

分段：在物体挤出厚度后，调整该数值可以使物体外观边缘更加圆滑。分段设置为 1 时模型外观效果如图 3-1-17 所示，分段设置为 15 时模型外观效果如图 3-1-18 所示。

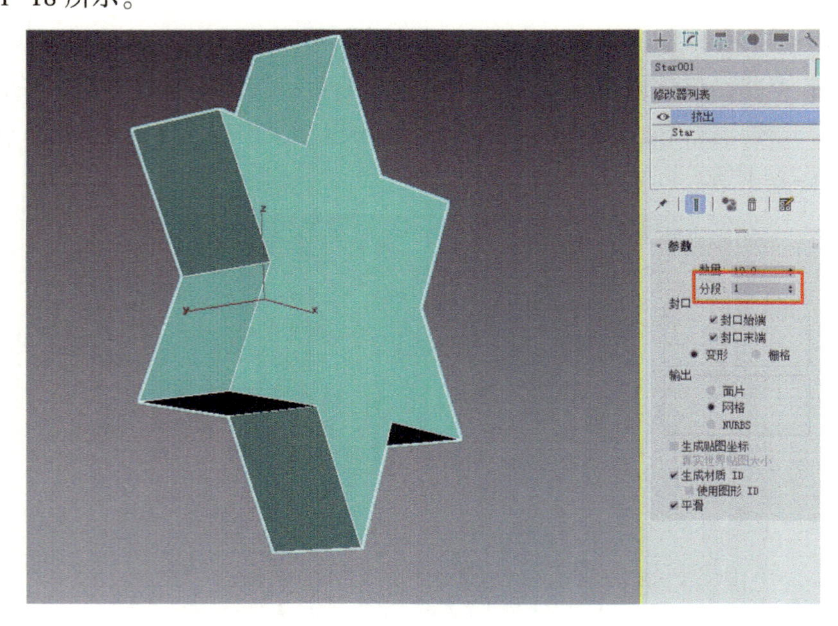

图 3-1-17

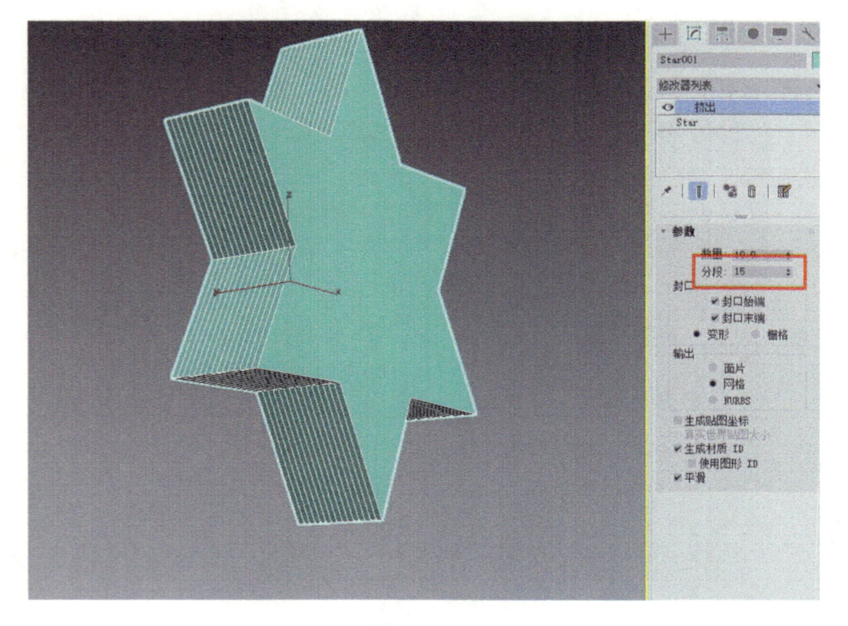

图 3-1-18

封口：设置挤出物体两端封口勾选状态如图 3-1-19 所示，封口没有勾选状态如图 3-1-20 所示。

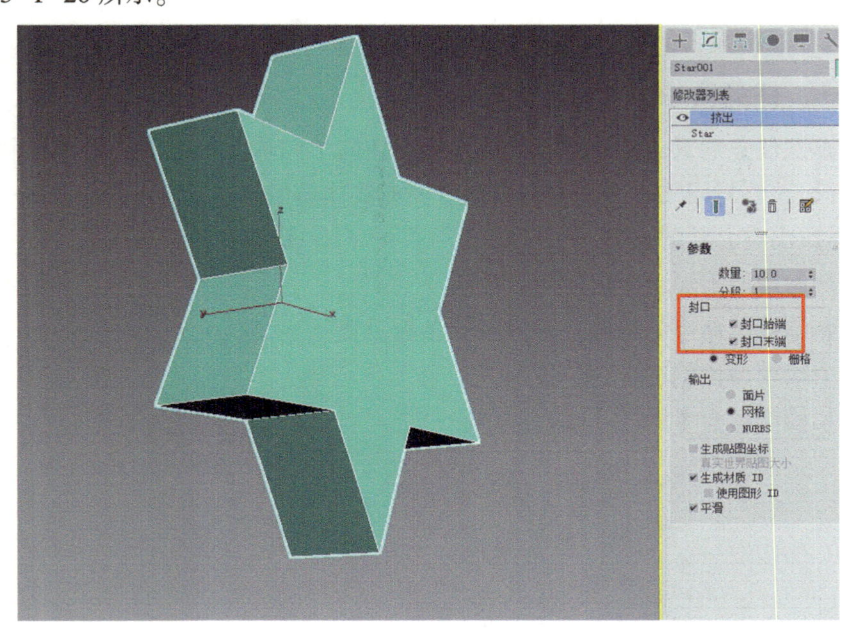

图 3-1-19

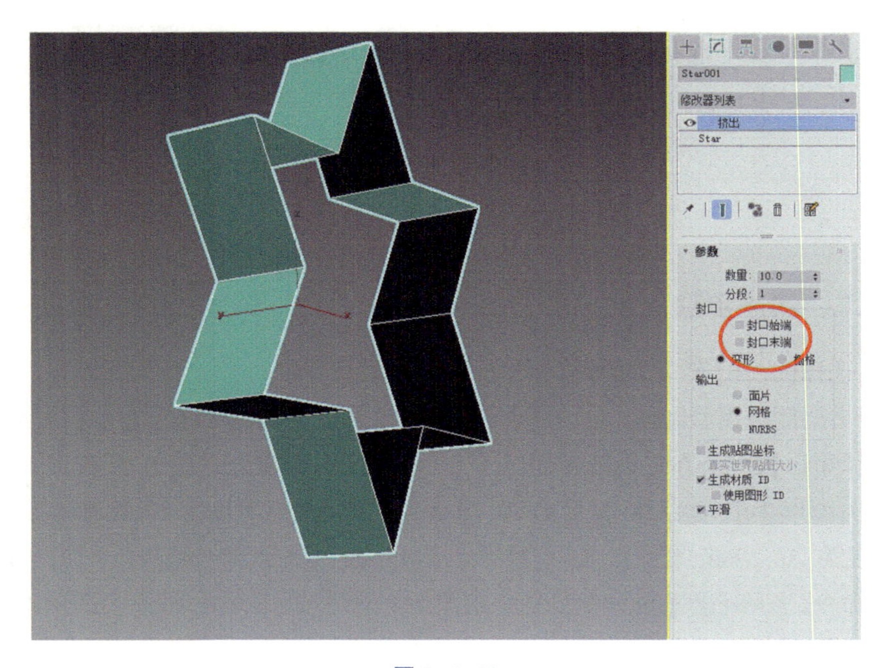

图 3-1-20

拓展任务 使用挤出命令制作书架模型

一、任务要求

1. 本次任务的重点是通过制作书架模型使同学们掌握二维线挤出命令制作模型的规律,独立封闭二维线添加挤出命令完成实体模型制作,而内部再绘制一个图形,将会挤出空心状的模型。

2. 熟练掌握附加命令的使用方法。

3. 熟练挤出命令的正确使用方法和参数设置。

4. 书架模型比例适合、美观。

书架模型可参考图 3-1-21。

图 3-1-21

扫一扫,观看教学视频

二、实施步骤

1. 选择【文件】菜单中的【重置】命令,重新设置系统。

2. 书架侧板模型制作。在 +【创建】命令面板上单击【图形】,在 对象类型 中使用【矩形】命令,在左视图中创建 4 个矩形,分别设置为图形 1:长度为 160,宽度为 40;图形 2:长度为 38,宽度为 20;图形 3:长度为 20,宽度为 20;图形 4:长度为 25,宽度为 20。单击图形 1,选择【修改】命令面板,在 修改器列表 中添加【编辑样条线】命令,选择 附加 命令分别单击图形 2、图形 3、图形 4,将 4 个图形附加在一起,如图 3-1-22 所示。

3. 在 选择 进入【顶点】,单击 圆角 调整出书架侧板大体形状。如

图 3-1-23 所示。

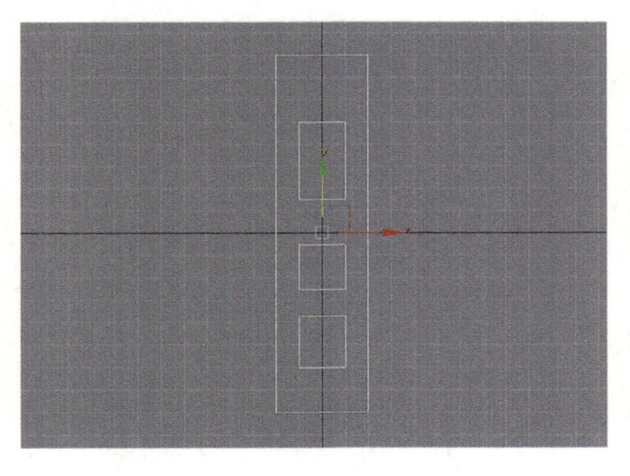

图 3-1-22

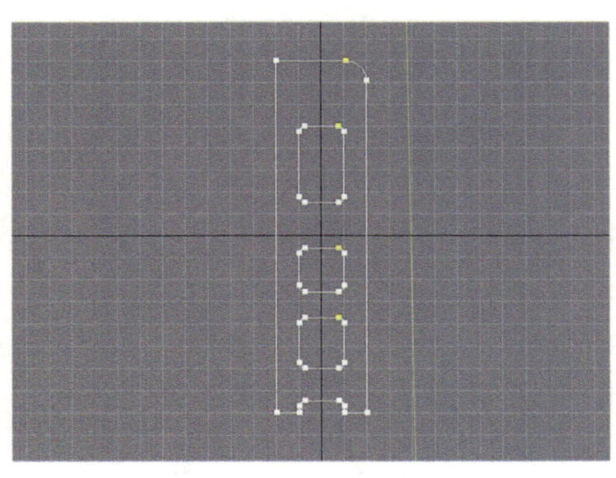

图 3-1-23

4. 选择【修改】命令面板，在修改器列表中添加【挤出】命令，数量设置为 2，复制一个副本，如图 3-1-24 所示。在左视图中继续创建两个矩形，分别设置为长度：138，宽度：40；长度：20，宽度：40。调整形态并复制后一个，副本数为 1，如图 3-1-25 所示。

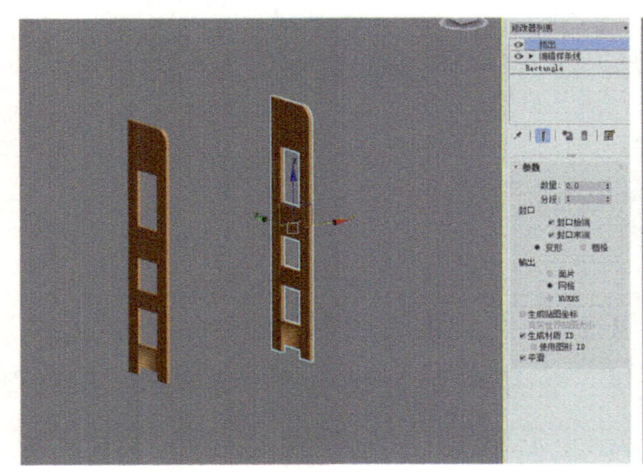

图 3-1-24

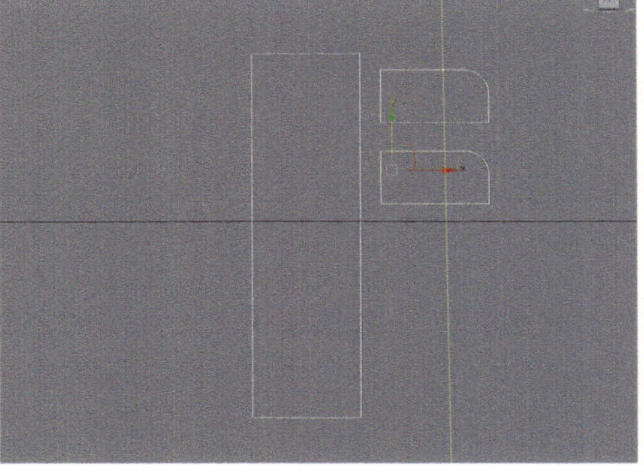

图 3-1-25

5. 选择【修改】命令面板，在修改器列表中添加【挤出】命令，数量设置为 2，如图 3-1-26 所示。

6. 使用【矩形】命令，在顶视图中创建矩形，设置为长度：40，宽度：118，在修改器列表中添加【挤出】命令，数量设置为 2，复制对象，副本数为 4，如图 3-1-27 所示。

7. 使用【矩形】命令，在前视图中创建矩形，设置为长度：160，宽度：118，使用【挤出】命令，数量设置为 2，如图 3-1-28 所示。调整各部分位置完成书架模型创建，如图 3-1-29 所示。

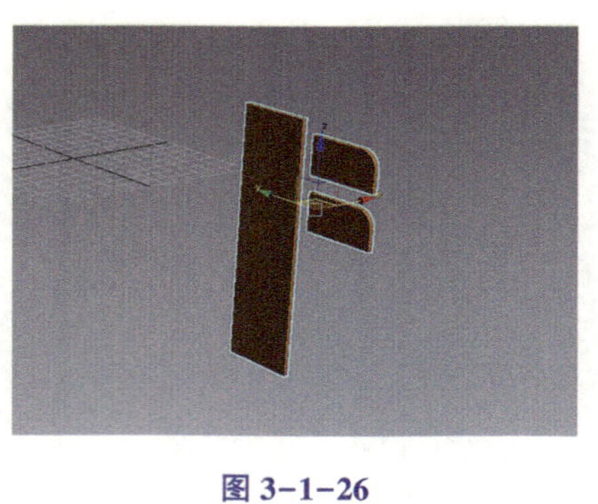

图 3-1-26

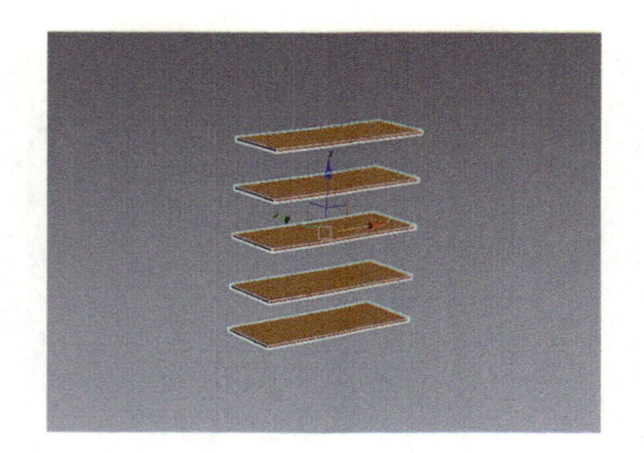

图 3-1-27

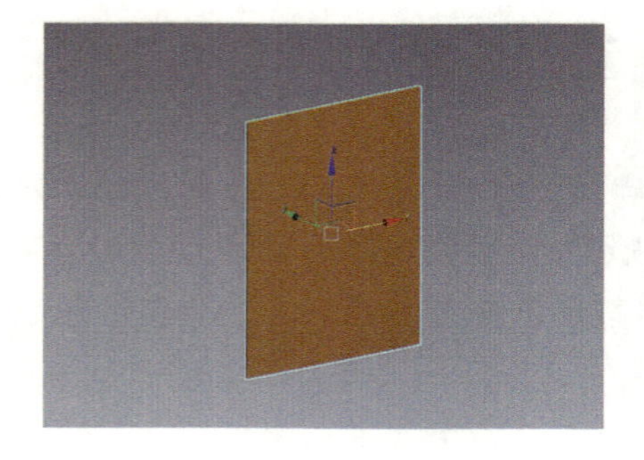

图 3-1-28

图 3-1-29

设计师点拨

绘制独立封闭二维线图形，当添加挤出命令时，二维线图形会变为一个实心的三维模型，但是如果二维线图形内部再绘制一个图形，通过附加命令将两个图形结合成为一个图形，添加挤出命令时，将会挤出空心状的三维模型，这是挤出命令建模的成型规律，如图 3-1-30 所示。

图 3-1-30

资料库 CAD 建筑绘图家具标准尺寸——书房篇

名称	尺寸(单位:厘米)	备注
书桌	固定式书桌:深度 45~70(60 最佳),高度 75 书桌下缘离地至少 58;长度:最少 90(150~180 最佳) 活动式书桌:深度 65~80,高度 75~78 书桌下缘离地至少 58;长度:最少 90(150~180 最佳)	
书架	常见书架:深度 25~40(每一格),长度:60~120 下大上小型书柜:下方深度 35~45,高度 80~90 活动未及顶高柜:深度 45,高度 180~200	
写字台	长度 120~600;宽度 50~65;高度 70~80	
办公桌	长度 120~600;宽度 50~65;高度 70~80	
办公椅	高度 40~45;长度 45~60;宽度 45~60	

学习笔记

学生主导任务A　北欧风格边柜模型制作任务单和评价单

北欧风格边柜模型制作任务单

<table>
<tr><td>任务名称</td><td colspan="3">北欧风格边柜模型制作</td></tr>
<tr><td>效果图</td><td colspan="3"></td></tr>
<tr><td>前视图
左视图</td><td colspan="3">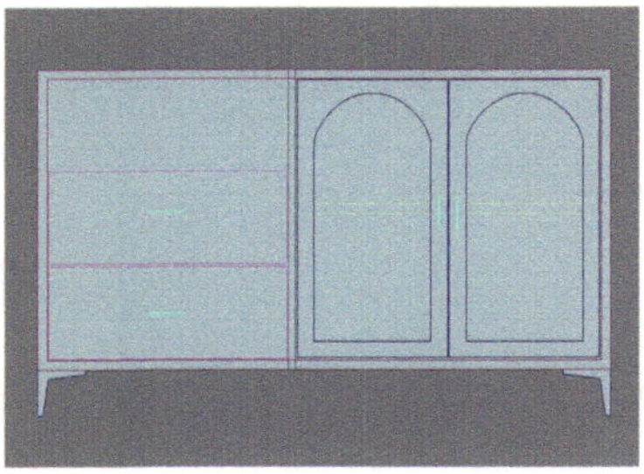 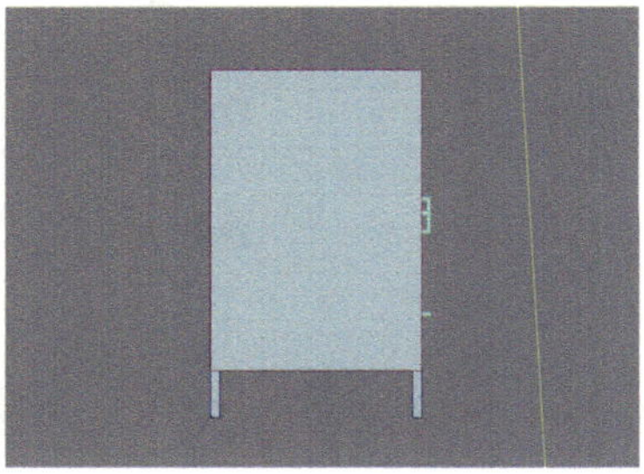</td></tr>
<tr><td>学生姓名</td><td></td><td>同组成员</td><td></td></tr>
<tr><td>任务目的</td><td colspan="3">1. 巩固学生学习的知识和技能，要求学生独立完成北欧风格边柜模型制作。
2. 熟悉家具模型的建模方法流程，培养学生家具建模能力。
3. 能够举一反三，训练学生的分析能力和解决问题的能力。</td></tr>
<tr><td>任务重点</td><td colspan="3">1. 熟练掌握挤出命令创建模型参数设置。
2. 熟练运用编辑样条线命令中的附加和圆角命令。</td></tr>
<tr><td>任务要求</td><td colspan="3">1. 使用挤出命令制作北欧风格边柜模型。
2. 依照图片，同学们独立完成模型制作。
3. 造型比例符合图片要求。
4. 提交文件名为：作业名称-姓名-班级，MAX 格式文件，不渲染。</td></tr>
<tr><td>学分</td><td colspan="3">北欧风格边柜模型制作：0.2 学分。</td></tr>
</table>

北欧风格边柜模型制作任务评价单

<table>
<tr><td>姓名</td><td></td><td>任务名称</td><td colspan="9"></td></tr>
<tr><td rowspan="2">项目</td><td rowspan="2" colspan="2">评价要点及标准</td><td colspan="3">自评</td><td colspan="3">他评</td><td colspan="3">师评</td></tr>
<tr><td>A</td><td>B</td><td>C</td><td>A</td><td>B</td><td>C</td><td>A</td><td>B</td><td>C</td></tr>
<tr><td rowspan="4">课堂状态</td><td colspan="2">注意力是否集中</td><td></td><td></td><td></td><td></td><td></td><td></td><td></td><td></td><td></td></tr>
<tr><td colspan="2">学习是否主动</td><td></td><td></td><td></td><td></td><td></td><td></td><td></td><td></td><td></td></tr>
<tr><td colspan="2">练习是否认真</td><td></td><td></td><td></td><td></td><td></td><td></td><td></td><td></td><td></td></tr>
<tr><td colspan="2">学习热情是否高涨</td><td></td><td></td><td></td><td></td><td></td><td></td><td></td><td></td><td></td></tr>
<tr><td rowspan="5">学习策略</td><td colspan="2">认真预习</td><td></td><td></td><td></td><td></td><td></td><td></td><td></td><td></td><td></td></tr>
<tr><td colspan="2">不耻下问</td><td></td><td></td><td></td><td></td><td></td><td></td><td></td><td></td><td></td></tr>
<tr><td colspan="2">敢于面对困难</td><td></td><td></td><td></td><td></td><td></td><td></td><td></td><td></td><td></td></tr>
<tr><td colspan="2">勤于动手实践</td><td></td><td></td><td></td><td></td><td></td><td></td><td></td><td></td><td></td></tr>
<tr><td colspan="2">善于思考</td><td></td><td></td><td></td><td></td><td></td><td></td><td></td><td></td><td></td></tr>
<tr><td rowspan="3">知识目标</td><td colspan="2"></td><td></td><td></td><td></td><td></td><td></td><td></td><td></td><td></td><td></td></tr>
<tr><td colspan="2"></td><td></td><td></td><td></td><td></td><td></td><td></td><td></td><td></td><td></td></tr>
<tr><td colspan="2"></td><td></td><td></td><td></td><td></td><td></td><td></td><td></td><td></td><td></td></tr>
<tr><td rowspan="3">技能目标</td><td colspan="2"></td><td></td><td></td><td></td><td></td><td></td><td></td><td></td><td></td><td></td></tr>
<tr><td colspan="2"></td><td></td><td></td><td></td><td></td><td></td><td></td><td></td><td></td><td></td></tr>
<tr><td colspan="2"></td><td></td><td></td><td></td><td></td><td></td><td></td><td></td><td></td><td></td></tr>
<tr><td>反思</td><td colspan="11"></td></tr>
</table>

学生主导任务B 北欧风格酒柜模型制作任务单和评价单

北欧风格酒柜模型制作任务单

<table>
<tr><td>任务名称</td><td colspan="3">北欧风格酒柜模型制作</td></tr>
<tr><td>效果图</td><td colspan="3"></td></tr>
<tr><td>前视图
左视图</td><td colspan="3"></td></tr>
<tr><td>学生姓名</td><td></td><td>同组成员</td><td></td></tr>
<tr><td>任务目的</td><td colspan="3">1. 巩固学生学习的知识和技能,要求学生独立完成北欧风格酒柜模型制作。
2. 测试学生知识技能掌握情况。
3. 能够举一反三,训练学生的分析能力和解决问题的能力。</td></tr>
<tr><td>任务重点</td><td colspan="3">1. 熟练运用挤出命令创建模型。
2. 熟练运用编辑样条线命令中的附加和圆角命令。
3. 使用挤出命令完成单线实体模型和双线空心模型的制作。</td></tr>
<tr><td>任务要求</td><td colspan="3">1. 使用挤出命令制作北欧风格酒柜模型。
2. 依照图片,同学们独立完成模型制作。
3. 造型比例符合图片要求。
4. 提交文件名为:作业名称-姓名-班级,MAX 格式文件,不渲染。</td></tr>
<tr><td>学分</td><td colspan="3">北欧风格酒柜模型制作:0.2 学分。</td></tr>
</table>

北欧风格酒柜模型制作任务评价单

<table>
<tr><td>姓名</td><td></td><td>任务名称</td><td colspan="10"></td></tr>
<tr><td rowspan="2">项目</td><td rowspan="2">评价要点及标准</td><td colspan="3">自评</td><td colspan="3">他评</td><td colspan="3">师评</td></tr>
<tr><td>A</td><td>B</td><td>C</td><td>A</td><td>B</td><td>C</td><td>A</td><td>B</td><td>C</td></tr>
<tr><td rowspan="4">课堂状态</td><td>注意力是否集中</td><td></td><td></td><td></td><td></td><td></td><td></td><td></td><td></td><td></td></tr>
<tr><td>学习是否主动</td><td></td><td></td><td></td><td></td><td></td><td></td><td></td><td></td><td></td></tr>
<tr><td>练习是否认真</td><td></td><td></td><td></td><td></td><td></td><td></td><td></td><td></td><td></td></tr>
<tr><td>学习热情是否高涨</td><td></td><td></td><td></td><td></td><td></td><td></td><td></td><td></td><td></td></tr>
<tr><td rowspan="5">学习策略</td><td>认真预习</td><td></td><td></td><td></td><td></td><td></td><td></td><td></td><td></td><td></td></tr>
<tr><td>不耻下问</td><td></td><td></td><td></td><td></td><td></td><td></td><td></td><td></td><td></td></tr>
<tr><td>敢于面对困难</td><td></td><td></td><td></td><td></td><td></td><td></td><td></td><td></td><td></td></tr>
<tr><td>勤于动手实践</td><td></td><td></td><td></td><td></td><td></td><td></td><td></td><td></td><td></td></tr>
<tr><td>善于思考</td><td></td><td></td><td></td><td></td><td></td><td></td><td></td><td></td><td></td></tr>
<tr><td rowspan="3">知识目标</td><td></td><td></td><td></td><td></td><td></td><td></td><td></td><td></td><td></td><td></td></tr>
<tr><td></td><td></td><td></td><td></td><td></td><td></td><td></td><td></td><td></td><td></td></tr>
<tr><td></td><td></td><td></td><td></td><td></td><td></td><td></td><td></td><td></td><td></td></tr>
<tr><td rowspan="3">技能目标</td><td></td><td></td><td></td><td></td><td></td><td></td><td></td><td></td><td></td><td></td></tr>
<tr><td></td><td></td><td></td><td></td><td></td><td></td><td></td><td></td><td></td><td></td></tr>
<tr><td></td><td></td><td></td><td></td><td></td><td></td><td></td><td></td><td></td><td></td></tr>
<tr><td>反思</td><td colspan="10"></td></tr>
</table>

课后作业任务单

任务名称	欧式边柜模型制作
作业要求	1. 依照欧式边柜的效果图，用本节任务所学的挤出命令独立制作欧式边柜模型。（开始制作时，先不要看下页的制作要领提示，锻炼同学们的分析能力和解决问题的能力。） 2. 边柜顶盖部分模型需要同学们提前自学下一节任务，锻炼同学们的自学能力。 3. 还有一些模型制作命令方法是我们将来要学习的内容，同学们不用制作，可以思考、观察、探索、研究。 4. 课后作业任务有一定的难度，鼓励同学们大胆探索、发现问题、提出问题，以此培养同学们不怕苦、不怕累，克服困难、耐心坚持和不轻易放弃的抗压能力和创新能力。
效果图	
分解图	
前视图 左视图	 

已学 知识技能	模型部件名称： 柜子门模型 柜子底部围裙模型 柜门装饰花边模型 制作要领提示： 挤出	
复习 知识技能	模型部件名称： 柜子腿 制作要领提示： 车削	
自学 知识技能	模型部件名称： 柜子顶盖模型 柜子装饰线模型 把手托模型 制作要领提示： 倒角剖面 倒角	
思考探索	模型部件名称： 柜门装饰线模型 把手模型制作要领 制作要领提示： 放样 放样变形	

学习笔记

任务 2
使用倒角和倒角剖面命令制作餐桌模型

任务描述

一、任务介绍

本次任务通过制作餐桌模型，使学生掌握倒角命令和倒角剖面命令的使用方法和技巧，倒角剖面命令广泛应用制作各种家具的桌面、椅子面模型，本次任务学习的重点和难点是掌握倒角剖面命令的使用方法及灵活运用制作各类家具模型。餐桌等家具模型可参考图 3-2-1。

图 3-2-1

二、任务目标

任务表

教师主导教学任务	学生主导制作任务
典型任务：使用倒角、倒角剖面命令制作餐桌模型	任务A：制作北欧风格餐桌模型
拓展任务：使用倒角和倒角剖面命令制作橱柜模型	任务B：制作美式风格餐柜模型

知识目标

1. 能准确说出倒角和倒角剖面命令的作用。

2. 能用自己的语言叙述使用倒角和倒角剖面命令制作桌面、椅子面模型和橱柜模型的方法。

技能目标

1. 使用倒角剖面命令制作桌子面、椅子面、橱柜模型。

2. 熟练使用倒角和倒角剖面命令制作复杂家具模型。

素养目标

1. 提升对身边办公座椅等家具观察的能力，将学习融入生活中。

2. 通过复述常用建筑绘图家具的标准尺寸，引导学生做事一丝不苟、不差毫厘的职业精神。

典型任务 使用倒角、倒角剖面命令制作餐桌模型

一、任务要求

1. 本次任务重点是应用倒角和倒角剖面命令制作餐桌模型。
2. 运用线绘制桌面和桌腿造型。
3. 合理设置倒角命令参数。
4. 熟练使用旋转拷贝工具,制作多个桌子腿模型。

餐桌模型可参考图 3-2-2。

图 3-2-2

扫一扫,观看教学视频

二、实施步骤

1. 选择【文件】菜单中的【重置】命令,重新设置系统。

2. 创建桌面模型。选择 +【创建】命令面板上的【图形】,在 对象类型 中单击 矩形 ,在顶视图中创建矩形,参数设置为长度:80,宽度:160,角半径:40,如图 3-2-3 所示。

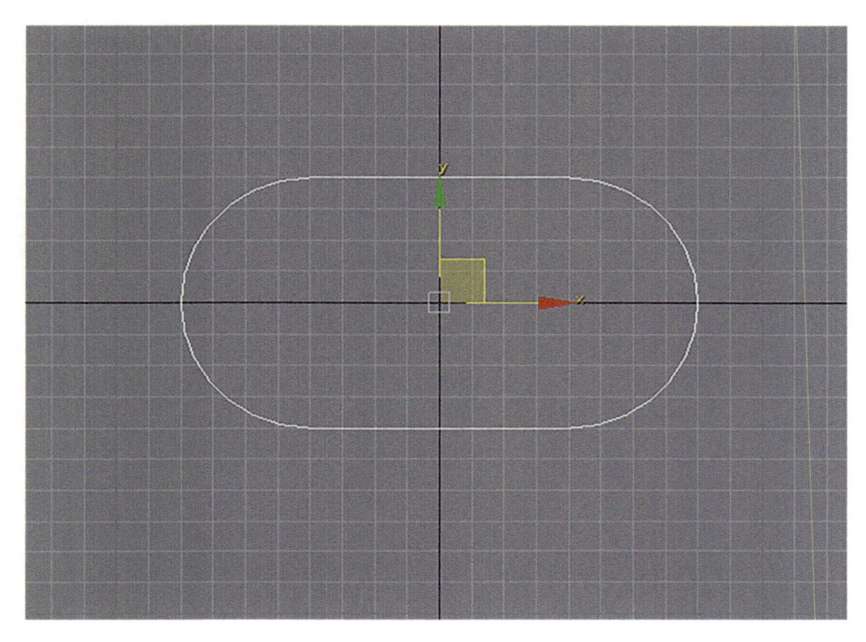

图 3-2-3

3. 再次单击【矩形】命令，在前视图中创建矩形，参数设置为长度:8，宽度:8，角半径:0，如图 3-2-4 所示。

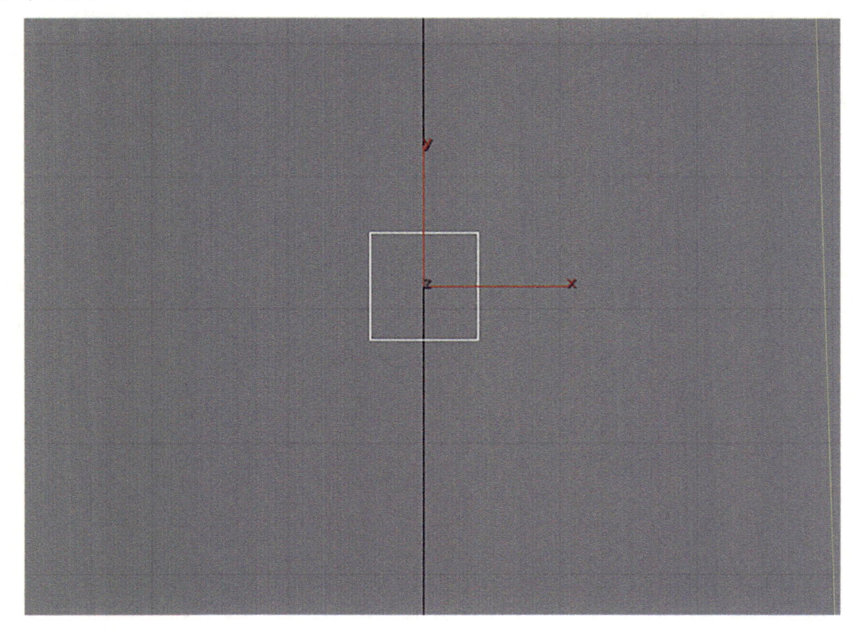

图 3-2-4

4. 单击【修改】,在修改器列表中选择【编辑样条线】命令,将矩形 2 修改编辑为如图 3-2-5 所示形状。

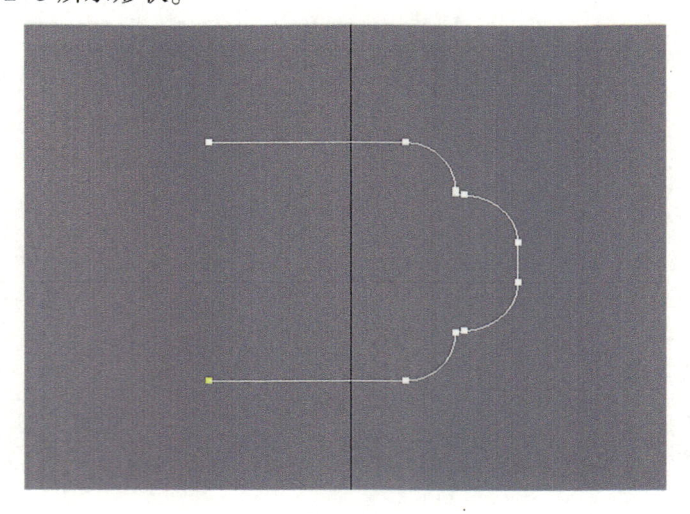

图 3-2-5

5. 选择矩形 1 物体,单击【修改】,在修改器列表中选择【倒角剖面】命令,在参数面板中选择【经典】,单击 拾取剖面 按钮,在前视图中单击矩形 2 物体,完成桌面模型制作,如图 3-2-6 所示。

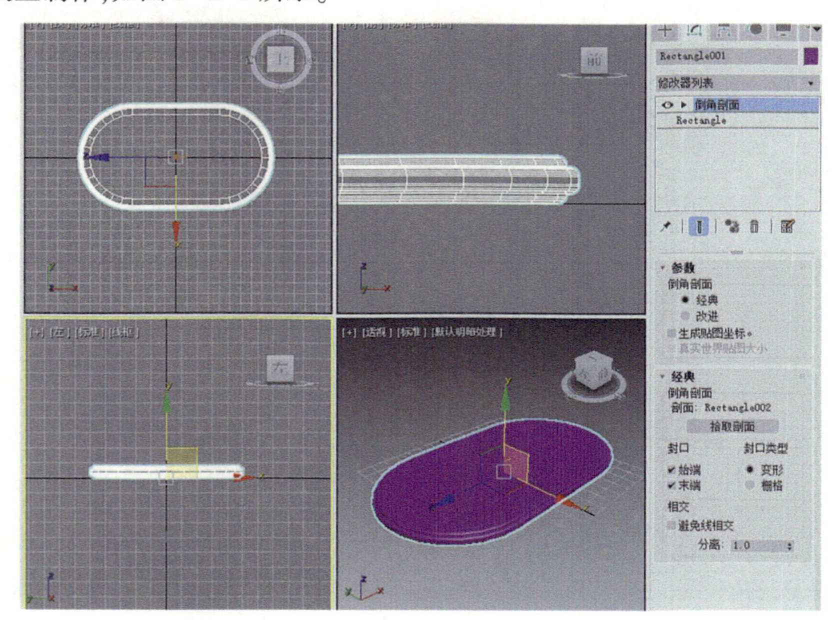

图 3-2-6

6. 创建桌腿模型。选择+【创建】命令面板上的【图形】，在 对象类型 中，单击 矩形 ，在前视图中创建矩形，参数设置为长度：70，宽度：30。在修改器列表中选择【编辑样条线】命令，编辑形状如图 3-2-7 所示。编辑修改桌腿线，最后效果如图 3-2-8 所示。

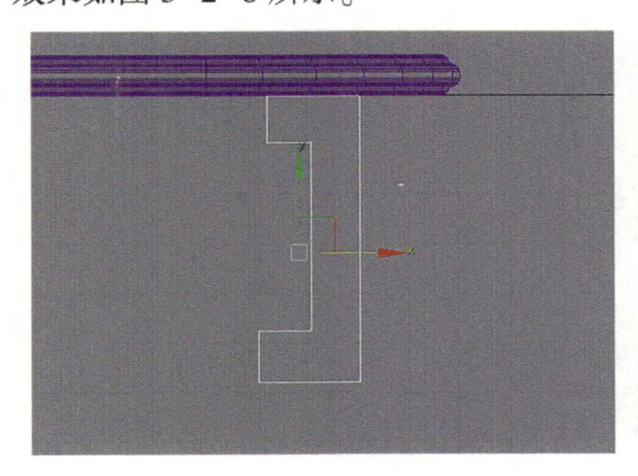

图 3-2-7

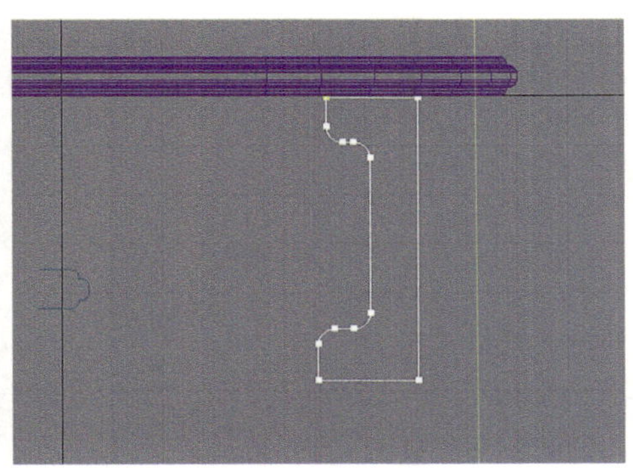

图 3-2-8

7. 选择桌腿线，单击【修改】按钮，在修改器列表中选择【倒角】命令，在参数面板中的倒角值面板中，级别 1 参数设置为高度：1，轮廓：1；级别 2 参数设置为高度：1，轮廓：0；级别 3 参数设置为高度：1，轮廓：-1。最后勾选【级间平滑】，完成桌腿模型的制作，如图 3-2-9 所示。

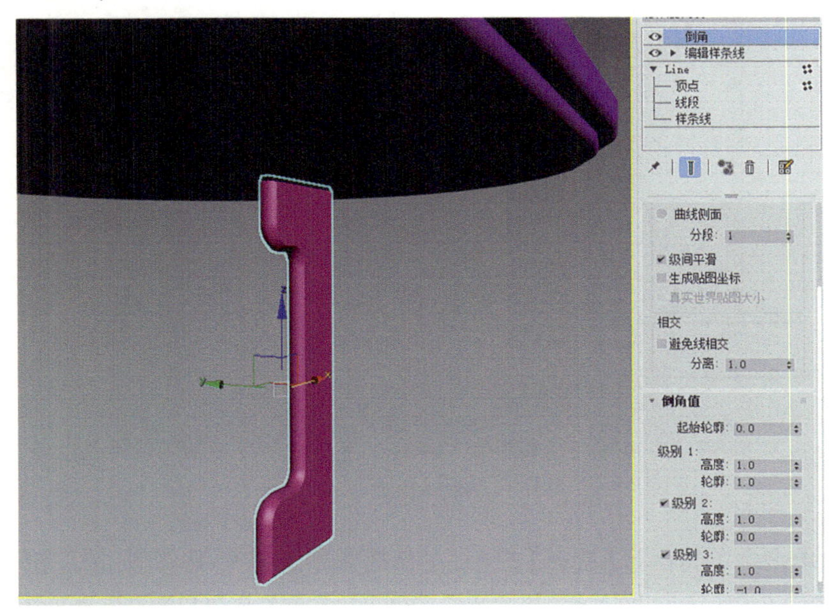

图 3-2-9

8. 在顶视图中选择桌腿模型，单击【层次】按钮，在调整轴面板中单击【仅影响轴】按钮，用【移动】工具，将坐标轴移动到右侧中心位置，如图 3-2-10 所示。

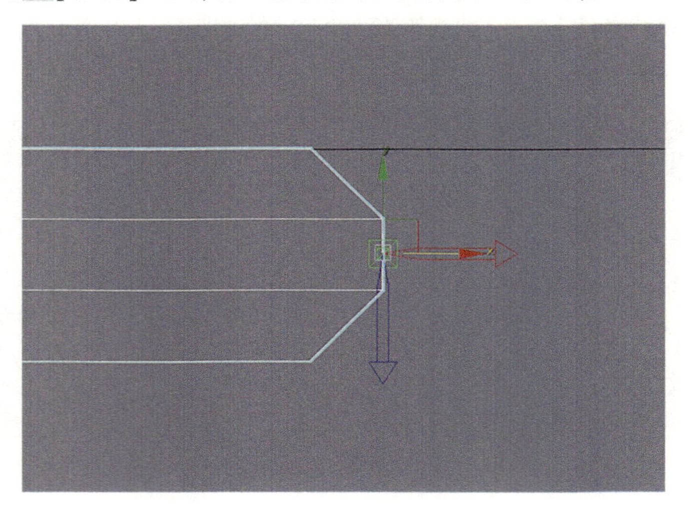

图 3-2-10

9. 右击主工具栏中【角度捕捉】按钮，在弹出的栅格和捕捉设置面板中，设置参数为角度：90，如图 3-2-11 所示。

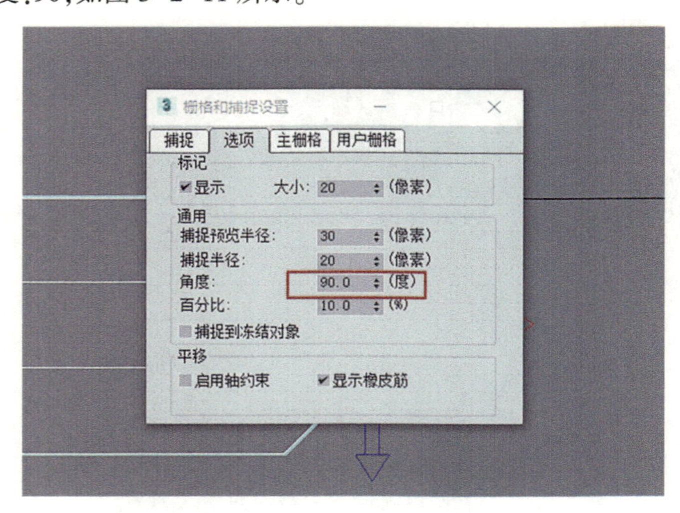

图 3-2-11

10. 单击主工具栏【旋转】按钮，在顶视图中选择桌腿模型，按下键盘 Shift 键，在弹出的克隆选项面板中，如图 3-2-12 所示，在【对象】项下选择“复制”，在【副本数】项下输入：3，单击确定，完成桌腿模型的复制工作，如图 3-2-13 所示。

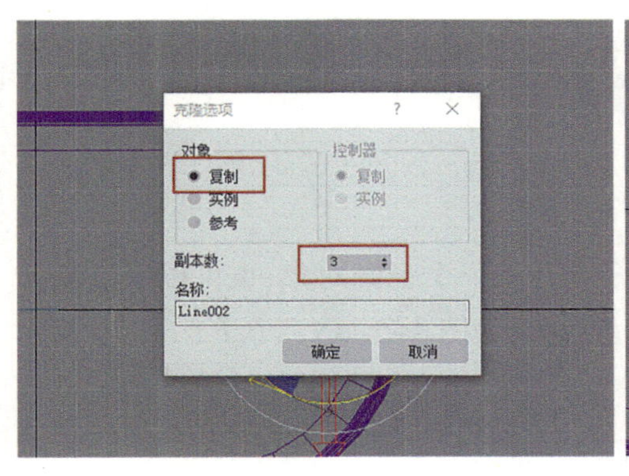

图 3-2-12

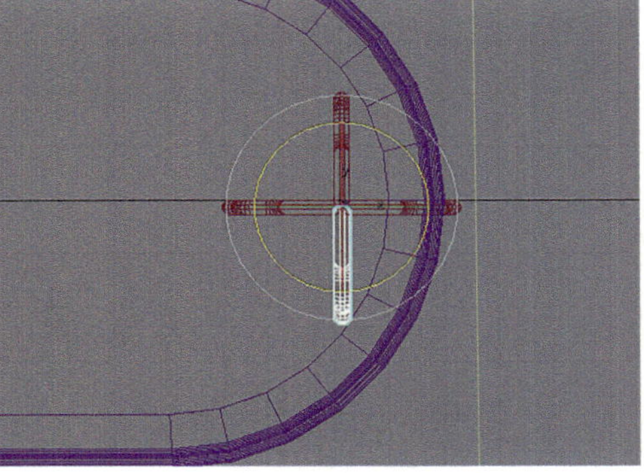

图 3-2-13

11. 调整桌腿模型位置,餐桌模型最后效果如图 3-2-14 所示。

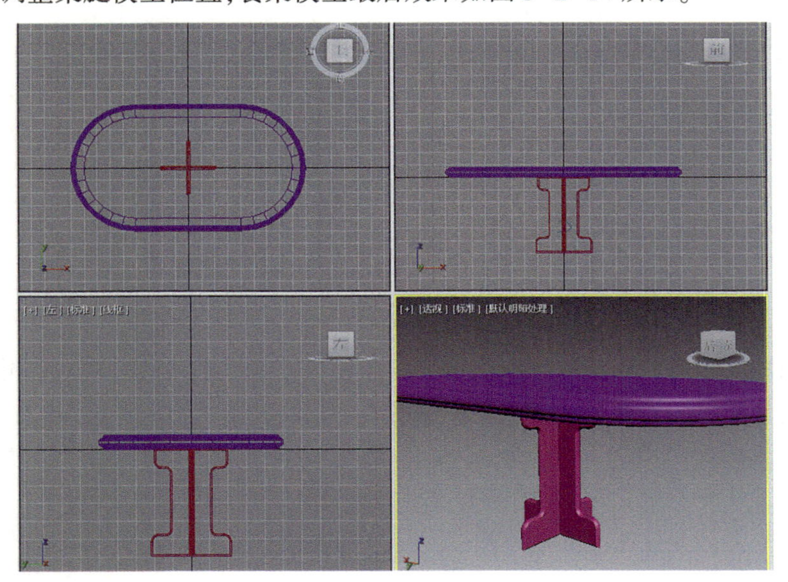

图 3-2-14

操作思考

问题 1. 使用倒角剖面命令时,截面图形反了怎么办?

问题 2. 倒角剖面图形是否可以删除?

知识点梳理

1. 倒角

通过设置倒角值，可以将二维图形对象挤压成一个三维对象，也可以通过选择级间平滑生成边缘，呈现直线或弧形的倒角效果，如图 3-2-15 所示。

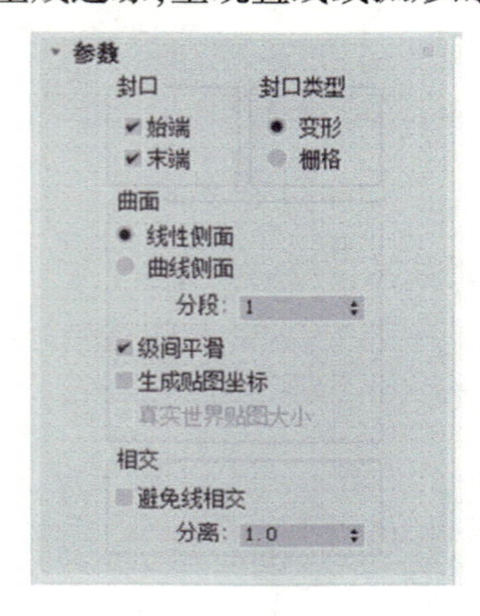

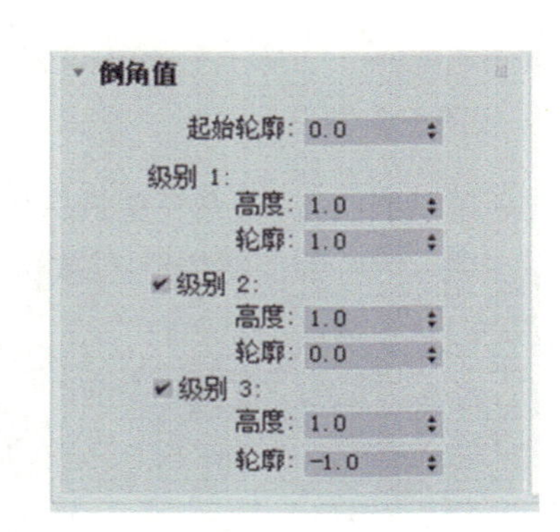

图 3-2-15

2. 倒角剖面

利用截面图形的形状和剖面图形的线条来创建模型，【经典】模式创建模型的具体形状是根据剖面图形的线条形状来设定的，如图 3-2-16 所示。【改进】模式可以进行参数化，如图 3-2-17 所示。

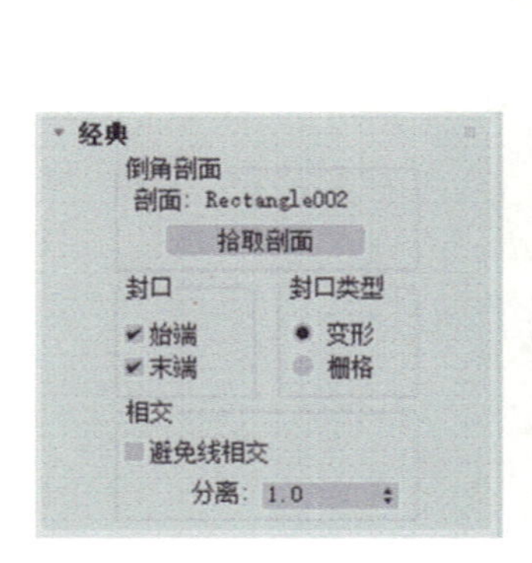

图 3-2-16

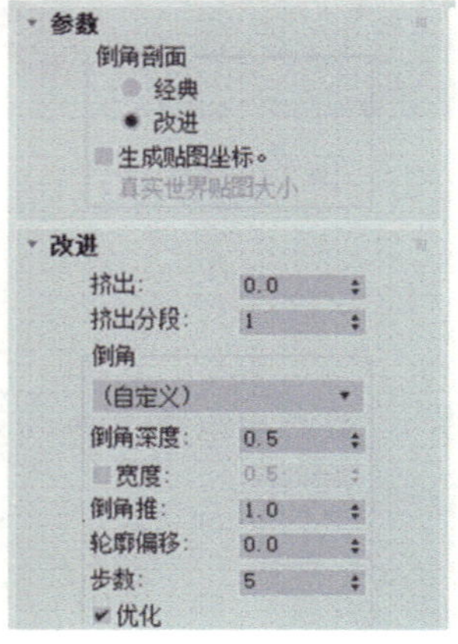

倒角剖面编辑器
封口
开始: 倒角封口
约束
结束: 封口
约束
封口类型
变形
材质 ID
始端封口: 1
始端倒角: 3
边: 2
末端倒角: 3
末端封口: 1

图 3-2-17

拓展任务 使用倒角和倒角剖面命令制作橱柜模型

一、任务要求

1. 本次任务重点是使用倒角剖面和倒角命令制作柜子桌面和柜门，其中柜门的凹槽模型制作是本次学习任务的难点。

2. 运用二维线，绘制柜子柜面和柜子门。

3. 合理设置倒角命令参数。

4. 熟练使用镜像工具，制作柜门模型。

橱柜模型可参考图 3-2-18。

图 3-2-18

扫一扫，观看教学视频

二、实施步骤

1. 选择【文件】菜单中的【重置】命令，重新设置系统。

2. 创建桌面模型。选择＋【创建】命令面板上的【图形】，在 对象类型 中，单击 矩形 ，在顶视图中创建矩形，参数设置为长度：60，宽度：100，角半径：0.5，如图 3-2-19 所示。

3. 再次单击 矩形 ，在前视图中创建矩形，参数设置为长度：5，宽度：5，角半径：0，如图 3-2-20 所示。

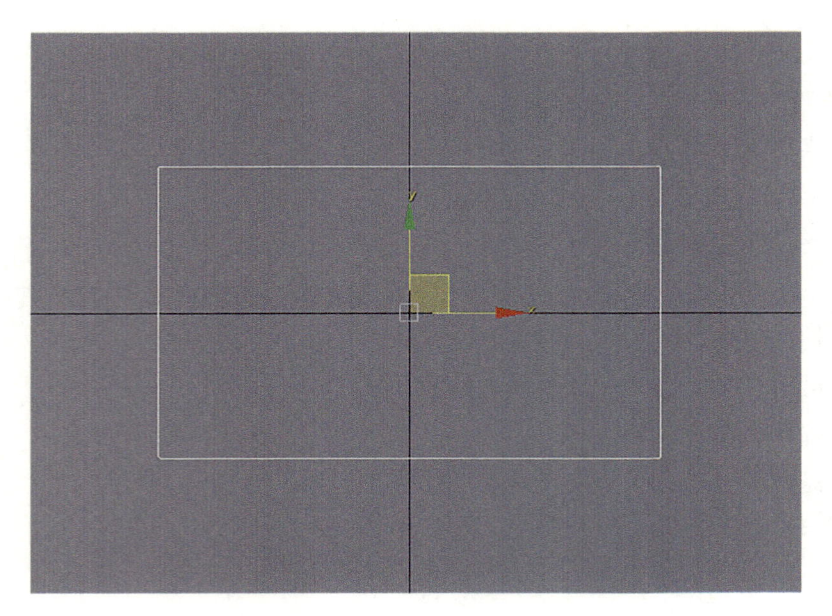

图 3-2-19

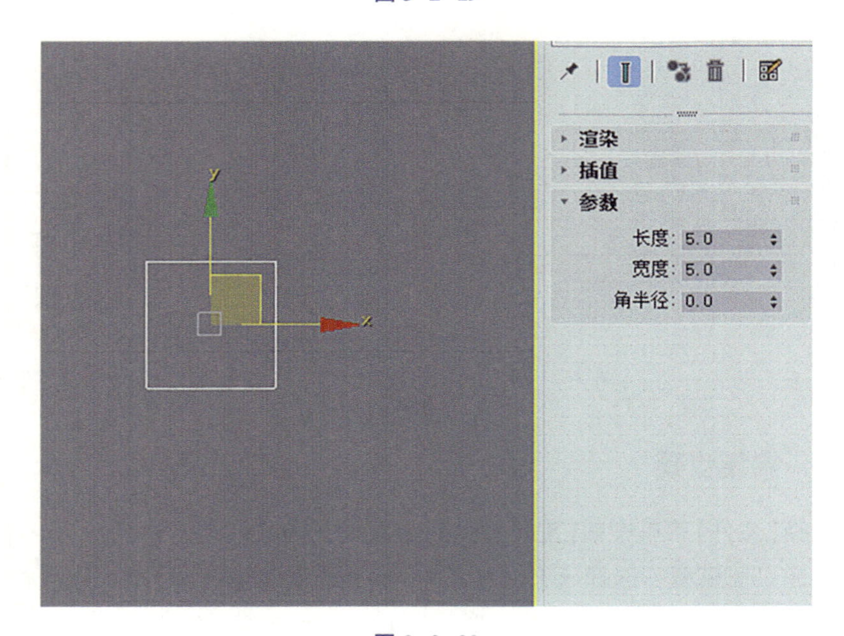

图 3-2-20

4. 单击【修改】,在修改器列表中选择【编辑样条线】命令,将矩形 2 修改编辑,如图 3-2-21 所示。

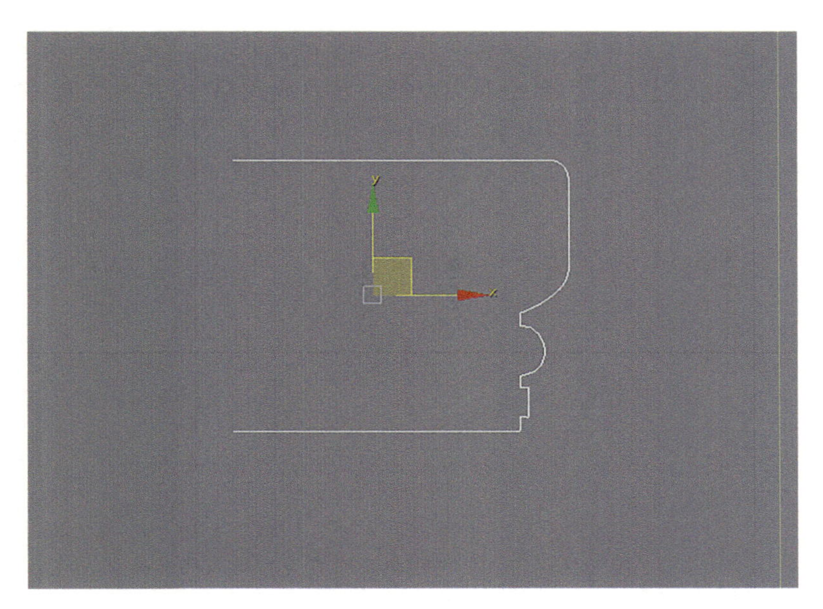

图 3-2-21

5. 选择矩形 1 物体，单击【修改】，在修改器列表中选择【倒角剖面】命令，在参数面板中单击 拾取剖面 按钮，在前视图中单击矩形 2 物体，完成桌面模型制作，如图 3-2-22 所示。

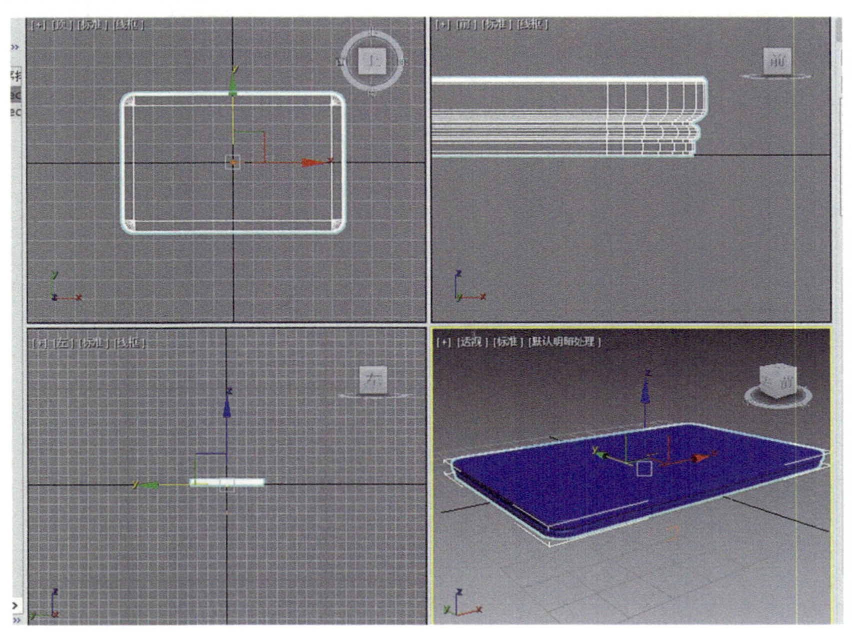

图 3-2-22

6. 创建橱柜侧板模型。选择 +【创建】命令面板上的标准基本体，在 对象类型 中单击 长方体 ，在左视图中创建长方体，参数设置为长度：85，宽度：65，高度：2，完成橱柜侧板模型创建。单击主工具栏中【移动】工具，在前视图中选择橱柜侧板模型，按下键盘 Shift 键，复制另一侧橱柜侧板模型，如图 3-2-23 所示。

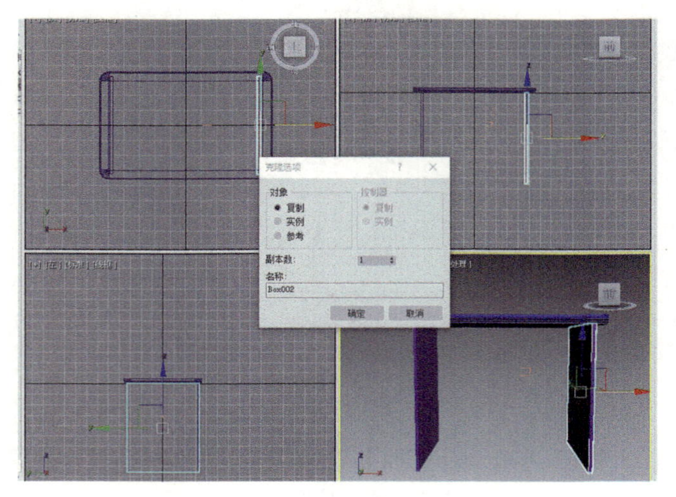

图 3-2-23

7. 创建橱柜后板和橱柜底板模型。选择 +【创建】命令面板上的标准基本体，在 对象类型 中单击 长方体 ，在前视图和顶视图中分别创建长方体，橱柜后板模型参数设置为长度：85，宽度：100，高度：2。橱柜底板模型参数设置为长度：65，宽度：100，高度：2，完成橱柜后板和橱柜底板模型创建，如图 3-2-24 所示。

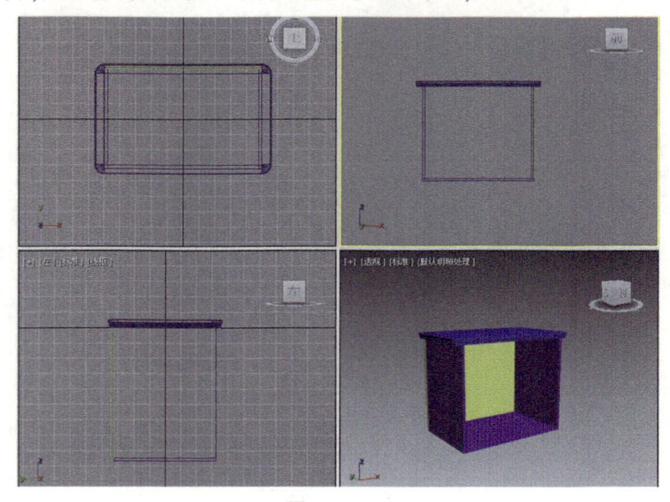

图 3-2-24

8. 创建橱柜门模型。选择 +【创建】命令面板上的【图形】,在 对象类型 中单击 矩形 ,在前视图中分别创建矩形 1 和矩形 2,矩形 1 参数设置为长度:85,宽度:50,角半径:0;矩形 2 参数设置为长度:50,宽度:30,角半径:0,如图 3-2-25 所示。

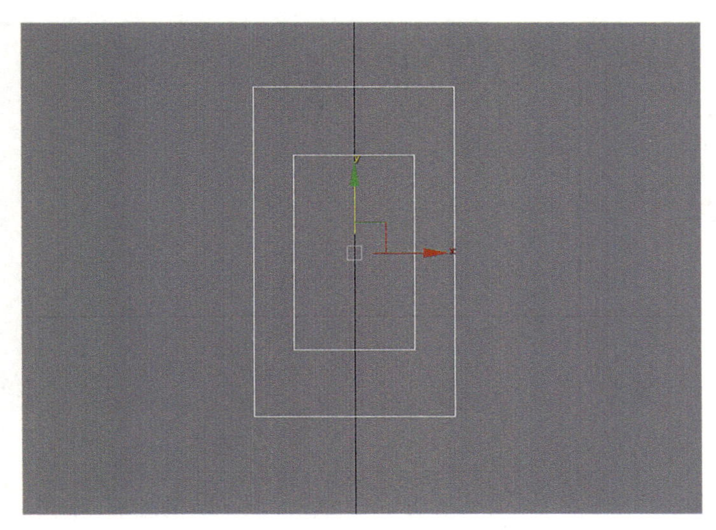

图 3-2-25

9. 选择矩形 2 图形,单击【修改】,在修改器列表中选择【编辑样条线】命令,将矩形 2 图形修改编辑,如图 3-2-26 所示。

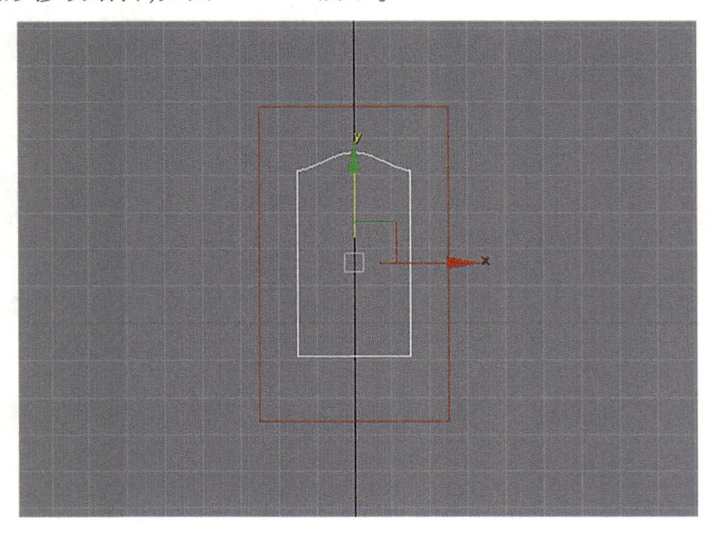

图 3-2-26

10. 选择矩形 2 图形，按下键盘 Shift 键，复制一个新的矩形——矩形 3 图形。选择矩形 2 图形，在修改命令面板中单击 ▾ 几何体 项下 附加 命令，如图 3-2-27 所示，单击矩形 1 图形，如图 3-2-28 所示。

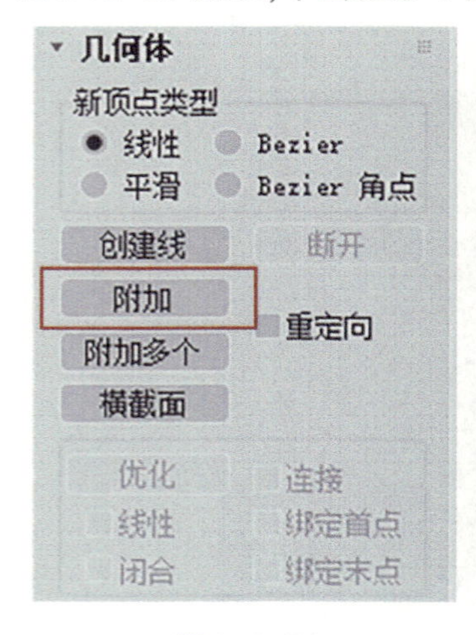

图 3-2-27

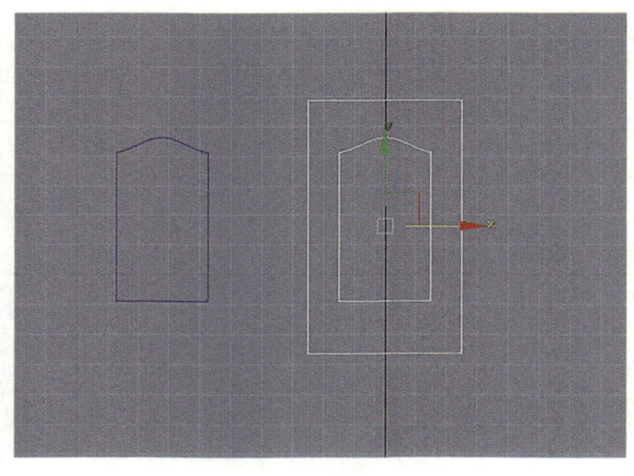

图 3-2-28

11. 创建橱柜门模型。分别为矩形 3 图形和矩形 2 图形添加【倒角】命令，级别 1 参数设置为高度：0. 5，轮廓：-0. 5；级别 2 参数设置为高度：0. 5，轮廓：-1，如图 3-2-29 所示。将矩形 3 图形和矩形 2 图形中心对齐，如图 3-2-30 所示。

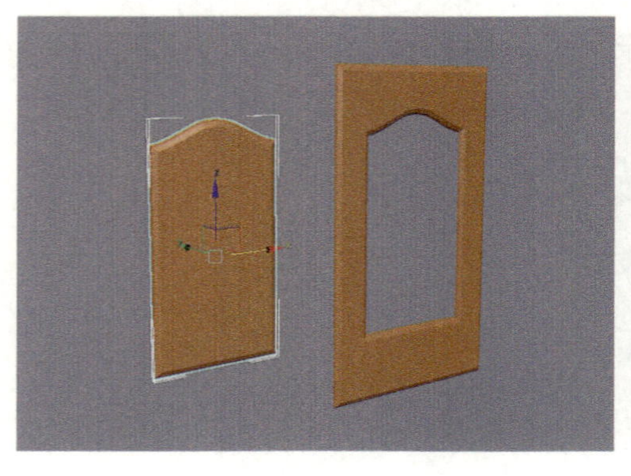

图 3-2-29

图 3-2-30

12. 按下键盘 Shift 键，复制一个新的橱柜门模型，完成橱柜模型制作如图 3-2-31 所示。

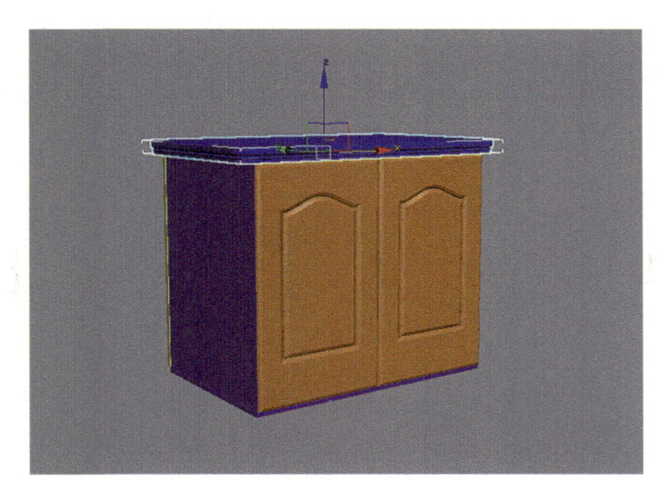

图 3-2-31

设计师点拨

使用倒角剖面命令，可以制作各类家具的桌面、椅子面模型，非常实用，如图3-2-32所示。

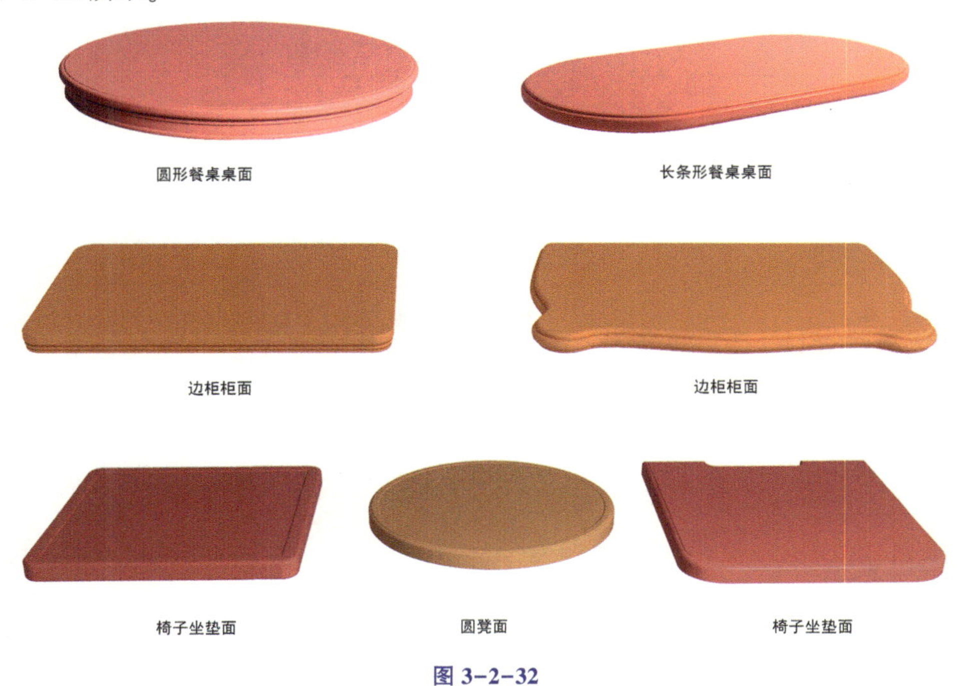

图 3-2-32

资料库 CAD建筑绘图家具标准尺寸——餐厨篇

<table>
<tr><th colspan="2">名称</th><th>尺寸(单位:厘米)</th><th>备注</th></tr>
<tr><td colspan="2">橱柜</td><td>地柜高度:78~80;宽度:55~60
吊柜高度:68~72;宽度:33~35</td><td></td></tr>
<tr><td colspan="2">餐柜</td><td>高度:90~110;深度:40~45</td><td></td></tr>
<tr><td colspan="2">餐椅</td><td>高度:45~50</td><td></td></tr>
<tr><td rowspan="7">餐桌</td><td>常用餐桌</td><td>高度:75~78</td><td rowspan="7"></td></tr>
<tr><td>西式餐桌</td><td>高度:68~72</td></tr>
<tr><td>长方桌餐桌</td><td>宽度:80,90,105,120;长度:150,165,180,210,240</td></tr>
<tr><td>圆桌</td><td>直径:二人 50、二人 80、四人 90、五人 110、六人 110~125、
八人 130、十人 150、十二人 180</td></tr>
<tr><td>方餐桌</td><td>宽度:二人 70、四人 135、八人 225;高度:75~78</td></tr>
<tr><td>餐桌转盘</td><td>直径:70~80</td></tr>
<tr><td>餐桌间距</td><td>(其中座椅占 50)应大于 50</td></tr>
<tr><td colspan="2">吧台</td><td>高度:90~105;宽度:50</td><td></td></tr>
<tr><td colspan="2">吧凳</td><td>高度 60~75</td><td></td></tr>
</table>

学生主导任务A　北欧风格餐桌模型制作任务单和评价单

北欧风格餐桌模型制作任务单

任务名称	北欧风格餐桌模型制作		
效果图			
前视图 左视图			
学生姓名		同组成员	
任务目的	1. 巩固学生学习的知识和技能,要求学生独立完成北欧风格餐桌模型制作。 2. 培养学生的建模能力。 3. 能够举一反三,训练学生的分析能力和解决问题的能力。		
任务重点	1. 熟练运用倒角剖面、挤出命令创建模型。 2. 熟练运用编辑样条线命令中的附加和圆角命令。		
任务要求	1. 使用倒角剖面、挤出命令制作北欧风格餐桌模型。 2. 依照图片,同学们独立完成模型制作。 3. 造型比例符合图片要求。 4. 提交文件名为:作业名称-姓名-班级,MAX 格式文件,不渲染。		
学分	北欧风格餐桌模型制作:0.2 学分。		

北欧风格餐桌模型制作任务评价单

姓名		任务名称									
项目	评价要点及标准	自评			他评			师评			
		A	B	C	A	B	C	A	B	C	
课堂状态	注意力是否集中										
	学习是否主动										
	练习是否认真										
	学习热情是否高涨										
学习策略	认真预习										
	不耻下问										
	敢于面对困难										
	勤于动手实践										
	善于思考										
知识目标											
技能目标											
反思											

学生主导任务B 美式风格餐柜模型制作任务单和评价单

美式风格餐柜模型制作任务单

任务名称	美式风格餐柜模型制作		
效果图			
前视图 左视图	 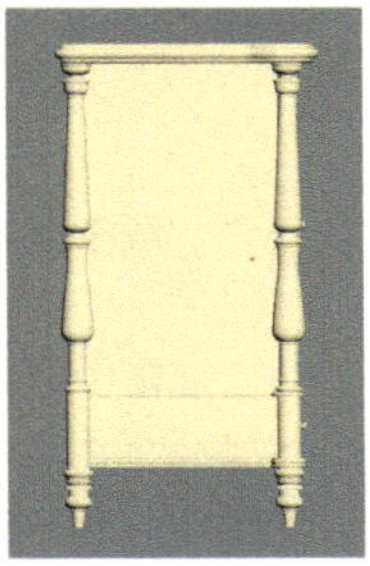		
学生姓名		同组成员	
任务目的	1. 巩固学生学习的知识和技能，要求学生独立完成美式风格餐柜模型制作。 2. 培养学生的建模能力。 3. 能够举一反三，训练学生的分析能力和解决问题的能力。		
任务重点	1. 熟练运用倒角剖面、挤出、车削命令创建模型。 2. 用倒角剖面命令完成餐柜柜面模型的制作。 3. 使用车削命令完成餐柜腿模型的制作。		
任务要求	1. 使用倒角剖面、挤出、车削命令制作美式风格餐柜模型。 2. 依照图片，同学们独立完成模型制作。 3. 造型比例符合图片要求。 4. 提交文件名为：作业名称-姓名-班级，MAX 格式文件，不渲染。		
学分	美式风格餐柜模型制作：0.2 学分。		

美式风格餐柜模型制作任务评价单

姓名		任务名称								
项目	评价要点及标准	自评			他评			师评		
		A	B	C	A	B	C	A	B	C
课堂状态	注意力是否集中									
	学习是否主动									
	练习是否认真									
	学习热情是否高涨									
学习策略	认真预习									
	不耻下问									
	敢于面对困难									
	勤于动手实践									
	善于思考									
知识目标										
技能目标										
反思										

课后作业任务单

任务名称	圆餐桌模型制作
作业要求	1. 同学们利用课后时间,依照圆餐桌模型的效果图,用本节任务所学的倒角剖面命令和以前学习的车削命令完成模型创建。(同学们开始制作时,先不要看下页的制作要领提示,可以锻炼同学们的分析能力和解决问题的能力。) 2. 桌子腿部分模型的制作需要同学们提前自学下一个任务,锻炼同学们的自学能力。 3. 课后作业任务有一定的难度,鼓励同学们大胆探索、发现问题、提出问题,以此培养同学们不怕苦、不怕累,克服困难,耐心坚持和不轻易放弃的抗压能力和创新能力。
效果图	
分解图	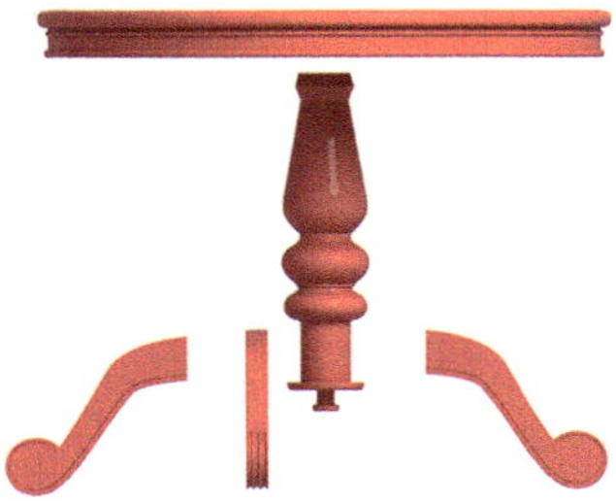
前视图 左视图	 

已学 知识技能	模型部件名称： 圆餐桌桌面模型 制作要领提示： 倒角剖面	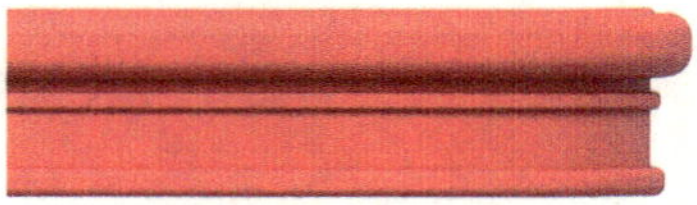
复习 知识技能	模型部件名称： 桌腿立柱 制作要领提示： 车削	
自学 知识技能	模型部件名称： 桌子腿模型 制作要领提示： 放样 多个图形放样	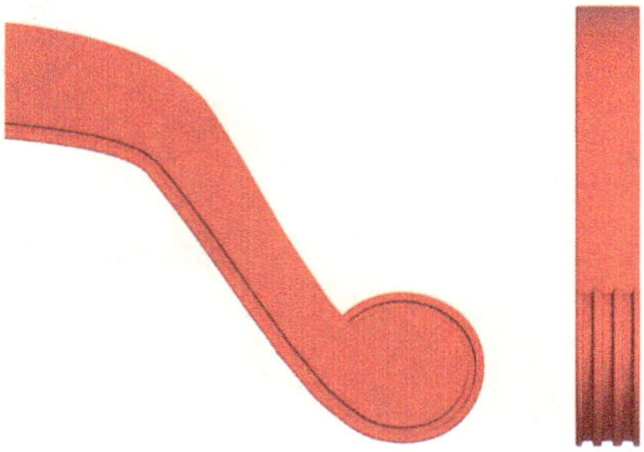
问题		

学习笔记

项目四

制作椅子模型

任务 1
使用单个图形放样命令制作椅子模型

任务描述

一、任务介绍

放样命令建模是 3ds Max 中常用的一种建模方法，截面图形沿着路径放样形成三维物体，建模的原理是在一条指定的路径上排列二维截面图形，从而形成与二维截面图形一致的三维物体。其通常用来制作弯曲的管子、椅子腿、桌子腿等模型，和倒角剖面命令搭配使用是制作椅子模型非常实用的命令。椅子模型可参考图 4-1-1。

图 4-1-1

二、任务目标

任务表

教师主导教学任务	学生主导制作任务
典型任务:使用放样命令制作椅子模型	任务 A:制作中式扶手椅子模型
拓展任务:使用放样命令制作新中式扶手椅子模型	任务 B:制作中式方腿扶手椅子模型

知识目标

1. 能说出放样建模命令制作步骤和命令面板参数设置值。

2. 能在理解基础上,描述放样建模的建模原理,描述截面图形、路径图形和放样建模后三维物体的关系。

3. 能叙述放样命令中截面图形、路径图形的概念和基本要求。

技能目标

1. 能运用 3ds Max 软件的放样命令创建三维模型。

2. 会修改放样截面图形和路径。

3. 熟练应用放样命令制作椅子模型。

素养目标

1. 通过中式椅子,了解、传承中华民族的优秀传统文化。

2. 了解坐姿等几种体姿礼仪的基本要求,做一个知礼懂礼的学生。

典型任务 使用放样命令制作椅子模型

任务实施

一、任务要求

1. 通过制作椅子模型熟练掌握放样建模命令。
2. 本次任务重点是掌握放样建模操作流程及放样建模原理。
3. 绘制截面图形和路径图形。
4. 椅子模型外观比例适中,美观大方。

椅子模型可参考图 4-1-2。

图 4-1-2

扫一扫,观看教学视频

二、实施步骤

1. 选择【文件】菜单中的【重置】命令,重新设置系统。

2. 创建椅子腿模型。选择 +【创建】命令面板上的【图形】,在 对象类型 中单击 矩形 ,在左视图中创建【矩形】,参数设置为长度:45,宽度:45,如图 4-1-3 所示。选择【修改】进入修改器列表中选择【编辑样条线】命令,在 选择 面板中单击【线段】,在左视图中单击矩形线底端线段,按下键盘 Delete 键,删除该线段,调整底端线段两点,选择矩形上端两个点,单击

▾ 几何体 展卷栏下的 圆角 0.0 ⇕ 按钮，输入 6，如图 4-1-4 所示。

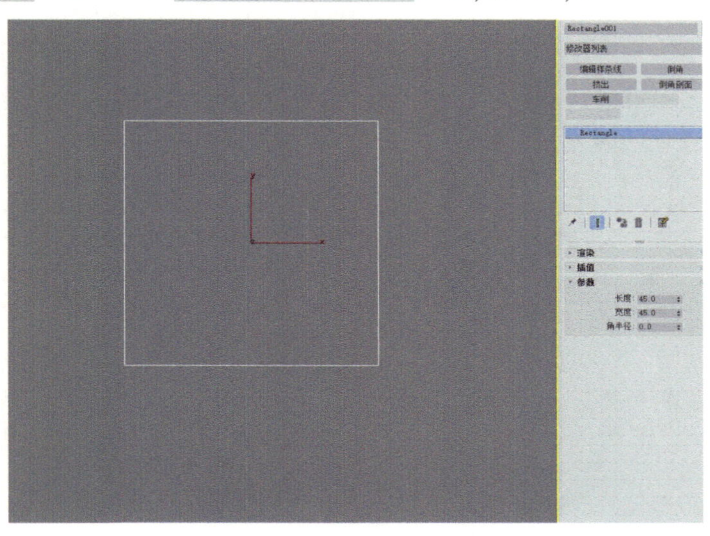

图 4-1-3

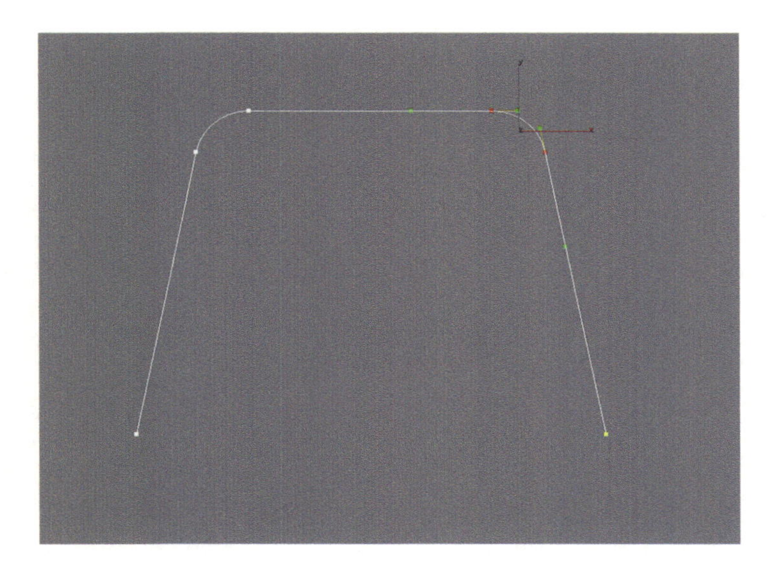

图 4-1-4

3. 选择 +【创建】命令面板上的 【图形】，在 ▾ 对象类型 中单击 圆 ，在顶视图中创建圆，半径：1.4。选择矩形线物体，选择 +【创建】命令面板上的 【几何体】，在标准基本体下拉菜单中选择【复合对象】，在 ▾ 对象类型 中选择【放样】命令，在创建方法面板中单击 获取图形 按钮，在顶视图中单击圆图形，完成椅子腿模型制作，如图 4-1-5 所示。单击主工具栏 【移动】按钮，在顶视图中选择椅子腿模型，按下键盘 Shift 键，在弹出的【克隆选项】面板中，在【对象】项下选择【复制】，如图 4-1-6 所示。

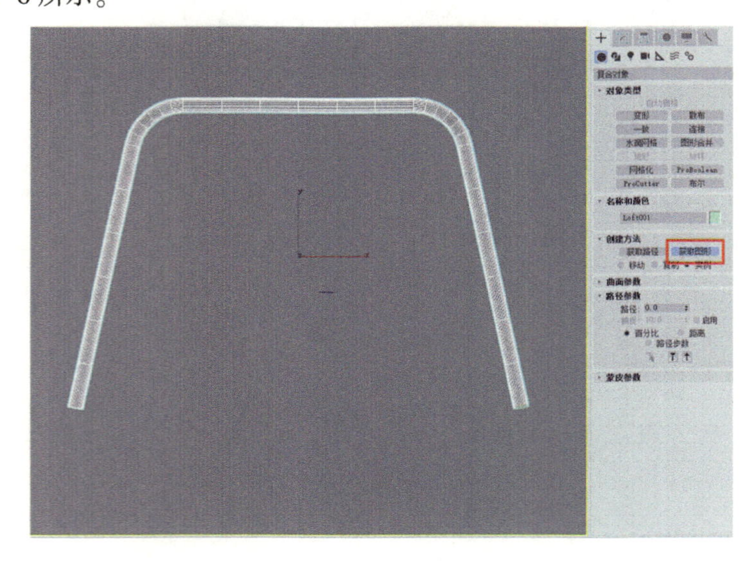

图 4-1-5

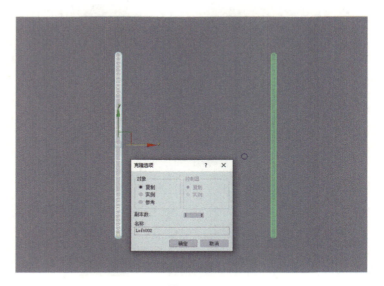

图 4-1-6

4. 椅子靠背支架模型制作。选择 +【创建】命令面板上的【图形】，在 对象类型 中单击 矩形 ，在左视图中创建【矩形】，参数设置为长度：90，宽度：50，如图 4-1-7 所示。选择【修改】进入修改器列表中选择【编辑样条线】命令，在 选择 面板中单击线段，在左视图中选择矩形线两端线段，在 几何体面板中，选择【拆分】命令，在 选择 面板中，单击【顶点】，单击主工具栏【移动】按钮，在左视图中选择右端的两个点，沿 Y 轴移动。选择全部顶点，在 几何体 面板中选择【圆角】命令，输入 6，如图 4-1-8 所示。

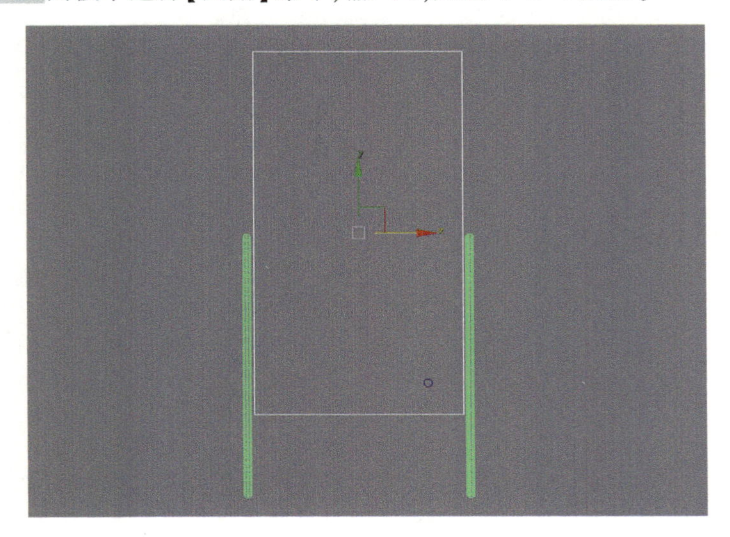

图 4-1-7

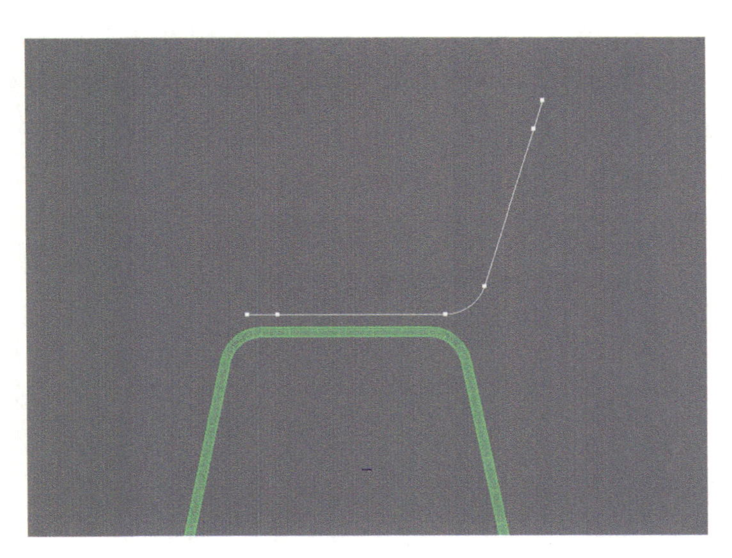

图 4-1-8

5. 选择＋【创建】命令面板上的【几何体】，在标准基本体下拉菜单中选择【复合对象】，在 对象类型 面板中选择 放样 命令，在 创建方法 面板中单击 获取图形 按钮，在顶视图中点击圆图形，完成椅子靠背支架模型制作，如图 4-1-9

所示。

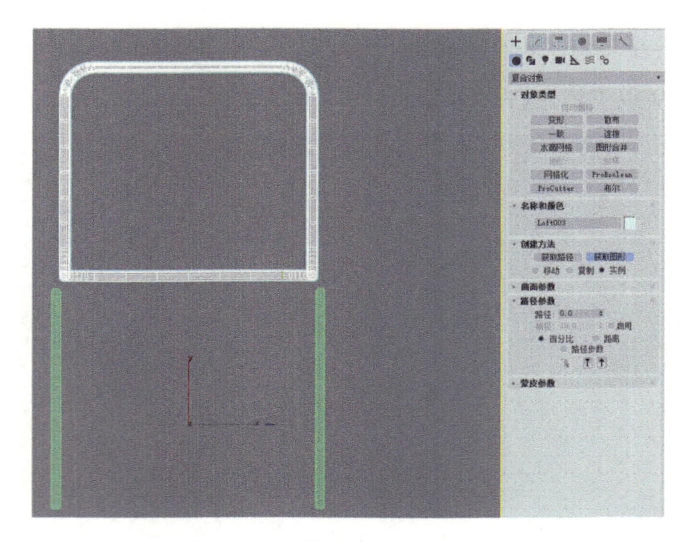

图 4-1-9

6. 椅子靠背模型制作。选择＋【创建】命令面板上的●【几何体】,在标准基本体下拉菜单中选择【扩展基本体】,在 对象类型 中单击 切角长方体 ,在前视图中创建切角长方体,参数设置为长度:30,宽度:55,高度:5,圆角:2.5,长度分段:5,宽度分段:5,圆角分段:3,如图 4-1-10 所示。选择【修改】进入修改器列表中选择【FFD(长方体)】命令,进入【FFD(长方体)】的次物体【控制点】,单击主工具栏【移动】按钮,在顶视图中选择中间的两排点,沿 Y 轴移动,如图 4-1-11 所示。

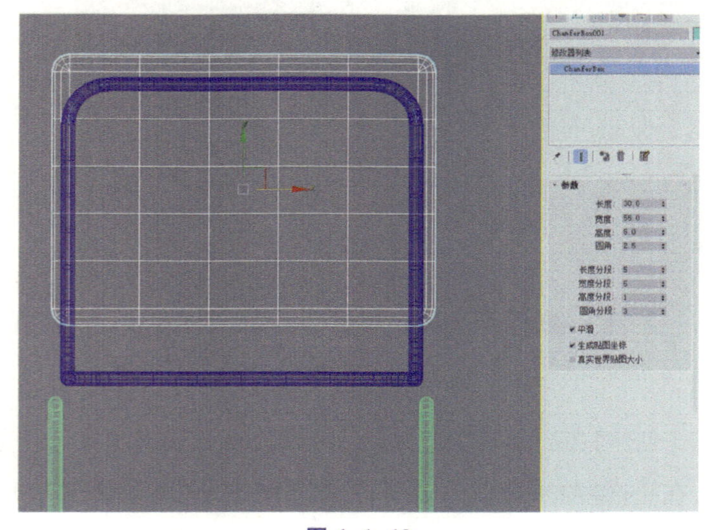

图 4-1-10

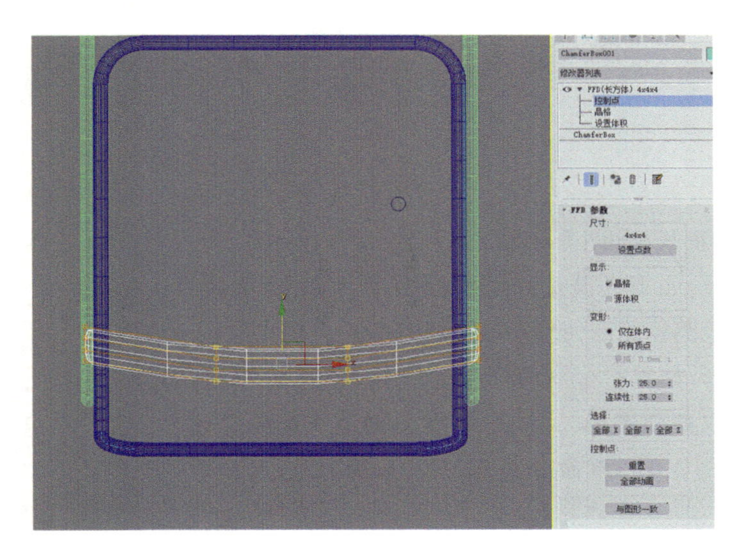

图 4-1-11

7. 椅子坐垫模型制作。依照椅子靠背模型制作方法完成椅子坐垫模型制作。如图 4-1-12 所示。

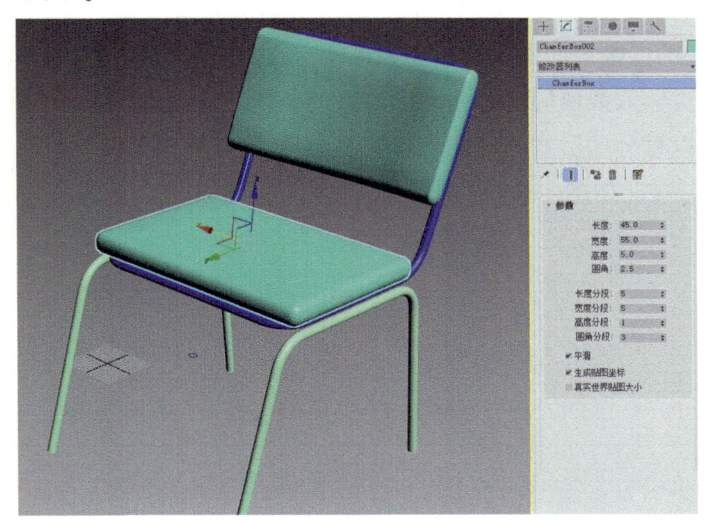

图 4-1-12

操作思考

问题 1. 如何修改放样命令创建的三维模型？

问题 2. 放样建模生成三维物体后，原先的二维线是否可以删除？

知识点梳理

放样

(1)创建面板(如图 4-1-13 所示)。

获取路径:如果已经选择了截面图形,单击该按钮,在视图中拾取路径图形,完成三维模型创建。

获取图形:如果已经选择了路径图形,单击该按钮,在视图中拾取截面图形,完成三维模型创建。是放样建模命令的常用工具,该命令可以在一条路径上方多个图形。

实例:放样建模时,首先创建截面图形和路径图形,完成放样建模三维物体的创建,原来的二维截面图形和路径图形将继续保留,二维截面图形、路径图形和放样命令创建的三维物体形成关联关系,如要修改三维物体,直接去修改关联的二维截面图形和路径图形就行。

路径:通过输入数值确定截面图形放置的位置。

百分比:以百分比形式确定插入点的位置。

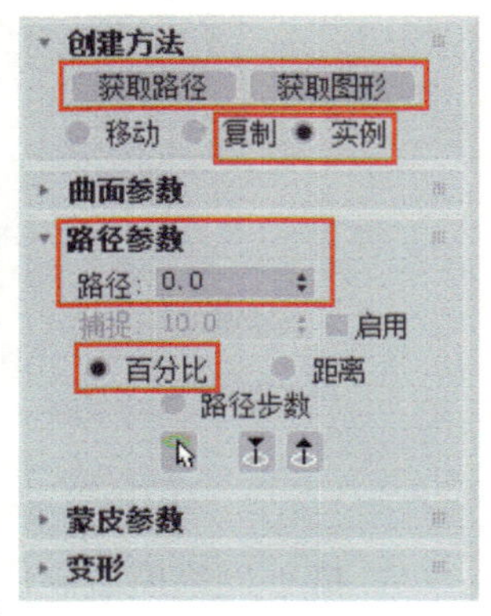

图 4-1-13

(2)蒙皮参数(如图 4-1-14 所示)。

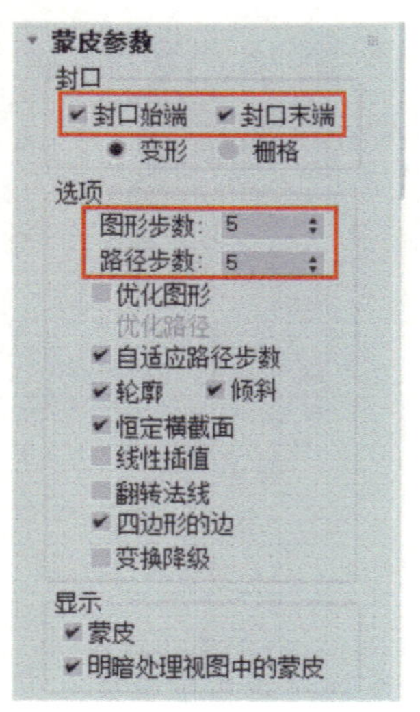

图 4-1-14

·封口

封口始端:选择该选项,在路径开始处加顶盖,封闭顶部。选择封口始端时模型状态如图 4-1-15 所示,没有选择封口始端时模型状态如图 4-1-16 所示。

封口末端:选择该选项,在路径结束处加顶盖,封闭底部。

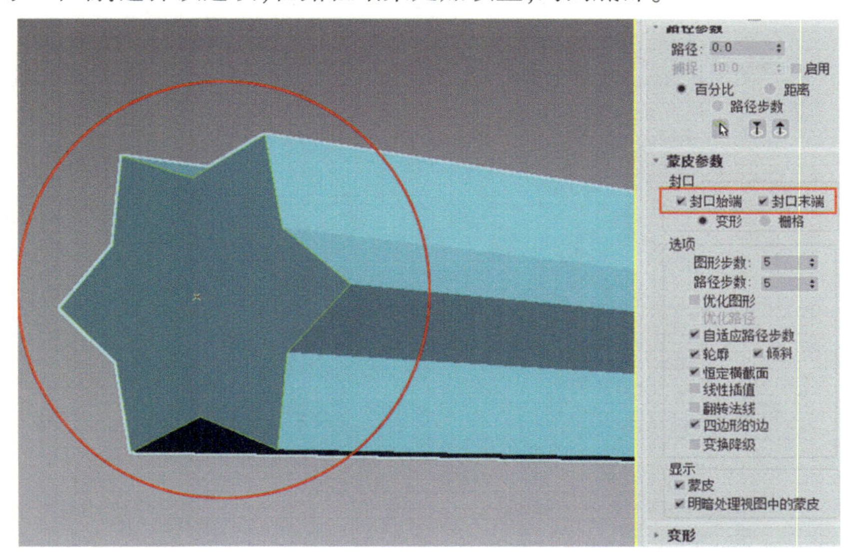

图 4-1-15

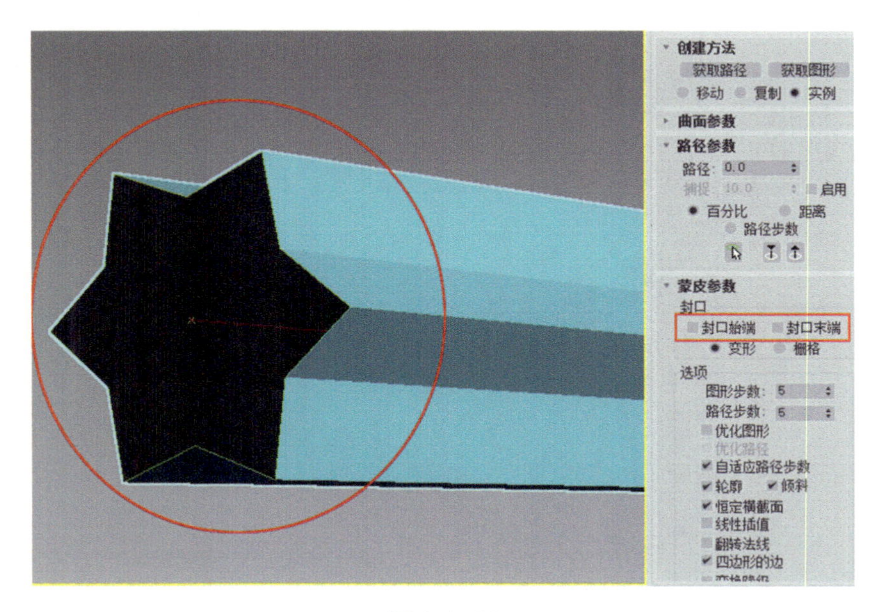

图 4-1-16

· 选项

图形步数：设置截面图形顶点之间的步数，数值越大三维物体的段数越多，物体的表面越光滑。图形步数为 12 时，物体表面段数多，如图 4-1-17 所示；图形步数为 1 时，物体表面段数少，如图 4-1-18 所示。

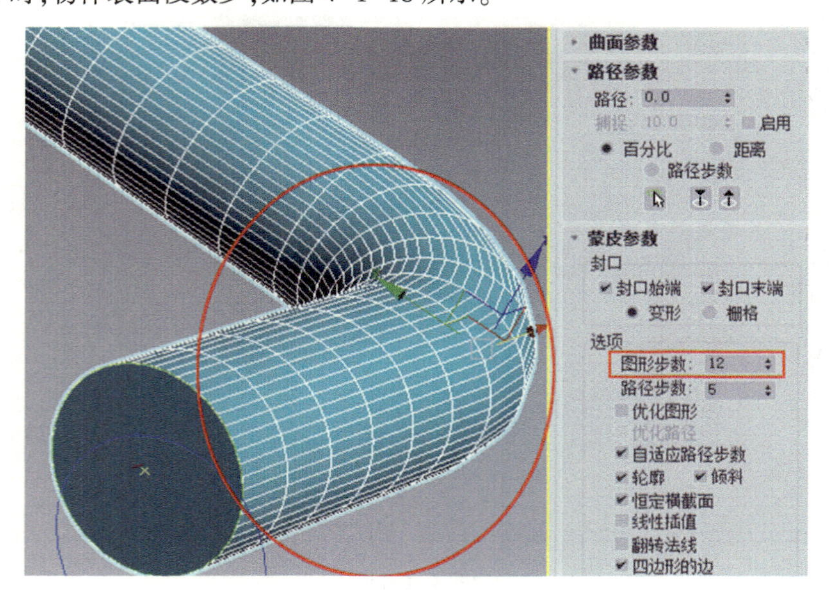

图 4-1-17

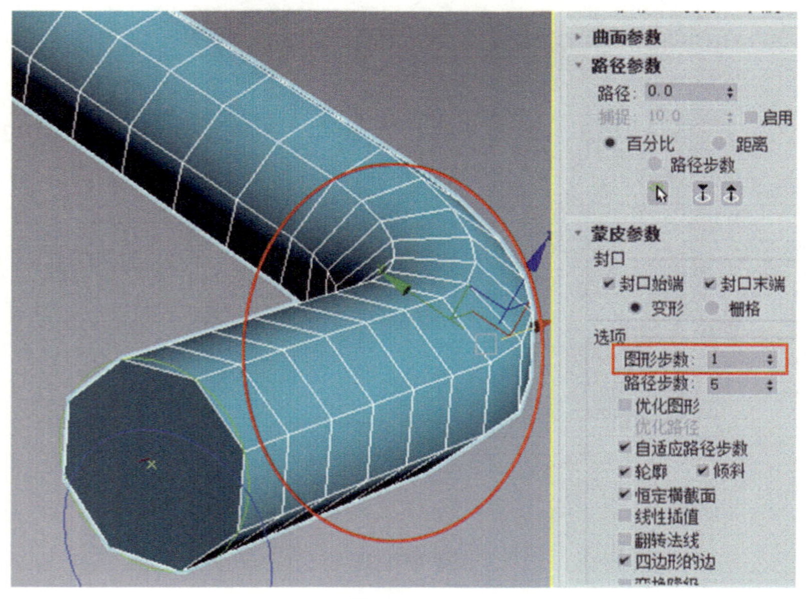

图 4-1-18

路径步数：设置路径图形顶点之间的步数，数值越大三维物体的段数越多，物体的弯曲表面越光滑。路径步数为 12 时，物体路径表面段数多，如图 4-1-19 所示，路径步数为 1 时，物体路径表面段数少，如图 4-1-20 所示。

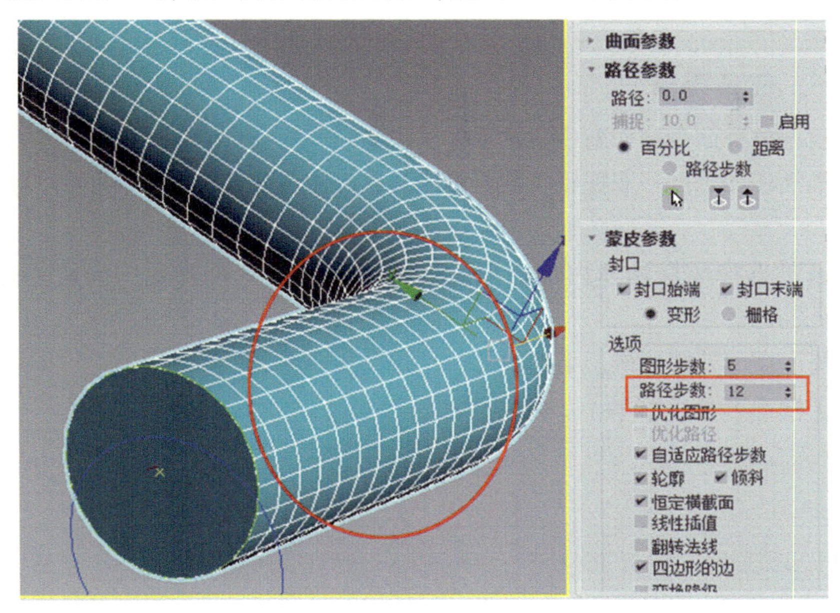

图 4-1-19

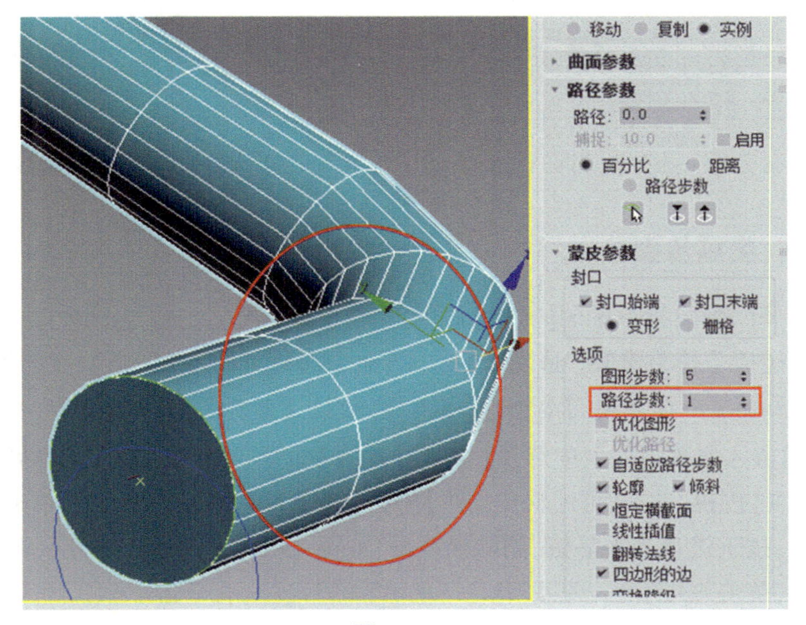

图 4-1-20

拓展任务 使用放样命令制作新中式扶手椅子模型

一、任务要求

1. 运用放样命令制作新中式扶手椅子模型。

2. 本次任务重点是掌握编辑截面图形和路径图形改变三维物体的外观形状的方法。

3. 通过选择放样物体内部图形，运用移动、旋转命令改变三维物体的外观形状。

4. 椅子模型外观比例适中，美观大方。

椅子模型可参考图 4-1-21。

图 4-1-21

扫一扫，观看教学视频

二、实施步骤

1. 选择【文件】菜单中的【重置】命令，重新设置系统。

2. 创建椅子扶手模型。选择 +【创建】命令面板上的【图形】，在 对象类型 中单击 矩形 ，在左视图中创建【矩形】，参数设置为长度：60，宽度：30。选择【修改】进入修改器列表中选择【编辑样条线】命令，单击 选择 展卷栏下的【线段】按钮，进入【可编辑样条线】中的【线段】层级，在左视图中单击矩形线底端线段，按下键盘 Delete 键，删除该线段，如图 4-1-22 所示。在左视图中选择横向线段，单击 几何体 展卷栏下的 拆分 按钮，单击 选择 展卷栏下的【点】按钮，选择左侧的顶点向上移动，如图 4-1-23 所示。

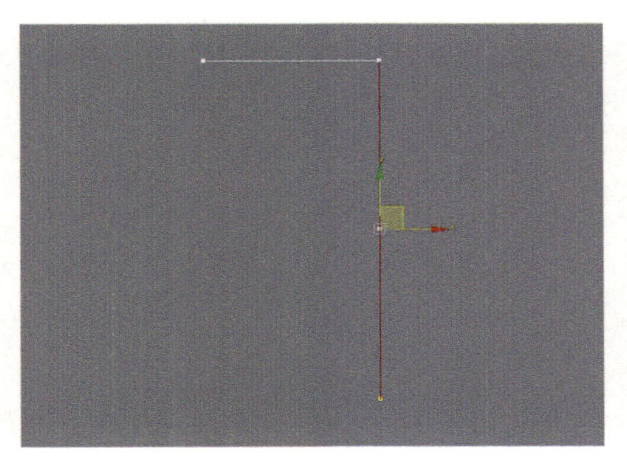

图 4-1-22

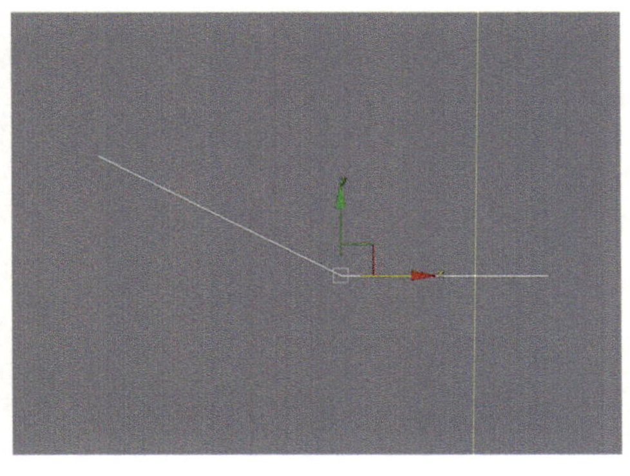

图 4-1-23

3. 在顶视图中调整样条线的形状，如图 4-1-24 所示。退出样条线的顶点层级，在主工具栏中单击【镜像】按钮，在【克隆当前选择】选项中选择复制，单击确认。单击 几何体 展卷栏下的 附加 按钮，在视图中单击新复制的样条线。单击 选择 展卷栏下的按钮，单击 几何体 展卷栏下的 焊接 0.1 按钮，完成扶手模型路径图形制作，如图 4-1-25 所示。

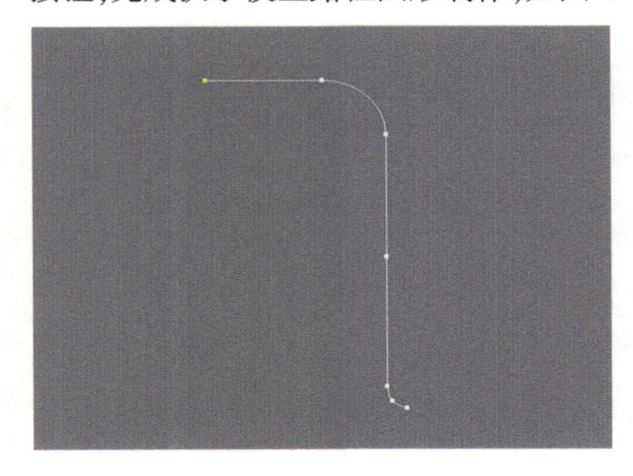

图 4-1-24

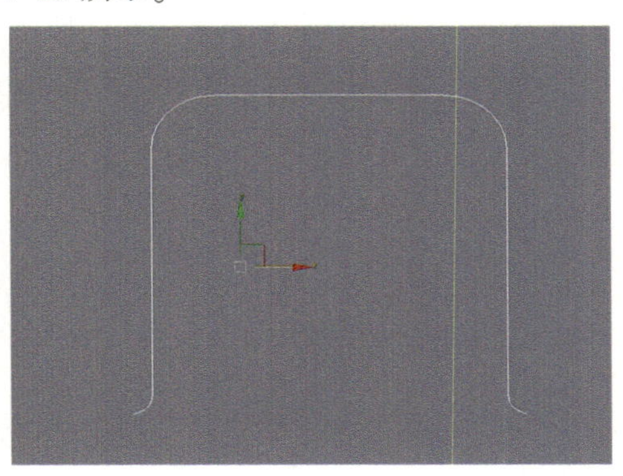

图 4-1-25

4. 选择＋【创建】命令面板上的【图形】，在 对象类型 中单击 圆 ，在前视图中创建圆，参数设置为半径：1.5。选择扶手模型路径图形，选择＋【创建】命令面板上的【几何体】，在标准基本体下拉菜单中选择【复合对象】，在 对象类型 面板中选择 放样 命令，在 创建方法 展卷栏中单击 获取图形 按钮，在顶视图中单击圆图形，完成椅子靠背支架模型制作，如图 4-1-26、图 4-1-27 所示。

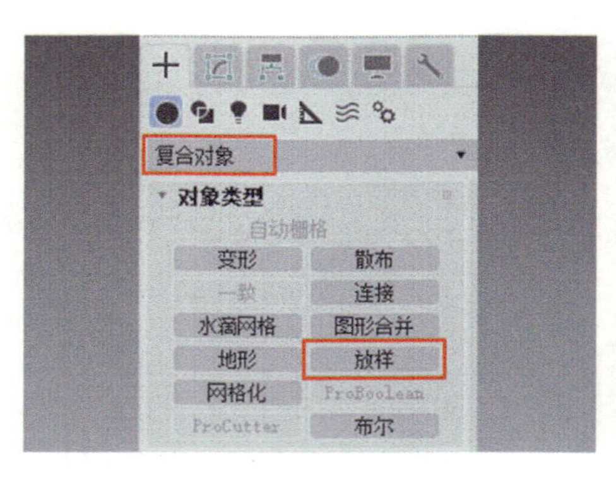

图 4-1-26

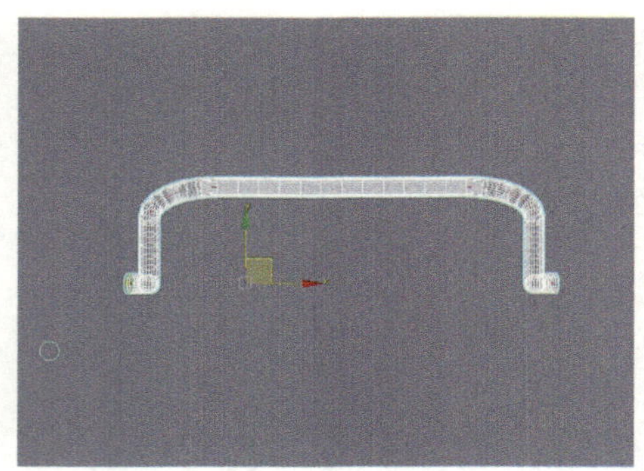

图 4-1-27

5. 前腿模型制作。选择＋【创建】命令面板上的【图形】，在 对象类型 中单击 圆 ，在前视图中创建圆，参数设置为半径：1.5。选择【修改】进入修改器列表中选择【挤出】命令，数量：-70。按下键盘 Shift+ 复制一个新的前腿模型，如图 4-1-28 所示。

6. 后腿模型制作。使用【放样】命令完成后腿模型制作。按下键盘 Shift+ 复制一个新的后腿模型，如图 4-1-29 所示。

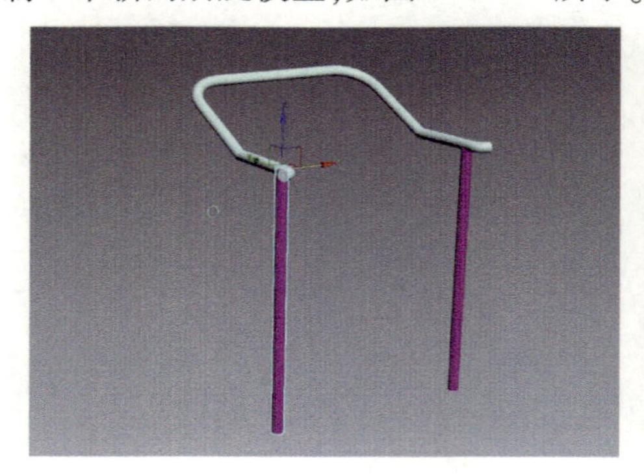

图 4-1-28

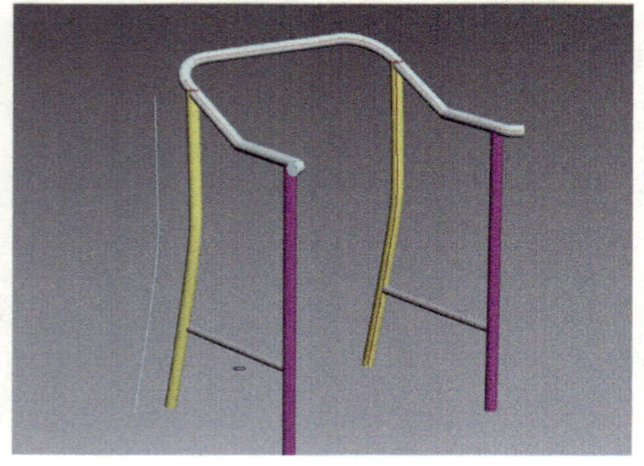

图 4-1-29

7. 坐垫模型制作。选择＋【创建】命令面板上的【图形】，在 对象类型 中单击 矩形 ，在左视图中创建【矩形】，参数设置为长度：55，宽度：65。选择【修改】进入修改器列表中选择【编辑样条线】命令，选择上端两个顶点，单击 几何体 展卷栏下的 圆角 0.0 按钮，输入 15，完成坐垫图形样条线制作，如图 4-1-30 所示。在前视图创建【矩形】，编辑修改，完成坐垫截面图形样条线的制作，如图 4-1-31 所示。

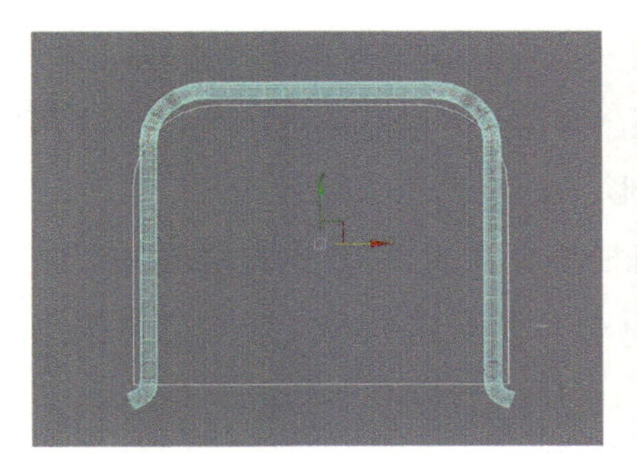

图 4-1-30

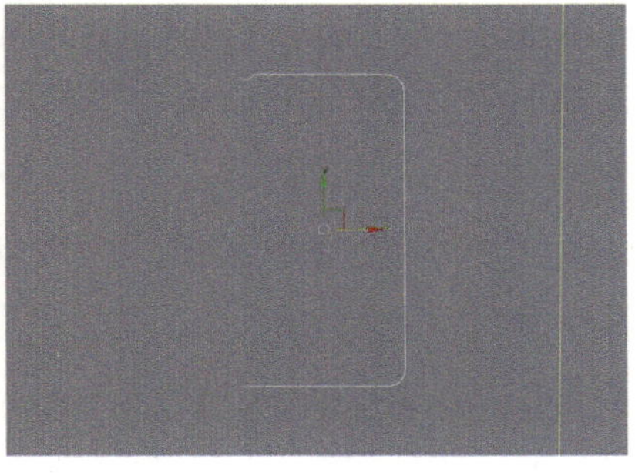

图 4-1-31

8. 选择坐垫图形样条线，单击【修改】，在修改器列表中选择【倒角剖面】命令，在参数面板中选择【经典】，单击 拾取剖面 按钮，在前视图中单击坐垫截面图形样条线，完成坐垫模型的制作，如图 4-1-32、图 4-1-33 所示。

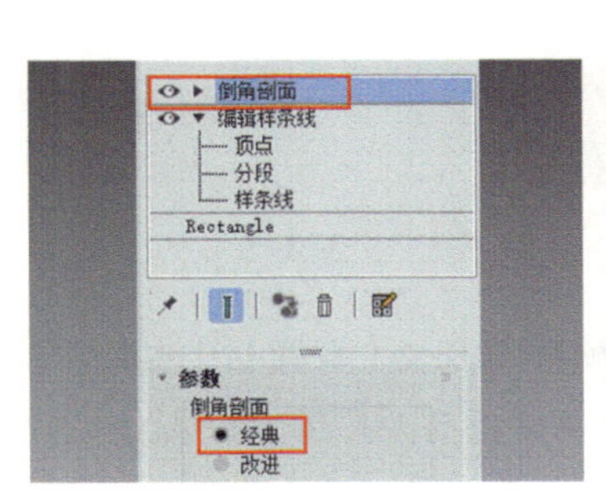

图 4-1-32

图 4-1-33

9. 靠背模型制作。选择 +【创建】命令面板上的【图形】，在 对象类型 中单击 线 按钮，在左视图中绘制并编辑，完成靠背模型路径图形线创建，如图 4-1-34 所示。单击 矩形 按钮在顶视图绘制矩形为长度：2，宽度：20，角半径：0.5，完成靠背模型截面图形创建，如图 4-1-35 所示。

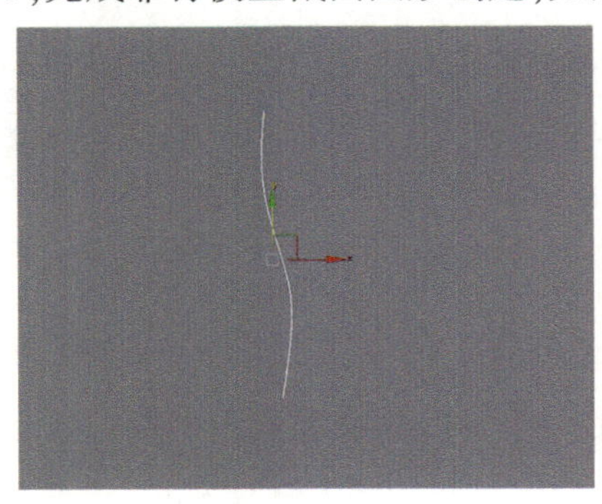

图 4-1-34

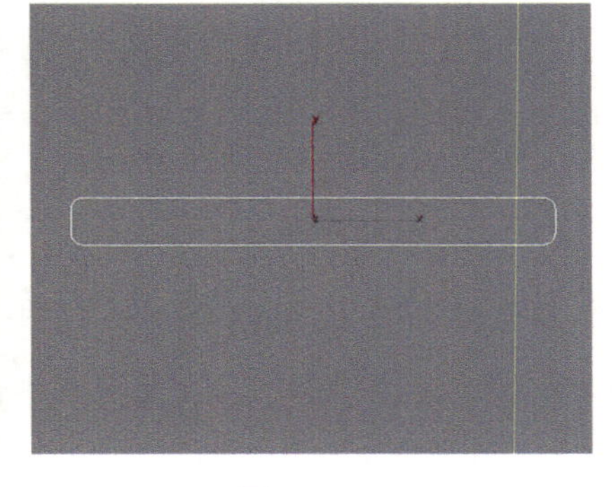

图 4-1-35

10. 选择＋【创建】命令面板上的●【几何体】，在标准基本体下拉菜单中选择【复合对象】，在 对象类型 面板中选择 放样 命令，在 创建方法 展卷栏中单击 获取图形 按钮，在顶视图中点击矩形图形，如图 4-1-36 所示。

11. 放样物体内部图形修改。因靠背模型有错误，需要进行修改，修改方法如下：选择刚制作完成的靠背模型，单击【修改】，单击放样左边的三角按钮，选择【图形】，如图 4-1-37 所示。

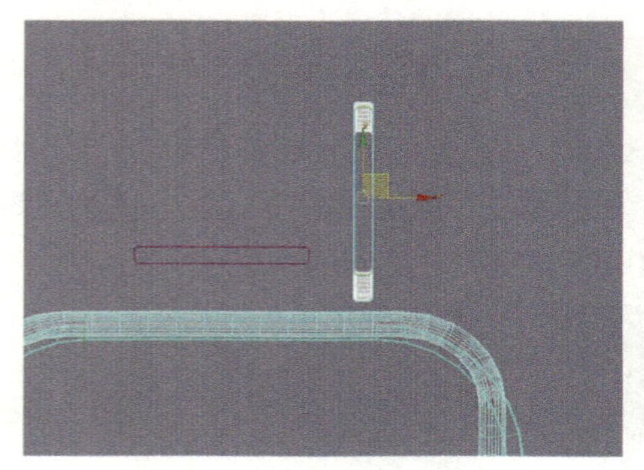

图 4-1-36

图 4-1-37

12. 在顶视图选择放样物体内部图形，鼠标放在【旋转】图标上，右击，在选择变换输入活动面板中的【偏移：局部】项目下设置 Z：90，回车确认，如图 4-1-38、图 4-1-39 所示。

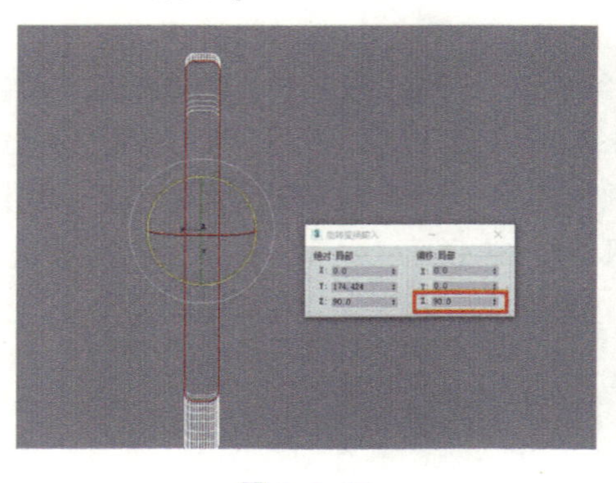

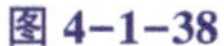

图 4-1-38

图 4-1-39

13. 制作椅子腿横梁模型。选择＋【创建】命令面板上的【图形】，在 对象类型 中单击 圆 ，在前视图中创建【圆】，参数设置为半径：1。选择【修改】进入修改器列表中选择【挤出】命令，数量：45。按下键盘 Shift+✥复制一个新的横梁模型，如图 4-1-40 所示。

14. 调整部分模型位置，最后完成新中式椅子模型，如图 4-1-41 所示。

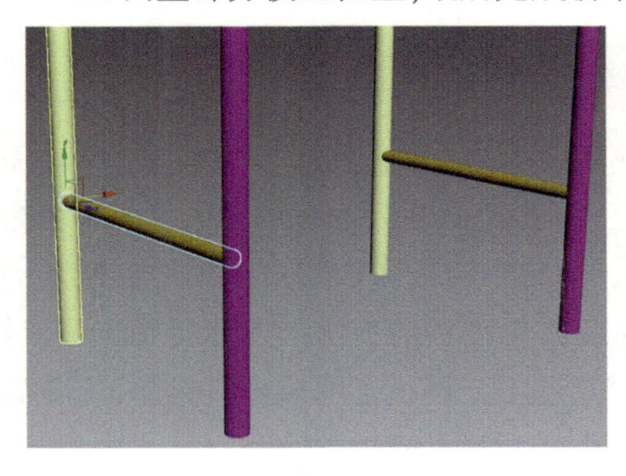

图 4-1-40

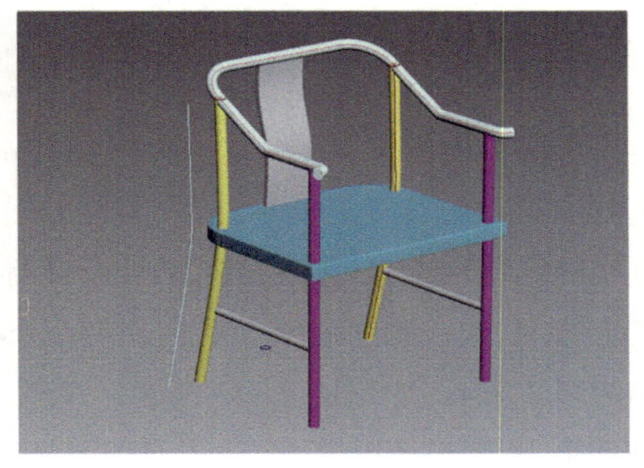

图 4-1-41

设计师点拨

放样建模由路径和截面图形两部分构成，路径只能有一条，可以是封闭的也可以是开放的，路径和截面图形分别决定了三维物体的外观和截面形状，如图 4-1-42 所示。

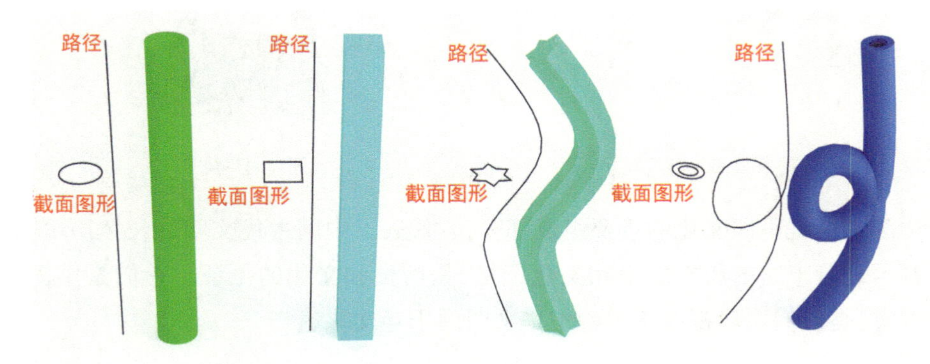

图 4-1-42

资料库 中国古代家具

中国早期的家具始于夏商，兴盛于战国、两汉。其家具造型为适应“席地而坐”的习俗，家具普遍低平稳重、简便实用。直至唐宋，垂足而坐的起居方式和较为宽阔的居住环境，导致高足家具日渐流行。明代中期至清前期是中国古典家具的黄金时期，这一时期的家具式样质朴而不俗，具有独特的美学个性和实用价值，被称为明式家具，如图 4-1-43 所示。清式家具基本上继承了明式家具风格，乾隆后期开始，装饰过于繁复，失去了简约流畅的风格，如图 4-1-44 所示。

图 4-1-43

图 4-1-44

中国家具是中国文化的重要组成部分，它代表了中国古代文明的长久历史，每一件都承载着丰富的历史故事和文化记忆，是历史和文化的见证。它们是中国文化的瑰宝，是我们要珍视并传承的中华文明的千年文化遗产。

搜一搜：上网查找坐姿礼仪

学生主导任务A 中式扶手椅子模型制作任务单和评价单

中式扶手椅子模型制作任务单

任务名称	中式扶手椅子模型制作		
效果图			
前视图 左视图			
学生姓名		同组成员	
任务目的	1. 使用放样命令完成中式扶手椅子模型的制作,培养学生的建模能力。 2. 熟练放样建模操作流程,掌握修改编辑方法。 3. 能够举一反三,训练学生的分析能力和解决问题的能力。		
任务重点	1. 熟练运用放样建模命令进行创建模型。 2. 通过修改二维截面图形和路径图形而改变关联的三维物体的形状。		
任务要求	1. 使用放样命令制作中式扶手椅子模型。 2. 造型比例符合图片要求。 3. 提交文件名为:作业名称-姓名-班级,MAX 格式文件,不渲染。		
学分	中式扶手椅子模型制作:0.2 学分。		

中式扶手椅子模型制作任务评价单

<table>
<tr><td>姓名</td><td colspan="2"></td><td colspan="3">任务名称</td><td colspan="6"></td></tr>
<tr><td rowspan="2">项目</td><td rowspan="2">评价要点及标准</td><td colspan="3">自评</td><td colspan="3">他评</td><td colspan="3">师评</td></tr>
<tr><td>A</td><td>B</td><td>C</td><td>A</td><td>B</td><td>C</td><td>A</td><td>B</td><td>C</td></tr>
<tr><td rowspan="4">课堂状态</td><td>注意力是否集中</td><td></td><td></td><td></td><td></td><td></td><td></td><td></td><td></td><td></td></tr>
<tr><td>学习是否主动</td><td></td><td></td><td></td><td></td><td></td><td></td><td></td><td></td><td></td></tr>
<tr><td>练习是否认真</td><td></td><td></td><td></td><td></td><td></td><td></td><td></td><td></td><td></td></tr>
<tr><td>学习热情是否高涨</td><td></td><td></td><td></td><td></td><td></td><td></td><td></td><td></td><td></td></tr>
<tr><td rowspan="5">学习策略</td><td>认真预习</td><td></td><td></td><td></td><td></td><td></td><td></td><td></td><td></td><td></td></tr>
<tr><td>不耻下问</td><td></td><td></td><td></td><td></td><td></td><td></td><td></td><td></td><td></td></tr>
<tr><td>敢于面对困难</td><td></td><td></td><td></td><td></td><td></td><td></td><td></td><td></td><td></td></tr>
<tr><td>勤于动手实践</td><td></td><td></td><td></td><td></td><td></td><td></td><td></td><td></td><td></td></tr>
<tr><td>善于思考</td><td></td><td></td><td></td><td></td><td></td><td></td><td></td><td></td><td></td></tr>
<tr><td rowspan="3">知识目标</td><td></td><td></td><td></td><td></td><td></td><td></td><td></td><td></td><td></td><td></td></tr>
<tr><td></td><td></td><td></td><td></td><td></td><td></td><td></td><td></td><td></td><td></td></tr>
<tr><td></td><td></td><td></td><td></td><td></td><td></td><td></td><td></td><td></td><td></td></tr>
<tr><td rowspan="3">技能目标</td><td></td><td></td><td></td><td></td><td></td><td></td><td></td><td></td><td></td><td></td></tr>
<tr><td></td><td></td><td></td><td></td><td></td><td></td><td></td><td></td><td></td><td></td></tr>
<tr><td></td><td></td><td></td><td></td><td></td><td></td><td></td><td></td><td></td><td></td></tr>
<tr><td>反思</td><td colspan="10"></td></tr>
</table>

学生主导任务B 中式方腿扶手椅子模型制作任务单和评价单

中式方腿扶手椅子模型制作任务单

任务名称	中式方腿扶手椅子模型制作		
效果图			
前视图 左视图			
学生姓名		同组成员	
任务目的	1. 使用放样命令完成简单中式方腿扶手椅子模型的制作。 2. 培养学生的建模能力。 3. 能够举一反三,训练学生的分析能力和解决问题的能力。		
任务重点	1. 路径样条线是空间曲线,绘制和修改是本次任务的重点和难点。 2. 通过修改二维截面图形和路径图形而改变关联的三维物体的形状。		
任务要求	1. 使用放样命令制作中式方腿扶手椅子模型。 2. 造型比例符合图片要求。 3. 提交文件名为:作业名称-姓名-班级,MAX 格式文件,不渲染。		
学分	中式方腿扶手椅子模型制作:0.2 学分。		

中式方腿扶手椅子模型制作任务评价单

姓名		任务名称								
项目	评价要点及标准	自评			他评			师评		
		A	B	C	A	B	C	A	B	C
课堂状态	注意力是否集中									
	学习是否主动									
	练习是否认真									
	学习热情是否高涨									
学习策略	认真预习									
	不耻下问									
	敢于面对困难									
	勤于动手实践									
	善于思考									
知识目标										
技能目标										
反思										

课后作业任务单

<table>
<tr><td>任务名称</td><td>中式扶手椅子模型制作</td></tr>
<tr><td>作业要求</td><td>1. 依照中式扶手椅子模型的效果图，用我们本节任务所学的放样命令完成模型创建。（同学们开始制作时，先不要看下页的制作要领提示，只看本页效果图，以此锻炼同学们的分析能力和解决问题的能力。）
2. 椅子后腿模型是我们下一个任务的学习内容，同学们可提前自学，锻炼同学们的自学能力。
3. 椅子模型的有些部分用到了以前学习的知识点，目的是复习学过的知识。
4. 课后作业任务有一定的难度，鼓励同学们大胆探索、发现问题、提出问题，以此培养同学们不怕苦、不怕累，克服困难，耐心坚持和不轻易放弃的抗压能力和创新能力。</td></tr>
<tr><td>效果图</td><td></td></tr>
<tr><td>分解图</td><td></td></tr>
</table>

前视图 左视图		
本节任务 知识技能	模型部件名称： 椅子靠背 椅子腿 制作要领提示： 放样 布尔运算	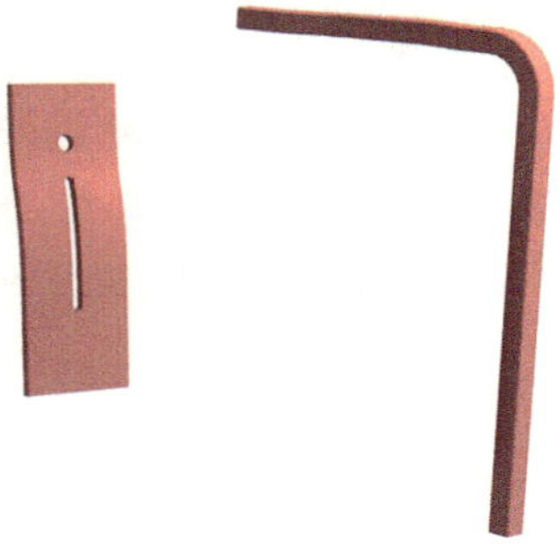
复习 知识技能	模型部件名称： 椅子腿横梁 椅子座 制作要领提示： 挤出 倒角剖面	
自学 知识技能	模型部件名称： 椅子靠背模型 制作要领提示： 多图形放样 放样变形	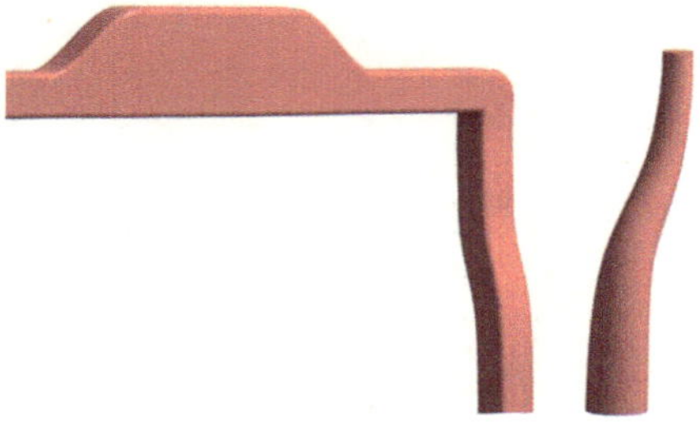
问题		

学习笔记

任务 2
使用多个图形放样命令制作椅子模型

一、任务介绍

放样建模命令中，在放样物体的一条路径上，容许有多个不同的截面图形存在，共同控制放样物体的外形。多个图形放样建模命令极大地丰富了复杂模型的制作手段，例如欧式/美式椅子腿粗细、方圆、大小的变化都可以同时呈现，本次任务通过制作欧式椅子模型使学生掌握多个图形放样建模命令的使用方法和技巧，掌握多个图形放样建模技术，丰富学生的建模方法，提升建模能力。椅子模型可参考图 4-2-1。

图 4-2-1

二、任务目标

任务表

教师主导教学任务	学生主导制作任务
典型任务:使用多个图形放样命令制作欧式椅子模型	任务 A:制作现代风格靠背椅子模型
拓展任务:使用放样缩放变形命令制作美式凳子模型	任务 B:制作美式风格餐厅椅子模型

知识目标

1. 能叙述放样多个图形的制作步骤和方法。

2. 在理解的基础上,能叙述多个图形放样建模命令的建模原理,以及多个图形数量、图形点数的要求。

3. 能准确说出多个图形放样缩放变形命令操作工具的参数设置方法。

技能目标

1. 能用多个图形放样命令创建三维模型。

2. 能修改放样命令中的截面图形和路径。

3. 能用多个图形放样中的缩放变形命令建模。

素养目标

培养学生敬业、精益、专注、创新的工匠精神。

典型任务　使用多个图形放样命令制作欧式椅子模型

任务实施

一、任务要求

1. 运用多个图形放样命令制作欧式风格椅子模型。
2. 绘制多个不同图形的形状，图形点数要求相同。
3. 通过对图形的移动、旋转操作，改变三维物体的外观形状。
4. 椅子模型外观比例适中，美观大方。

椅子模型可参考图 4-2-2。

图 4-2-2

扫一扫，观看教学视频

二、实施步骤

1. 选择【文件】菜单中的【重置】命令，重新设置系统。

2. 创建椅子前腿模型。选择 + 【创建】命令面板上的【图形】，在 对象类型 中单击 线 ，在左视图中创建线，编辑调整如图 4-2-3 所示。

选择 + 【创建】命令面板上的【图形】，在 对象类型 中单击 矩形 ，在顶视图中创建两个矩形图形，分别是矩形 1：长度为 3.5，宽度为 3.5，角半径为 0.6；矩形 2：长度为 5，宽度为 5，角半径为 0.6，如图 4-2-4 所示。

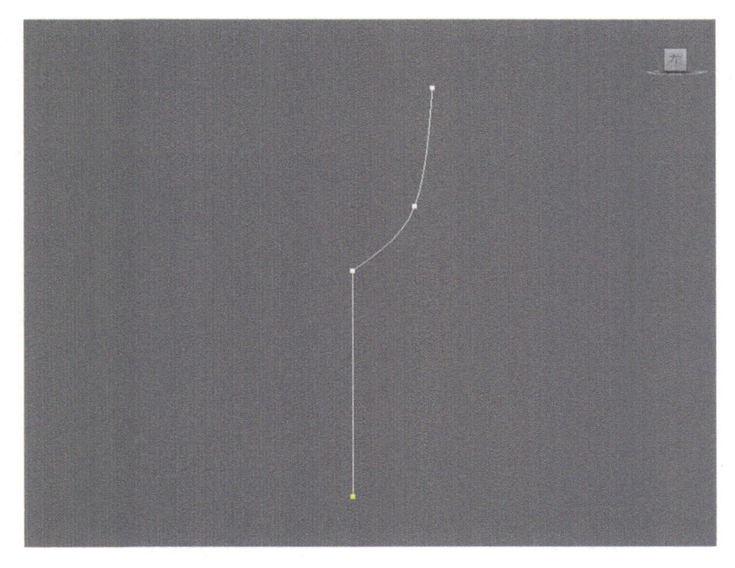

图 4-2-3

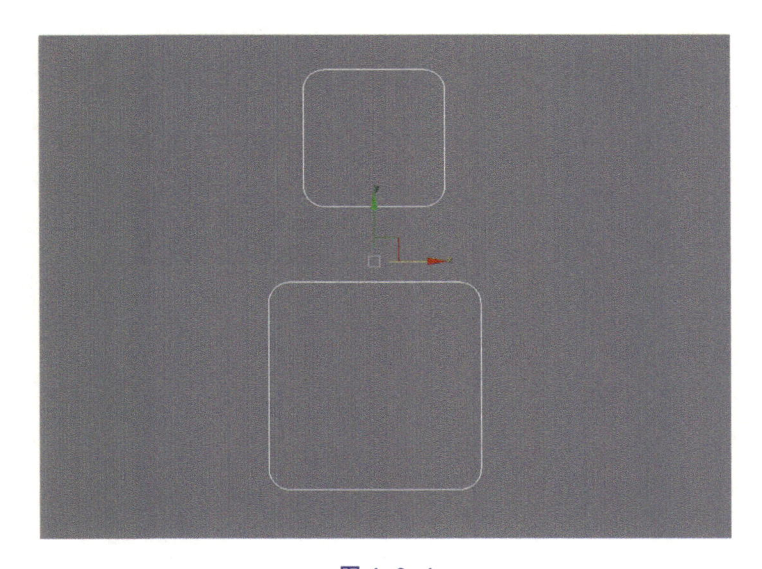

图 4-2-4

3. 在视图中选择线路径线物体，选择＋【创建】命令面板上的●【几何体】，在标准基本体下拉菜单中选择【复合对象】，在 对象类型 中选择 放样 命令，在创建方法面板中单击 获取图形 按钮，单击矩形 1，在路径参数面板，路径：输入 50，再次单击 获取图形 按钮，单击矩形 2，路径：输入 100，第三次单击 获取图形 按钮，单击矩形 1，如图 4-2-5 所示。

4. 单击主工具栏【移动】按钮，在前视图中选择椅子前腿模型，按下键盘 Shift 键，在弹出的【克隆选项】面板中，在对象项下选择【复制】，复制出一个新的椅子前腿，如图 4-2-6 所示。

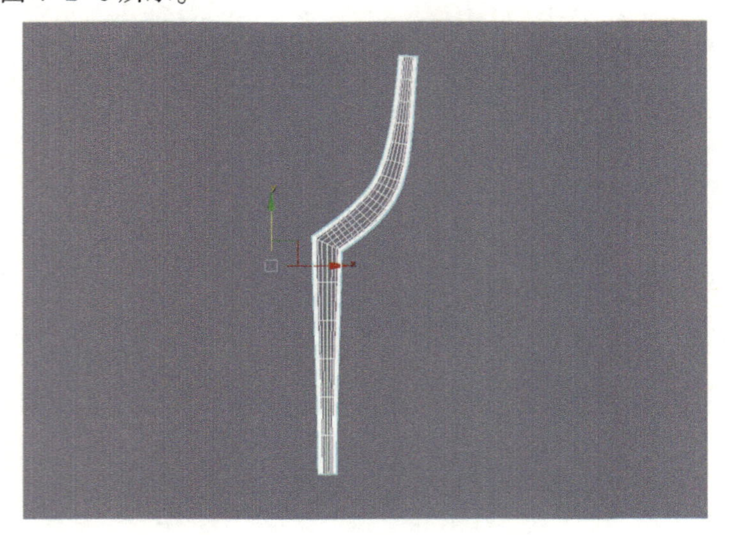

图 4-2-5

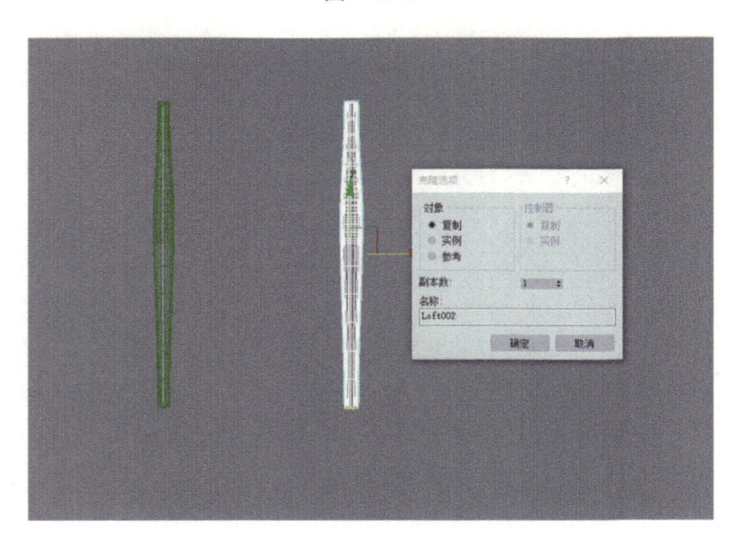

图 4-2-6

5. 创建椅子后腿模型。选择＋【创建】命令面板上的【图形】，在 对象类型 中单击 线 ，在左视图中创建线，在视图中选择线物体，选择＋【创建】命令面板上的【几何体】，在标准基本体下拉菜单中选择【复合对象】，在 对象类型 面板中选择 放样 命令，在创建方法面板中单击 获取图形 按钮，单击矩形 1，在路径参数面板的路径参数输入40,再次单击 获取图形 按钮,单击矩形2,在路径参数输入100,第三次单击 获取图形 按钮,单击矩形1。如图4-2-7所示。

单击主工具栏【移动】按钮,在前视图中选择椅子后腿模型,按下键盘Shift键,在弹出的克隆选项面板中,在对象项下选择【复制】,复制出一个新的椅子后腿,如图4-2-8所示。

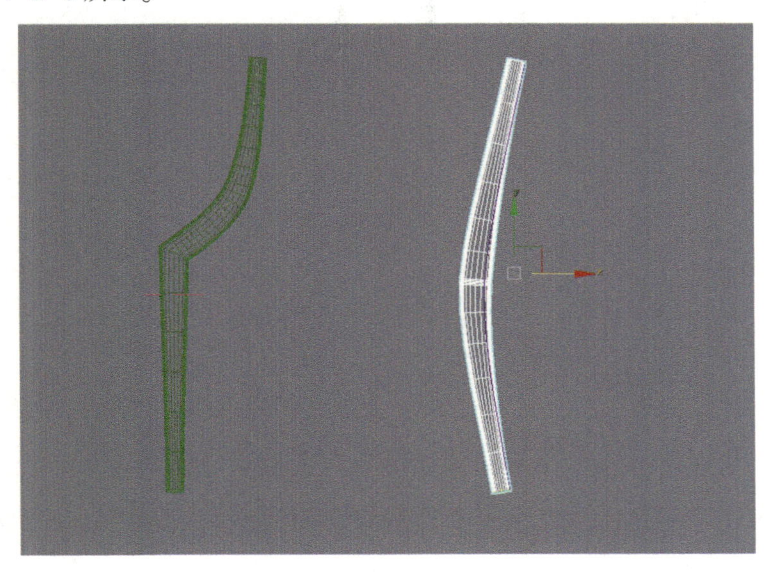

图 4-2-7

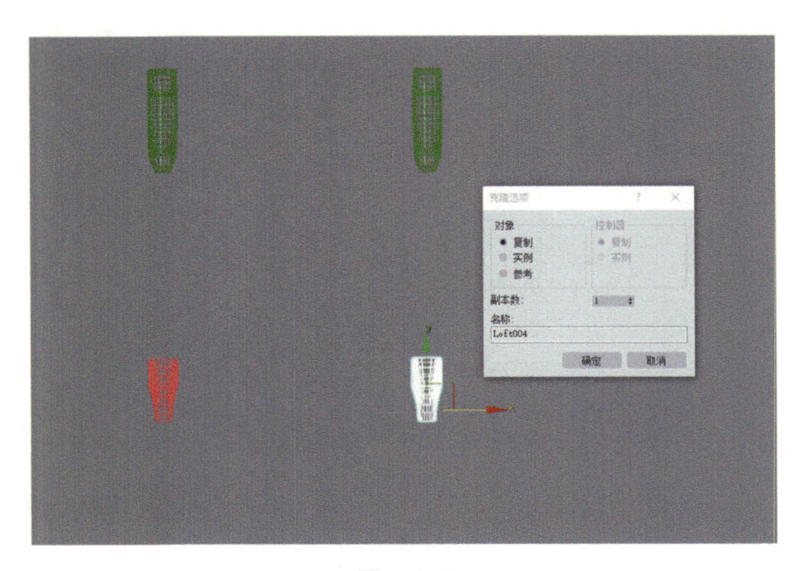

图 4-2-8

6. 创建椅子坐垫托梁模型。选择 +【创建】命令面板上的【图形】，在 对象类型 中单击 矩形 ，在顶视图中创建矩形，参数设置为长度：55，宽度：50，如图 4-2-9 所示。选择【修改】进入修改器列表中选择编辑样条线命令，在 选择 面板中单击【顶点】，在顶视图中单击矩形线底端两个点，在 几何体 面板中选择【圆角】命令，输入 15，如图 4-2-10 所示。

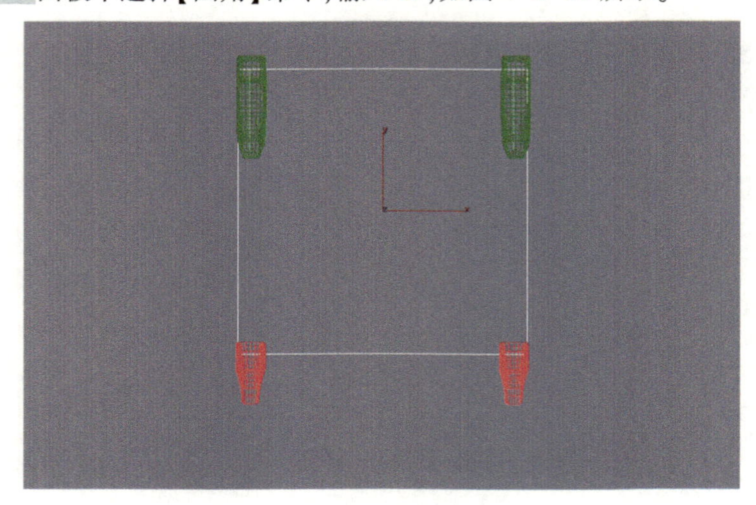

图 4-2-9

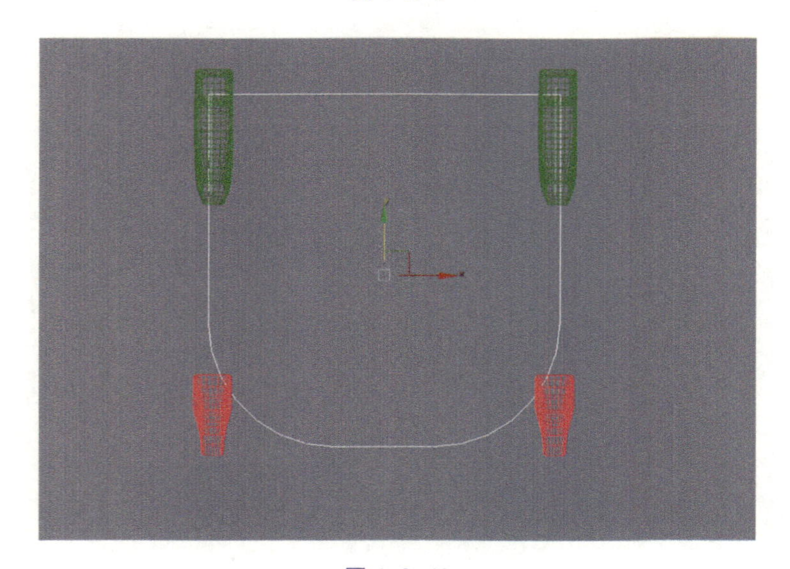

图 4-2-10

7. 选择 +【创建】命令面板上的【图形】，在 对象类型 中单击 矩形 ，在前视图中创建矩形图形，长度：5，宽度：3，角半径：0. 5。选择 +【创建】命令面板上的【几何体】,在标准基本体下拉菜单中选择【复合对象】,在 对象类型 中选择 放样 命令,在 创建方法 面板中单击 获取图形 按钮,在顶视图中单击矩形图形,完成椅子坐垫托梁模型制作,如图 4-2-11 所示。

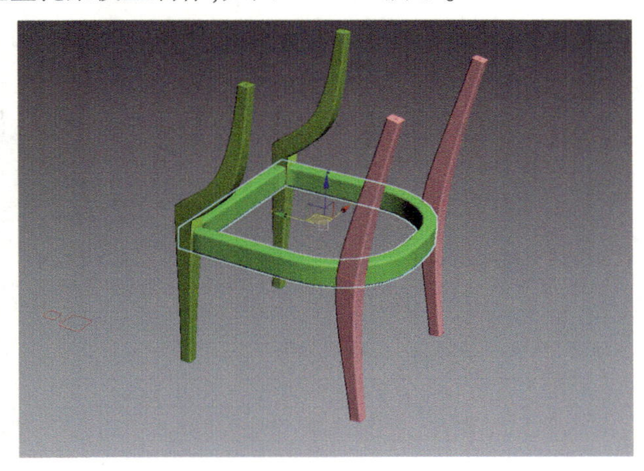

图 4-2-11

8. 创建椅子靠背托梁模型。选择+【创建】命令面板上的【图形】,在 对象类型 中单击 矩形 ,在顶视图中创建矩形,参数设置为长度:50,宽度:50。选择【修改】进入修改器列表中选择【编辑样条线】命令,在 选择 面板中单击【线段】,单击矩形线顶端线段,按下键盘 Delete 键,删除该线段,选择矩形下端两个点,在 几何体 面板中选择 圆角 命令,输入 15,如图 4-2-12 所示。

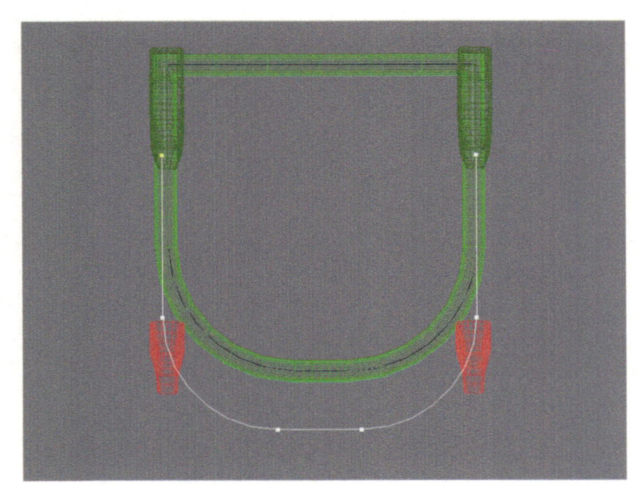

图 4-2-12

9. 选择＋【创建】命令面板上的【图形】，在 对象类型 中单击 线 ，在前视图中创建矩形，绘制截面图形，如图 4-2-13 所示。选择＋【创建】命令面板上的【几何体】，在标准基本体下拉菜单中选择【复合对象】，在 对象类型 中选择 放样 命令，在 创建方法 面板中单击 获取图形 按钮，在前视图中单击圆图形，完成椅子靠背支架模型制作，如图 4-2-14 所示。

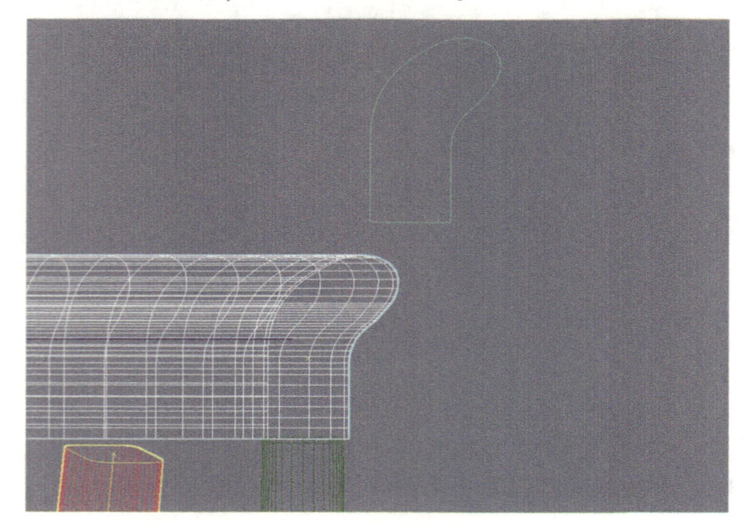

图 4-2-13

图 4-2-14

10. 椅子靠背模型制作。选择＋【创建】命令面板上的【几何体】，在标准基本体下拉菜单中选择【扩展基本体】，在 对象类型 面板中选择 切角长方体 命令，在前视图中创建切角长方体，参数设置为长度：29，宽度：40，高度：4，圆角：3，长度分段：5，宽度分段：5，圆角分段：3，如图 4-2-15 所示。选择【修改】进入修改器列表中选择【FFD（长方体）】命令，进入【FFD（长方体）】的次物体【控制点】，单击主工具栏【移动】按钮，在顶视图中选择中间的两排点，沿 Y 轴移动，如图 4-2-16 所示。

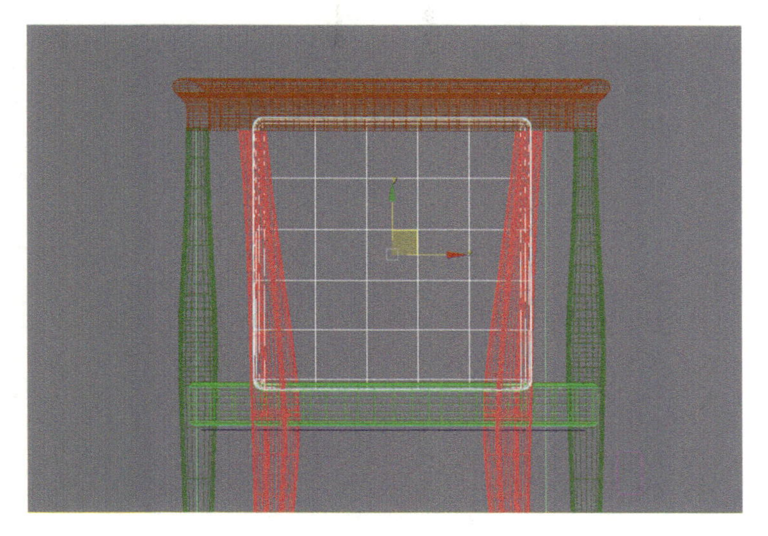

图 4-2-15

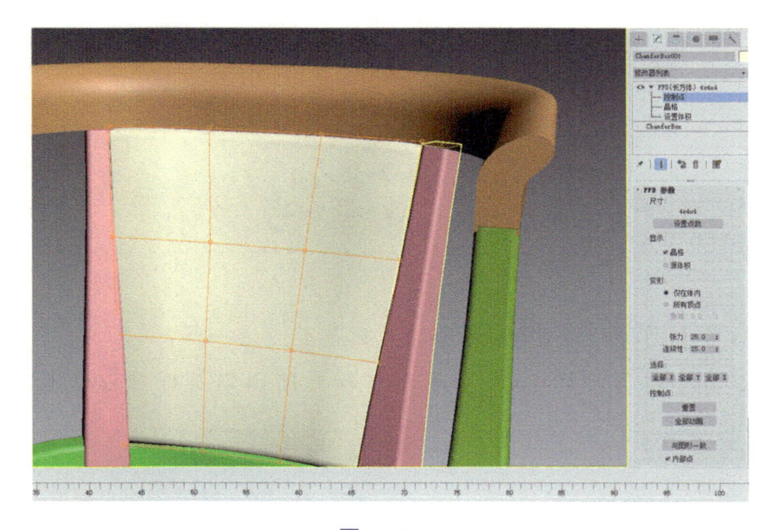

图 4-2-16

11. 椅子坐垫模型制作。依照椅子靠背模型制作方法完成椅子坐垫模型制作。如图 4-2-17、图 4-2-18 所示。

图 4-2-17

图 4-2-18

操作思考

问题 1. 多个图形放样建模，图形的点数是否应该一样？

问题 2. 多个图形放样建模，开放图形和封闭图形是否可以放置在一条路径上？

知识点梳理

放样缩放变形

放样建模命令在放样的同时还可以进行变形修改，一共有缩放、扭曲、倾斜、倒角、拟合五种变形方法，现就比较常用的缩放变形进行参数讲解，如图 4-2-19 所示。

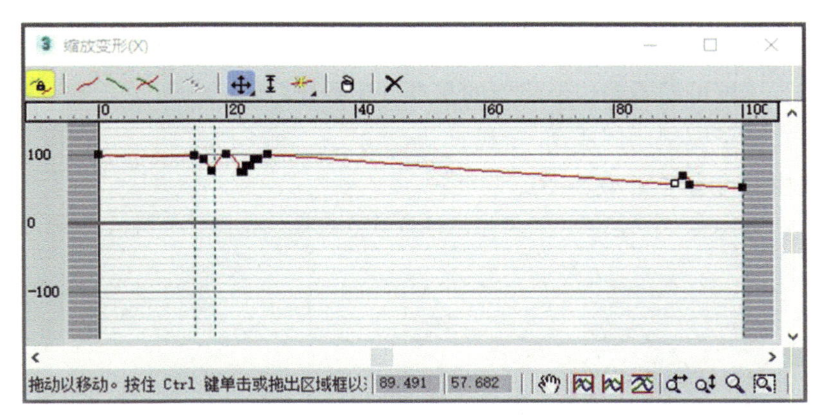

图 4-2-19

:用于 X、Y 轴锁定，这样可以一起缩放变形，使它们控制效果相同。

:显示 X 轴控制线，红色显示，移动点，物体的 X 轴发生变形。

:显示 Y 轴控制线，绿色显示，移动点，物体的 Y 轴发生变形。

:显示 Y 轴控制线，可以同时进行编辑，物体的 X 轴、Y 轴发生变形。

:移动控制线上的控制点，改变控制线的形状。

:垂直移动选择的控制点。

:将当前选择的控制点删除。

:将控制线恢复为原始状态。

拓展任务 使用放样缩放变形命令制作美式凳子模型

一、任务要求

1. 本次任务的重点是掌握多个图形放样缩放变形命令制作凳子腿的方法和学习可编辑多边形命令制作凳子软垫的基本方法。

2. 熟练掌握多个图形放样缩放变形命令的加点、调整点的使用方法。

3. 初步了解可编辑多边形建模的基本方法和技巧。

4. 美式凳子模型比例适合、美观。

凳子模型可参考图 4-2-20。

图 4-2-20

扫一扫,观看教学视频

二、实施步骤

1. 选择【文件】菜单中的【重置】命令,重新设置系统。

2. 创建凳子腿模型。选择 + 【创建】命令面板上的 【图形】,在 对象类型 中单击 矩形 ,在顶视图中创建矩形图形,长度:45,宽度:5,进入修改器列表中选择【编辑样条线】命令,在 选择 面板中单击 【线段】,单击矩形线顶端线段,按下键盘 Delete 键,删除该线段,如图 4-2-21 所示。

3. 选择 + 【创建】命令面板上的 【图形】,在 对象类型 中单击 矩形 ,在顶视图中创建矩形图形,长度:5,宽度:5,单击 圆 ,半径:2.5,如图 4-2-22 所示。

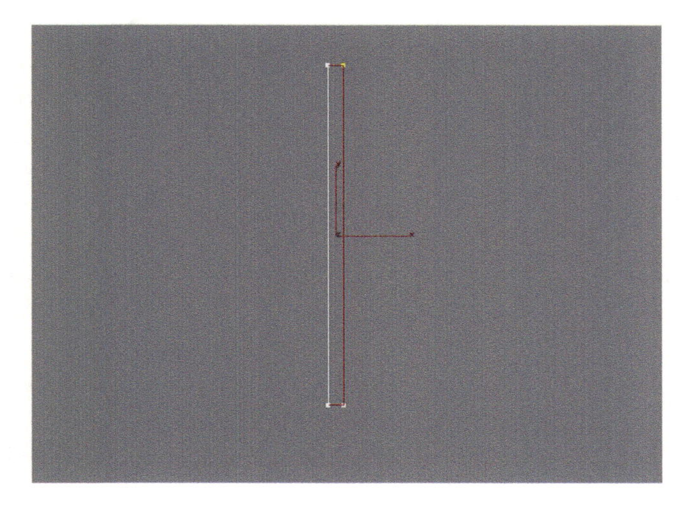

图 4-2-21

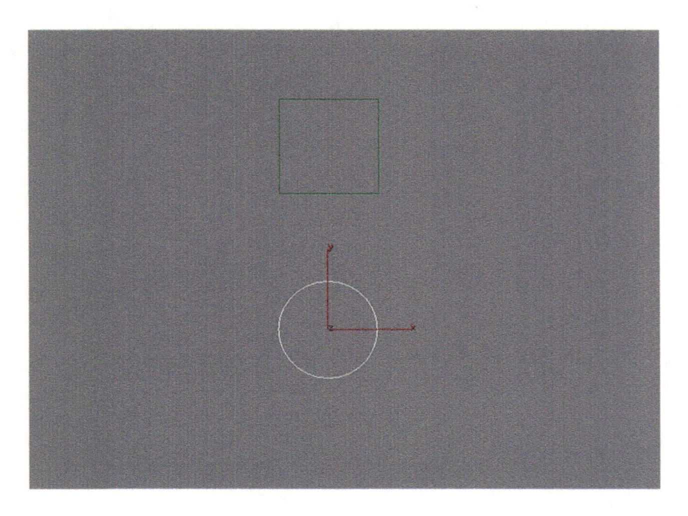

图 4-2-22

4. 在视图中选择线物体，选择＋【创建】命令面板上的●【几何体】，在标准基本体下拉菜单中选择【复合对象】，在 对象类型 面板中选择 放样 命令，在 创建方法 面板中单击 获取图形 按钮，单击矩形，在 路径参数 面板，路径：15，再次单击 获取图形 按钮，再次单击矩形，路径：18，第三次单击 获取图形 按钮，单击圆，如图 4-2-23 所示。单击 变形 ，单击 缩放 进入缩放面板，在 缩放变形(X) 面板中，单击【加点】命令，单击【移动】命令调整点的状态，完成凳子腿模型创建，如图 4-2-24、图 4-2-25 所示。复制 4 个凳腿，如图 4-2-26 所示。

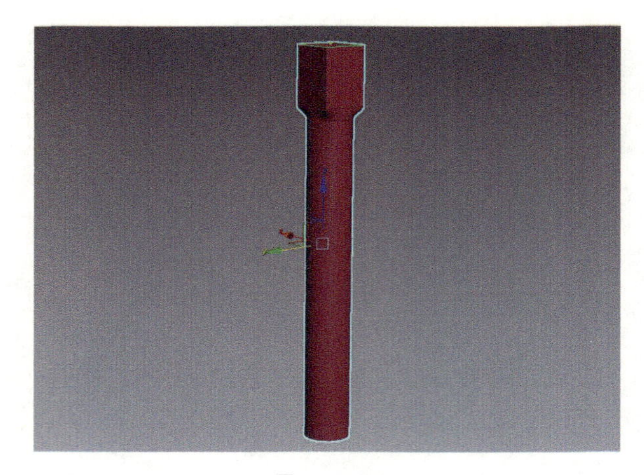

图 4-2-23

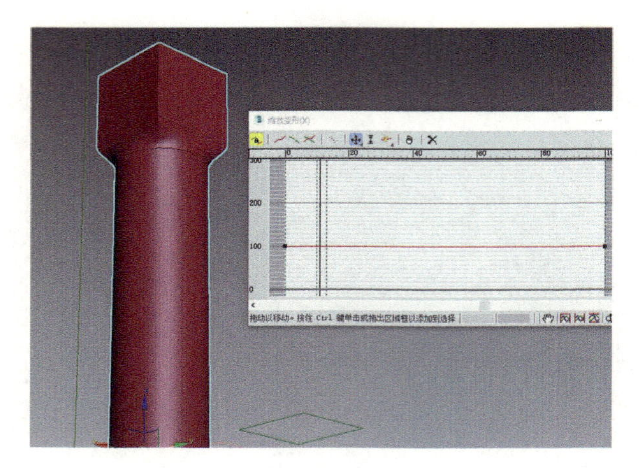

图 4-2-24

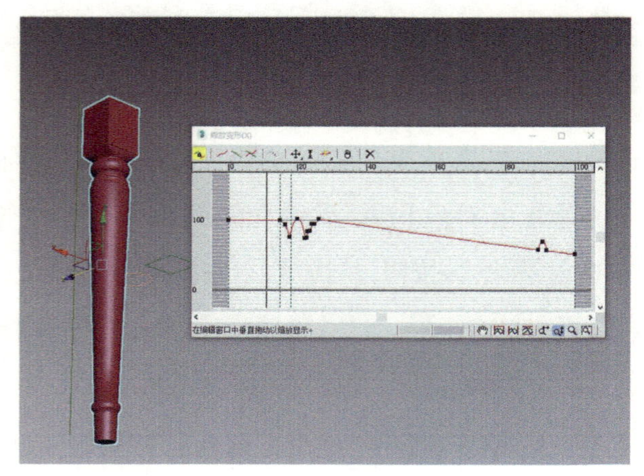

图 4-2-25

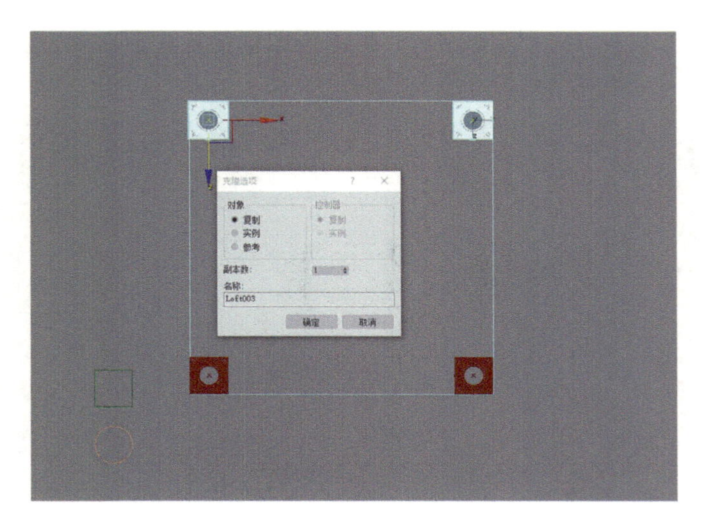

图 4-2-26

5. 凳子横梁模型制作。在顶视图中创建矩形图形，长度:6，宽度:6，单击修改，在修改器列表中选择添加【挤出】命令，数量:30。复制其他三个横梁，如图 4-2-27 所示。

6. 凳子软垫模型制作。选择＋【创建】命令面板上的【几何体】，在标准基本体下拉菜单中选择 长方体 ，在前视图中创建切角长方形，参数设置为长度:42，宽度:42，高度:3，长度分段:4，宽度分段:4。如图 4-2-28 所示。

图 4-2-27

图 4-2-28

7. 右击，选择【转换为】→【转换为可编辑多边形】，单击【修改】，在选择面板中单击【多边形】，在透视图中配合 Ctrl 键选中长方体顶部的面，显示红色，在编辑多边形面板中，单击【挤出】设置按钮，高度:3，单击确定，在工具栏中，单击【缩放】按钮，缩放后效果如图 4-2-29 所示。

8. 右击，选择【NURNS 切换】命令，在细分曲面面板中【迭代次数】:3，完成凳子软垫模型制作。如图 4-2-30 所示。

图 4-2-29

图 4-2-30

设计师点拨

放样建模命令中，在放样物体的一条路径上，允许放入多个不同的截面图形存在，共同控制放样物体的外形，要求图形的点数一样，如图 4-2-31 所示。

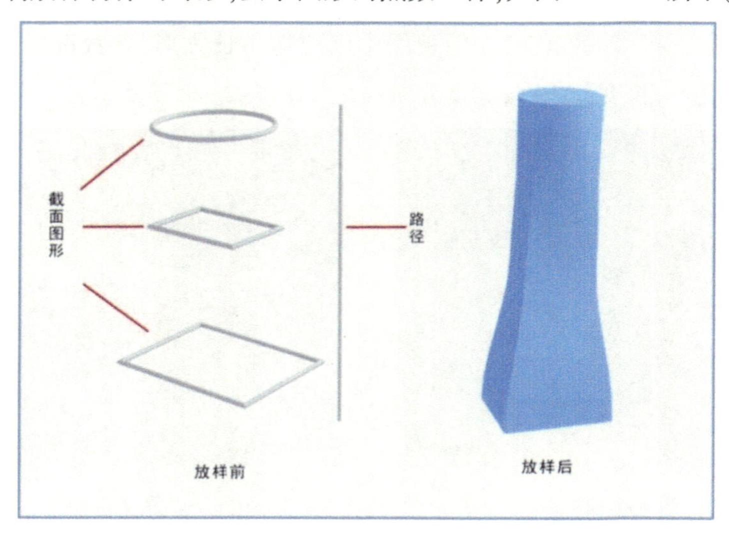

图 4-2-31

资料库 CAD建筑绘图家具标准尺寸——餐厨篇

名称		尺寸(单位:厘米)	备注
橱柜		地柜高度:78~80;宽度:55~60 吊柜高度:68~72;宽度:33~35	
餐柜		高度:90~110;深度:40~45	
餐椅		高度:45~50	
餐桌	常用餐桌	高度:75~78	
	西式餐桌	高度:68~72	
	长方桌餐桌	宽度:80,90,105,120;长度:150,165,180,210,240	
	圆桌	直径:二人50、三人80、四人90、五人110、六人110~125、八人130、十人150、十二人180	
	方餐桌	宽度:二人70、四人135、八人225;高度:75~78	
	餐桌转盘	直径:70~80	
	餐桌间距	(其中座椅占50)应大于50	
吧台		高度:90~105;宽度:50	
吧凳		高度:60~75	

学习笔记

学生主导任务A　现代风格靠背椅子模型制作任务单和评价单

现代风格靠背椅子模型制作任务单

任务名称	现代风格靠背椅子模型制作		
效果图			
前视图 左视图			
学生姓名		同组成员	
任务目的	1. 巩固学生学习的知识和技能，要求学生独立完成现代风格靠背椅子模型制作。 2. 培养学生的建模能力。 3. 能够举一反三，训练学生的分析能力和解决问题的能力。		
任务重点	1. 熟练运用多个图形放样命令创建模型。 2. 绘制多个图形时，所有图形的点数应该一样。		
任务要求	1. 使用放样命令制作现代风格靠背椅子模型。 2. 依照图片，同学们独立完成模型制作。 3. 造型比例符合图片要求。 4. 提交文件名为：作业名称-姓名-班级，MAX 格式文件，不渲染。		
学分	现代风格靠背椅子模型制作：0.2 学分。		

现代风格靠背椅子模型制作任务评价单

姓名		任务名称									
项目	评价要点及标准		自评			他评			师评		
			A	B	C	A	B	C	A	B	C
课堂状态	注意力是否集中										
	学习是否主动										
	练习是否认真										
	学习热情是否高涨										
学习策略	认真预习										
	不耻下问										
	敢于面对困难										
	勤于动手实践										
	善于思考										
知识目标											
技能目标											
反思											

学生主导任务B 美式风格餐厅椅子模型制作任务单和评价单

美式风格餐厅椅子模型制作任务单

任务名称	美式风格餐厅椅子模型制作		
效果图			
前视图 左视图			
学生姓名		同组成员	
任务目的	1. 巩固学生学习的知识和技能,要求学生独立完成美式风格餐厅椅子模型制作。 2. 培养学生的建模能力。 3. 能够举一反三,训练学生的分析能力和解决问题的能力。		
任务重点	1. 熟练运用放样变形缩放命令创建模型。 2. 熟练运用多个图形放样建模命令。 3. 了解可编辑多边形制作椅子坐垫的方法。		
任务要求	1. 使用多个图形放样命令制作美式风格餐厅椅子模型。 2. 依照图片,同学们独立完成模型制作。 3. 造型比例符合图片要求。 4. 提交文件名为:作业名称-姓名-班级,MAX 格式文件,不渲染。		
学分	美式风格餐厅椅子模型制作:0. 2 学分。		

美式风格餐厅椅子模型制作任务评价单

姓名		任务名称									
项目	评价要点及标准		自评			他评			师评		
			A	B	C	A	B	C	A	B	C
课堂状态	注意力是否集中										
	学习是否主动										
	练习是否认真										
	学习热情是否高涨										
学习策略	认真预习										
	不耻下问										
	敢于面对困难										
	勤于动手实践										
	善于思考										
知识目标											
技能目标											
反思											

课后作业任务单

任务名称	办公扶手椅子模型制作
作业要求	1. 同学们利用课后时间,依照办公扶手椅子的效果图,用我们本节任务所学的多个图形放样命令完成模型创建。(同学们开始制作时,先不要看下页的制作要领提示,就看效果图,这样可以锻炼同学们的分析能力和解决问题的能力。) 2. 椅子靠背和椅子坐垫模型需要同学们提前自学可编辑多边形命令,以此锻炼同学们的自学能力。 3. 椅子靠背和椅子坐垫制作难度较大,目的是让同学们自学、探索、思考,为将来的学习做准备。 4. 课后作业任务有一定的难度,鼓励同学们大胆探索、发现问题、提出问题,以此培养同学们不怕苦、不怕累,克服困难,耐心坚持和不轻易放弃的抗压能力和创新能力。
效果图	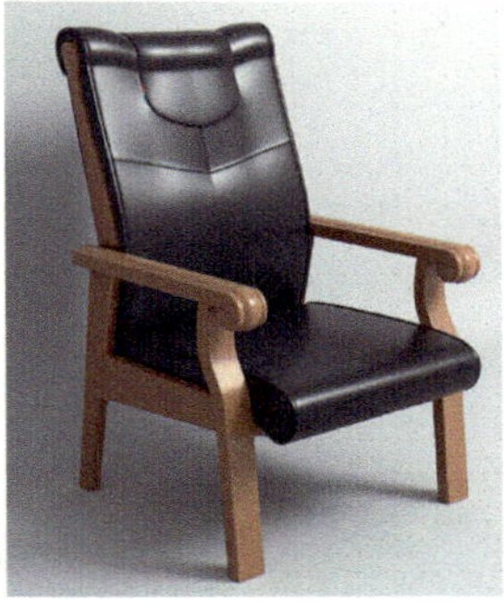
分解图	

前视图 左视图		
本节任务 知识技能	模型部件名称： 椅子扶手模型 椅子前腿模型 椅子后腿模型 制作要领提示： 多个图形放样	
复习 知识技能	模型部件名称： 椅子横梁模型 制作要领提示： 挤出命令	
自学 知识技能	模型部件名称： 椅子靠背模型 椅子靠背侧板模型 椅子坐垫模型 制作要领提示： 可编辑多边形	

学习笔记

项目五

制作沙发模型

任务 1
使用可编辑多边形命令制作单人沙发模型

一、任务介绍

3ds Max 中的可编辑多边形是由点、边、面、多边形、元素等组成的，通过可编辑多边形命令的修改功能，可以对一个对象物体的各个组成部分进行修改，可以使用移动、旋转、缩放等工具对顶点、边和平面进行修改，可以创建许多曲面、光滑柔软的物体模型，可编辑多边形命令是常用的曲面建模命令，本次任务通过可编辑多边形命令制作单人沙发模型，使学生掌握可编辑多边形的操作流程建模原理及常用命令的使用方法。单人沙发模型可参考图 5-1-1。

图 5-1-1

二、任务目标

任务表

教师主导教学任务	学生主导制作任务
典型任务：使用可编辑多边形命令制作单人沙发模型	任务 A：制作圆形休闲单人沙发模型
拓展任务：使用可编辑多边形命令制作单人靠椅沙发模型	任务 B：制作美式风格单人沙发模型

知识目标

1. 能叙述 3ds Max 软件可编辑多边形建模操作流程和建模原理。

2. 能叙述可编辑多边形次物体，点、边、边界、元素的知识。

3. 能画出 3ds Max 软件可编辑多边形建模工具操作流程图。

技能目标

1. 熟练运用可编辑多边形挤出命令、连接命令。

2. 能正确、熟练地使用移动、旋转、缩放工具修改可编辑多边形次物体点、边、面。

3. 熟练运用可编辑多边形挤出命令制作单人沙发模型。

素养目标

1. 训练学生能够举一反三，分析能力以及解决问题的能力。

2. 培养学生良好的职业道德，只有具备良好的素质及诚实守信的职业精神，才能成为一个好的职业工作者。

典型任务 使用可编辑多边形命令制作单人沙发模型

一、任务要求

1. 本次任务的重点是通过制作单人沙发模型,使同学们掌握可编辑多边形建模操作流程和建模原理。

2. 熟练运用移动、缩放工具对物体点、面的修改。

3. 熟练使用挤出命令,并正确设置参数。

4. 熟练使用 NURMS 细分曲面命令。

5. 沙发模型比例适中,造型美观。单人沙发模型可参考图 5-1-2。

图 5-1-2

扫一扫,观看教学视频

二、实施步骤

1. 选择【文件】菜单中的【重置】命令,重新设置系统。

2. 在顶视图中使用＋【创建】命令,建立出一个长方体,参数设置为长度:90,宽度:100,高度:40,长度分段数:4,宽度分段数:5,高度分段数:1,如图 5-1-3 所示。

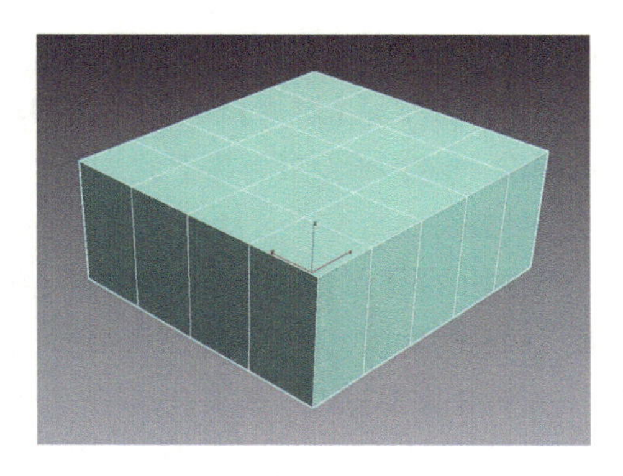

图 5-1-3

3. 右击将模型转换为【可编辑多边形】的命令，进入【可编辑多边形】中的【多边形】层级，在透视图中选择模型中的边缘面，单击 编辑多边形 展卷栏下的 挤出 【设置】按钮，高度：1，如图 5-1-4 所示，再次单击 挤出 按钮，高度：20，如图 5-1-5 所示。

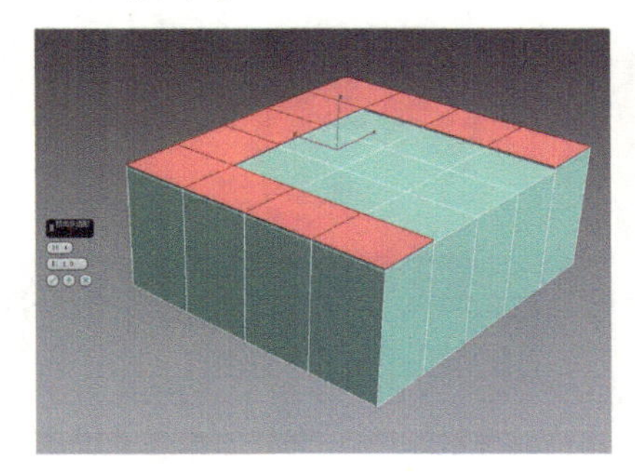

图 5-1-4

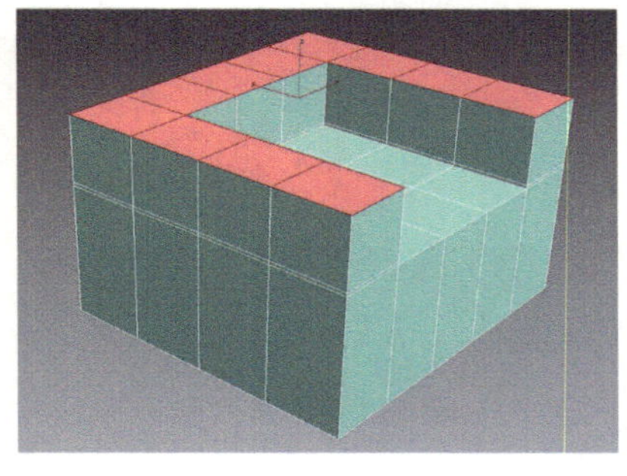

图 5-1-5

4. 选择沙发模型靠背模型面，单击 编辑多边形 展卷栏下的 挤出 【设置】按钮，高度：20。单击主工具栏中【缩放】按钮，沿 X 轴缩放，如图 5-1-6 所示。

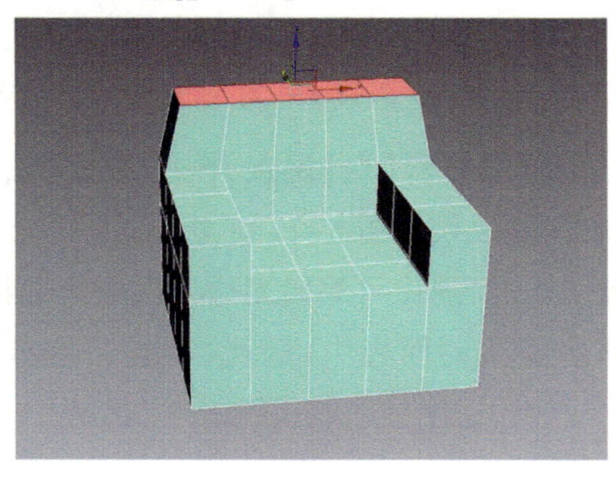

图 5-1-6

5. 选择沙发模型靠背中部的三个面,单击 编辑多边形 展卷栏下的 挤出 【设置】按钮,高度:20,单击主工具栏中【缩放】按钮,沿 X 轴缩放,如图 5-1-7 所示。选择沙发扶手的面,单击 编辑多边形 展卷栏下的 挤出 【设置】按钮,高度:2,使用缩放工具,沿 X、Y 轴缩放,如图 5-1-8 所示。

6. 进入【可编辑多边形】中的【点】层级,在左视图中,选择【移动】工具对沙发靠背进行调整,如图 5-1-9 所示。为了让模型底部的楞角分明一些,选择模型底部所有的面,使用 挤出 【设置】按钮,高度:1,如图 5-1-10 所示。

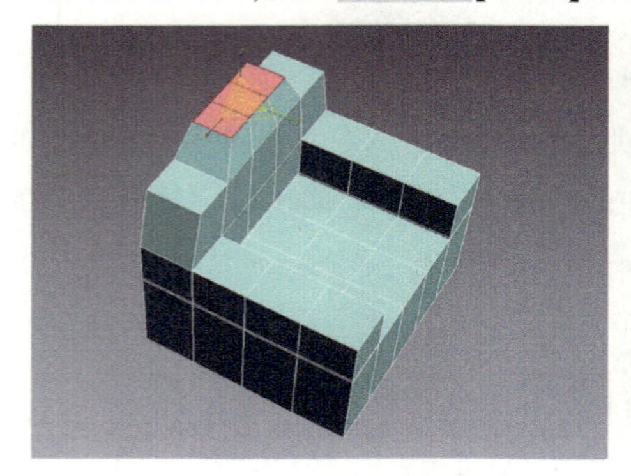

图 5-1-7

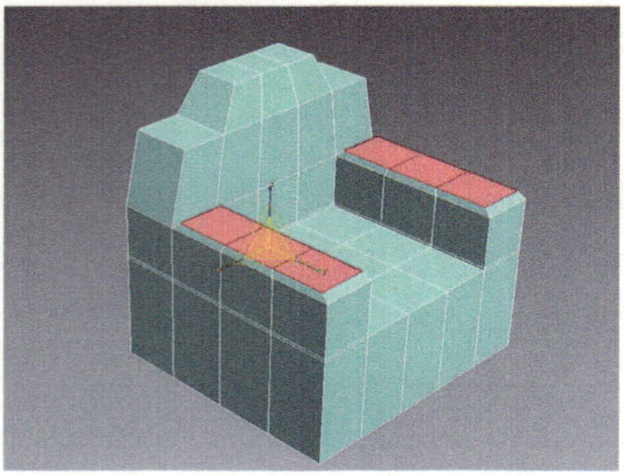

图 5-1-8

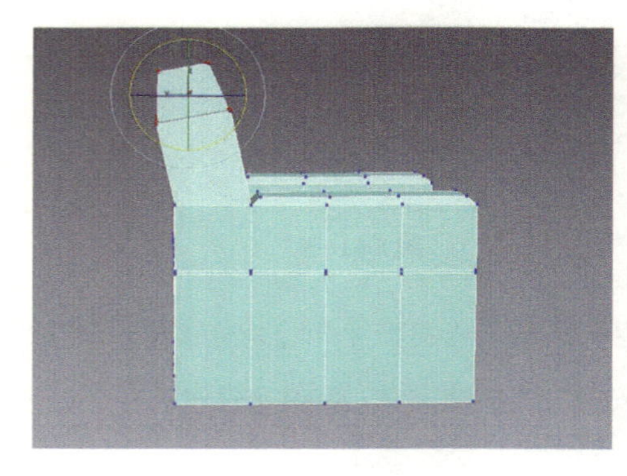

图 5-1-9

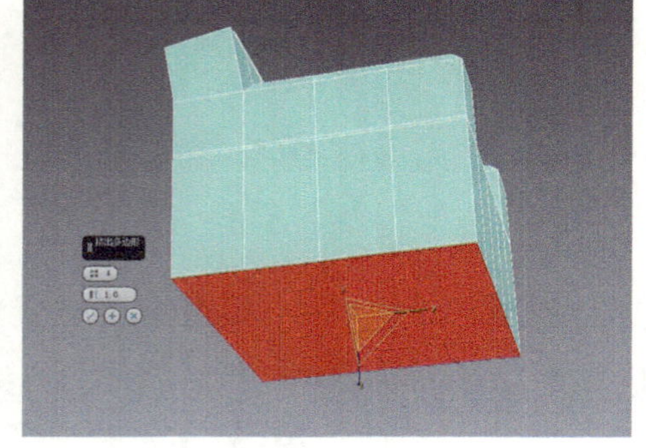

图 5-1-10

7. 进入【可编辑多边形】中的【点】层级,在顶视图中,使用【移动】工具调整沙发靠背上的点,最后调整效果如图 5-1-11 所示。

8. 在键盘上按下数字 6 键(退出可编辑多边形次物体选择),右击,选择【NURMS 切换】命令,在细分曲面活动面板中,迭代次数:3,完成沙发模型制作,如图 5-1-12 所示。

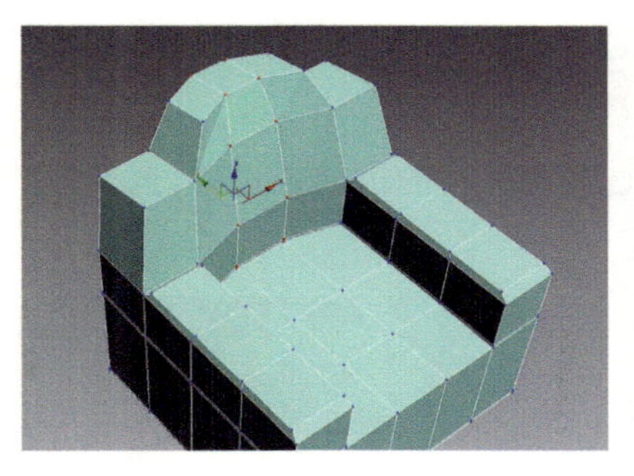
图 5-1-11

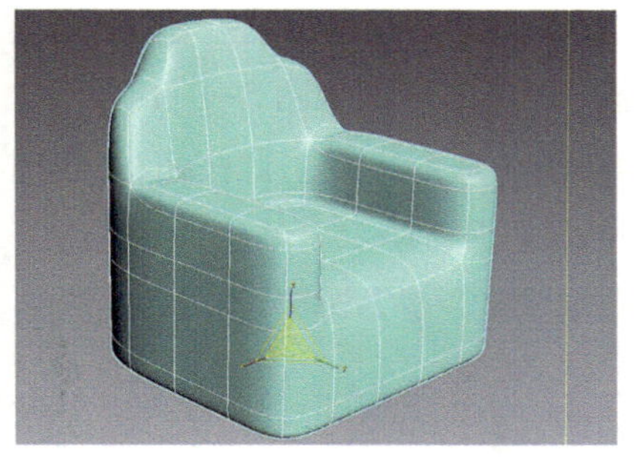
图 5-1-12

操作思考

问题 1. 在使用可编辑多边形命令挤出命令时,经常会发生挤出方形不对是什么原因?

问题 2. 使用 NURMS 切换命令时,迭代次数选择多少合适?

知识点梳理

1. 选择 选择面板参数

(点):以顶点为最小单位进行选择。

(边):以边为最小单位进行选择。

(边界):用于选择开放的边。

(多边形):以四边形面为最小单位进行选择。

(元素):以元素为最小单位进行选择。

收缩 (收缩):点击此按钮,对当前选择的次物体集进行外围方向的收缩选择。选择顶点的收缩如图 5-1-13 所示。

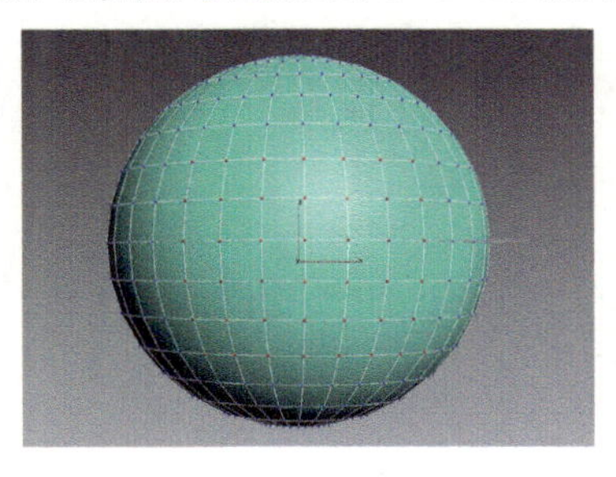
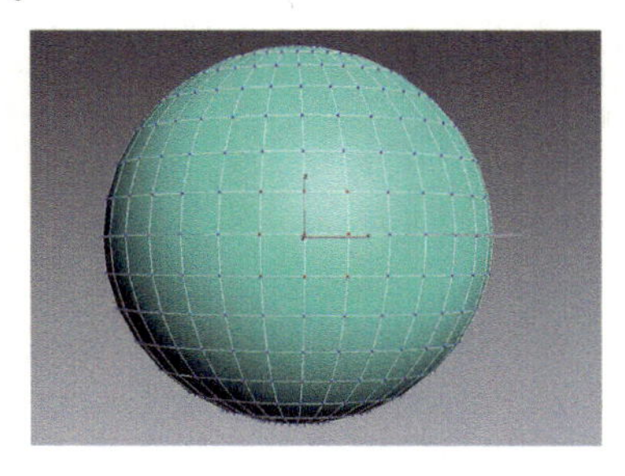
图 5-1-13

扩大（扩大）：点击此按钮，对当前选择的次物体集进行外围方向的扩大选择。选择顶点的扩大如图 5-1-14 所示。

环形（环形）：点击此按钮，与当前选择边平行的边会被选择，选择边的环形如图 5-1-15 所示。

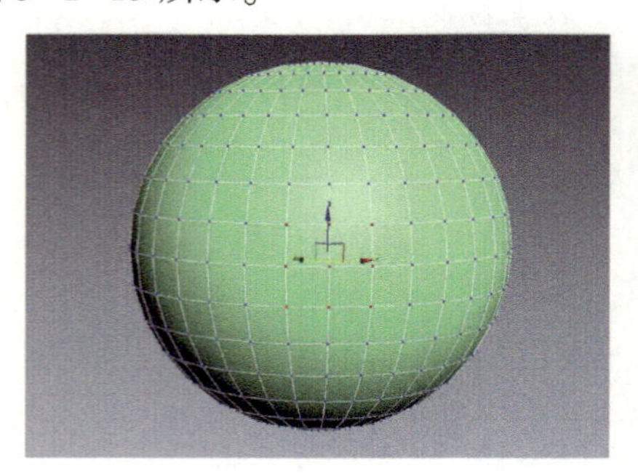
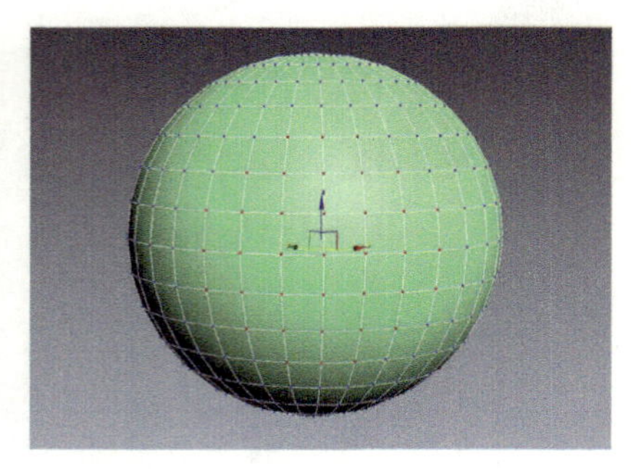

图 5-1-14

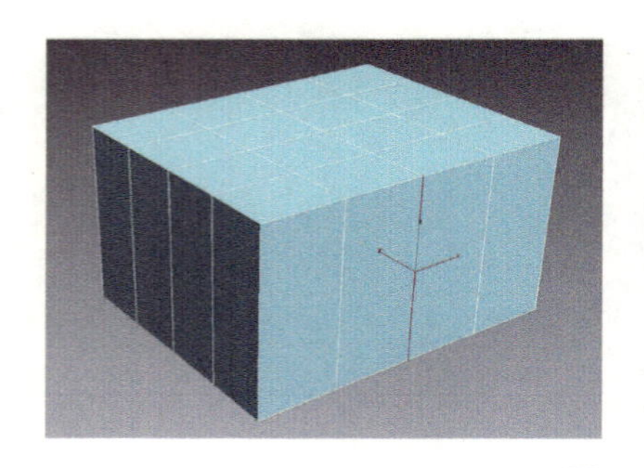
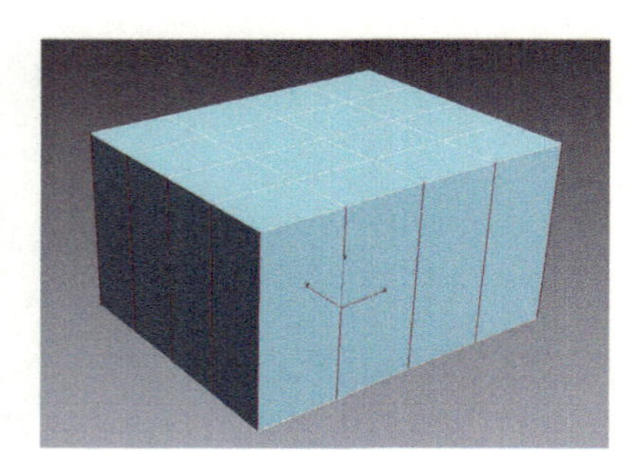

图 5-1-15

循环（循环）：选择此按钮，与当前选择边相连的边会被选择。选择边的循环如图 5-1-16 所示。

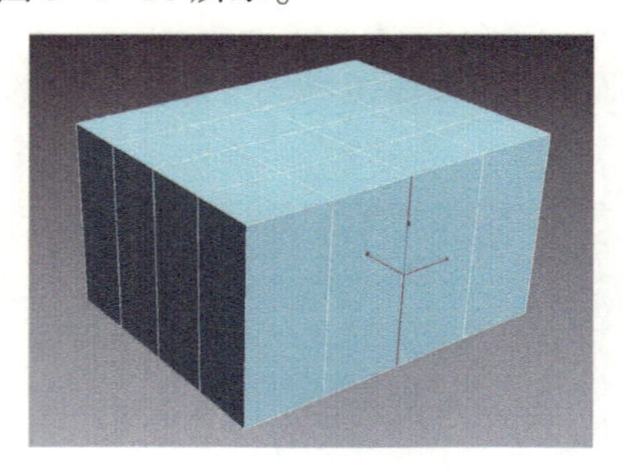
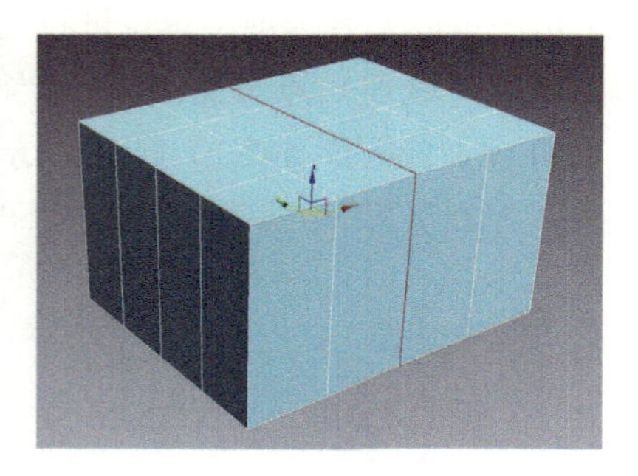

图 5-1-16

2. 编辑顶点 编辑顶点面板参数

移除：移除当前选择的顶点。区别于键盘 Delete（删除），Delete（删除）会破坏可编辑多边形建模表面，而移除命令只是移除顶点，物体表面保持完整。移除前如图 5-1-17 所示，移除后如图 5-1-18 所示。

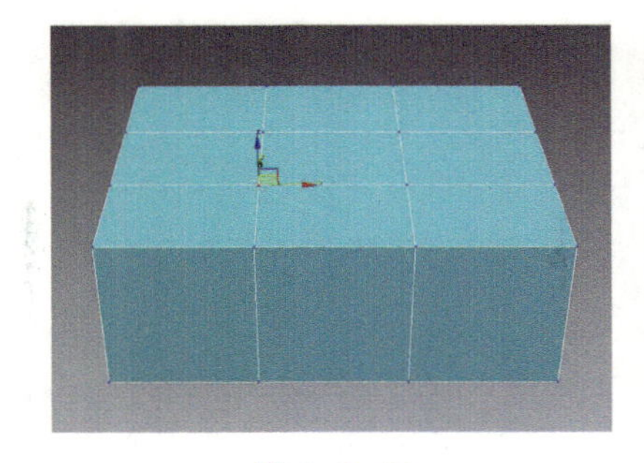

图 5-1-17

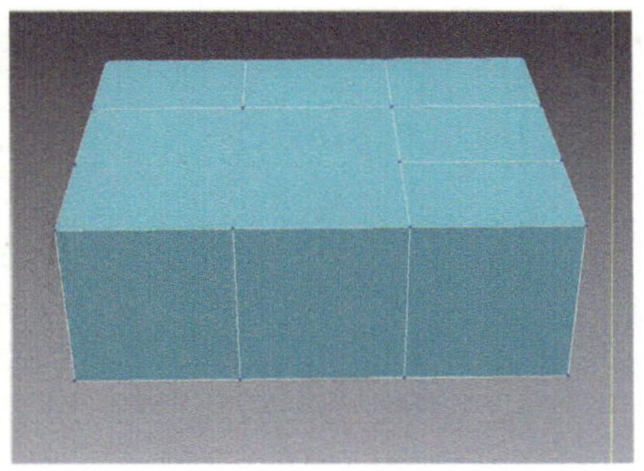

图 5-1-18

断开：相邻的物体表面不再共享一个连接点，而是各自独立的点。断开前如图 5-1-19 所示，断开后如图 5-1-20 所示。

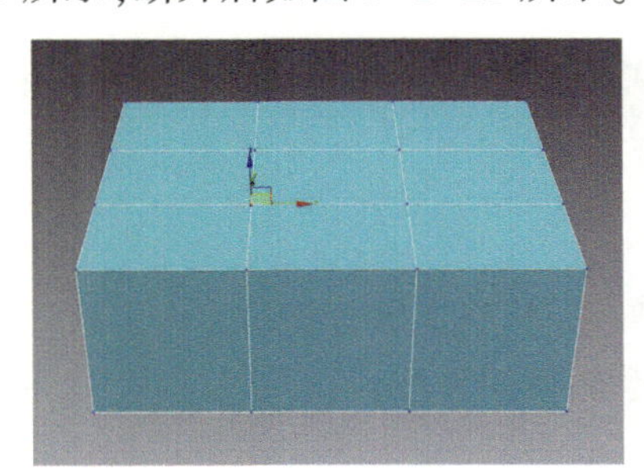

图 5-1-19

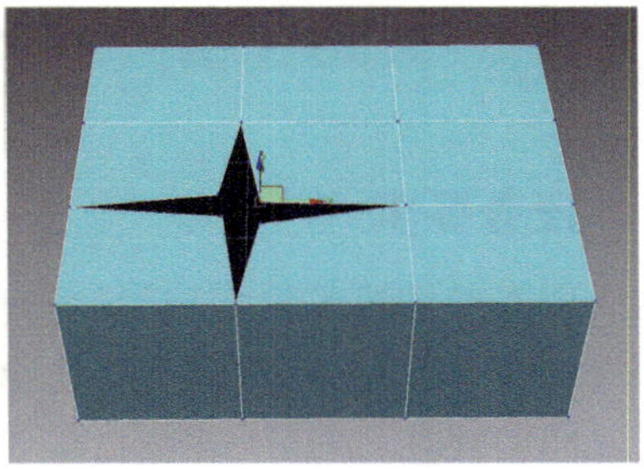

图 5-1-20

焊接：用于顶点的焊接操作。选择需要焊接的顶点后，在数值范围内的顶点会焊接到一起。

目标焊接：将选择的顶点拖拽到另一个顶点上，这样两点会自动焊接。（必须是一个面上相邻的两个点）

焊接前如图 5-1-21 所示，焊接后如图 5-1-22 所示。

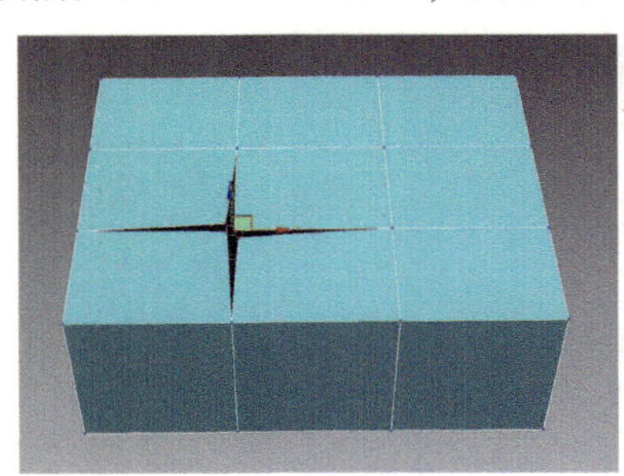

图 5-1-21

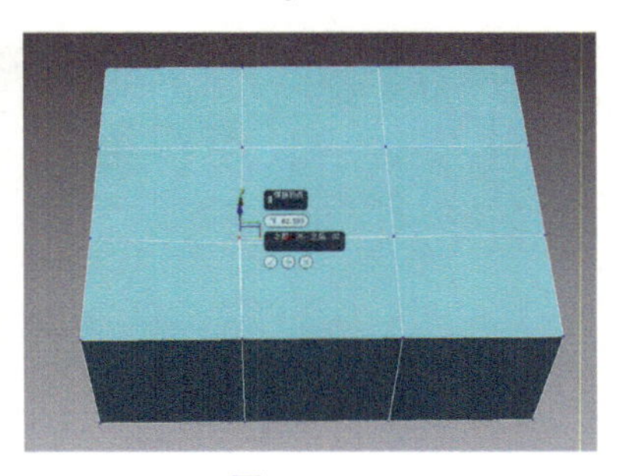

图 5-1-22

连接：选择两个顶点，按下连接命令按钮，会生成一条新的边（必须是一个面上相邻的两个点）。连接前如图 5-1-23 所示，连接后如图 5-1-24 所示。

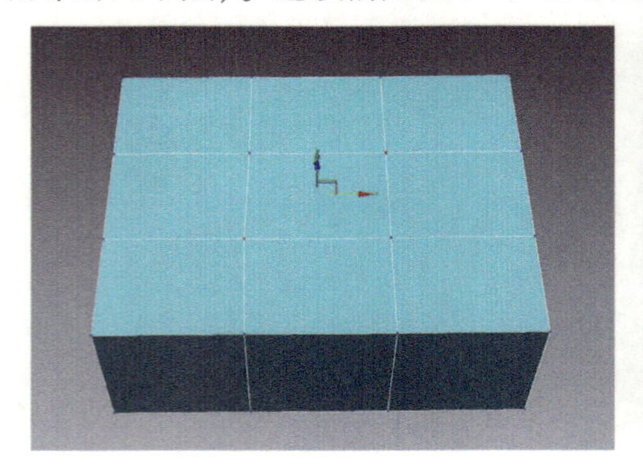

图 5-1-23

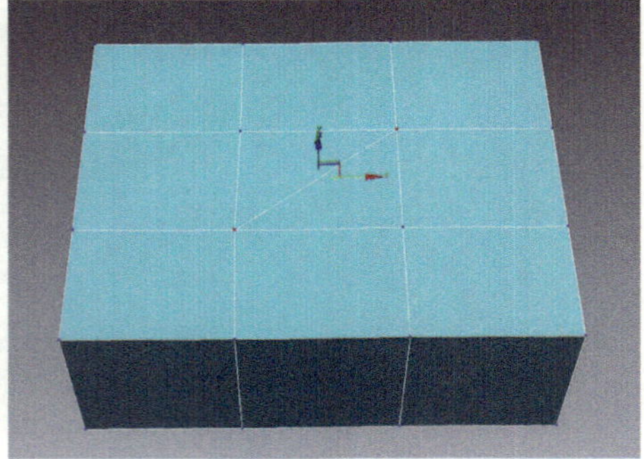

图 5-1-24

拓展任务 使用可编辑多边形命令制作单人靠椅沙发模型

一、任务要求

1. 本次任务使用可编辑多边形制作单人靠椅沙发模型。
2. 本次任务重点是掌握环形、连接命令的使用方法。
3. 熟练使用移动、缩放工具编辑点。
4. 了解模型局部细节的制作方法。

单人靠椅沙发模型可参考图 5-1-25。

图 5-1-25

扫一扫，观看教学视频

二、实施步骤

1. 在顶视图中使用 +【创建】命令，建立出一个长方体，参数设置为长度：90，宽度：100，高度：40，长度分段数：1，宽度分段数：1，高度分段数：1，如图 5-1-26 所示。

2. 在键盘上按下 F4（显示边面），右击将模型转换为【可编辑多边形】的命令，进入【可编辑多边形】中的【边】层级，在透视图中选择模型的一个边，单击 选择 展卷栏下的 环形 按钮，单击 编辑边 展卷栏下的 连接 【设置】按钮，分段：2，收缩：70，单击确定，如图 5-1-27 所示。

图 5-1-26

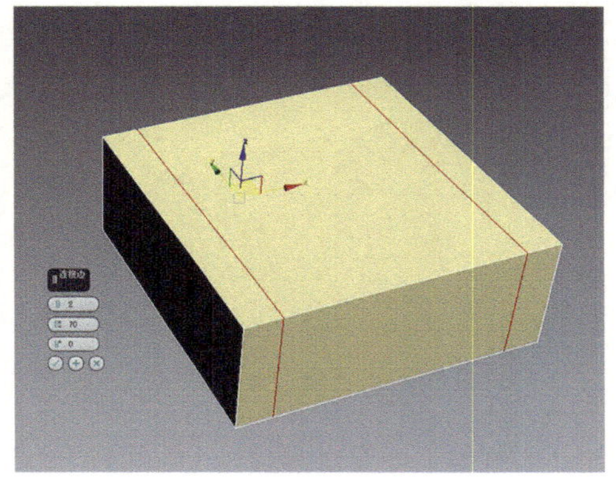

图 5-1-27

3. 在透视图中选择模型的一个边，单击 选择 展卷栏下的 环形 按钮，单击 编辑边 展卷栏下的 连接 【设置】按钮，分段：1，收缩：0，单击确定，选择移动工具，将线段移动到一侧，如图 5-1-28 所示。

4. 进入【可编辑多边形】中的【多边形】层级，在透视图中选择模型中的边缘面，单击 编辑多边形 展卷栏下的 挤出 【设置】按钮，高度：15，再次单击 挤出 【设置】按钮，高度：15，如图 5-1-29 所示。

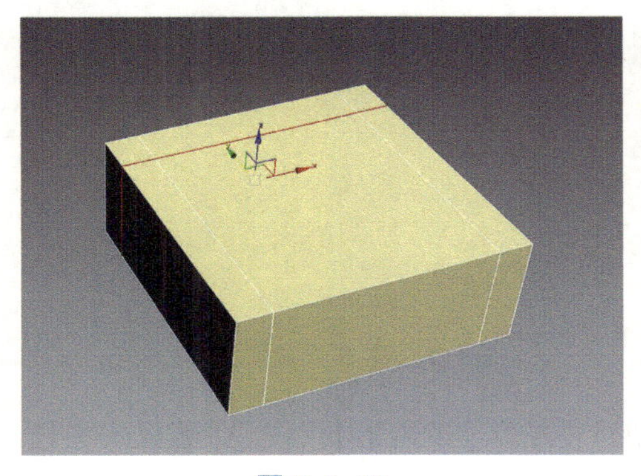

图 5-1-28

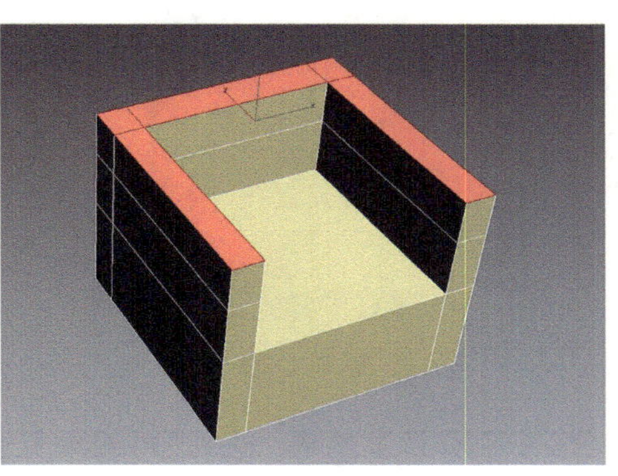

图 5-1-29

5. 进入【可编辑多边形】中的【边】层级，在透视图中选择模型的一个边，单击 选择 展卷栏下的 环形 按钮，单击 编辑边 展卷栏下的 连接 【设置】按钮，分段：3，单击确定，如图 5-1-30 所示。

6. 进入【可编辑多边形】中的【多边形】层级，在透视图中选择沙发模型中前面的面，单击 编辑多边形 展卷栏下的 挤出 【设置】按钮，高度：5，再次单击 挤出 【设置】按钮，高度：2，如图 5-1-31 所示。

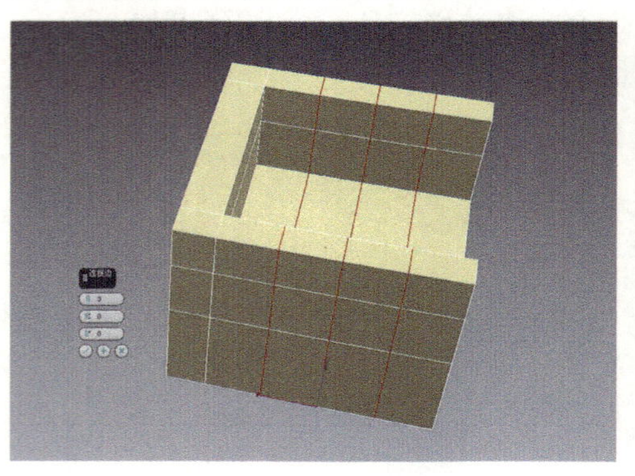

图 5-1-30

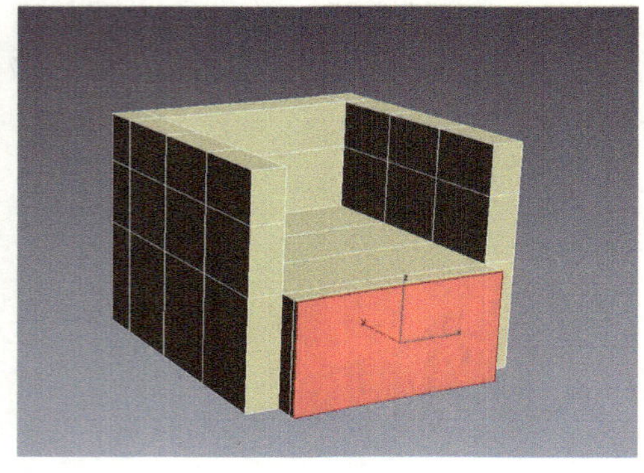

图 5-1-31

7. 进入【可编辑多边形】中的【边】层级，在透视图中选择沙发模型前面的一个边，单击 选择 展卷栏下的 环形 按钮，单击 编辑边 展卷栏下的 连接 【设置】按钮，分段：2，单击确定，如图 5-1-32 所示。

8. 进入【可编辑多边形】中的【点】层级，在顶视图，选择沙发靠背中间的点向后移动，在左视图中，调整沙发侧面的点，最后调整效果如图 5-1-33 所示。

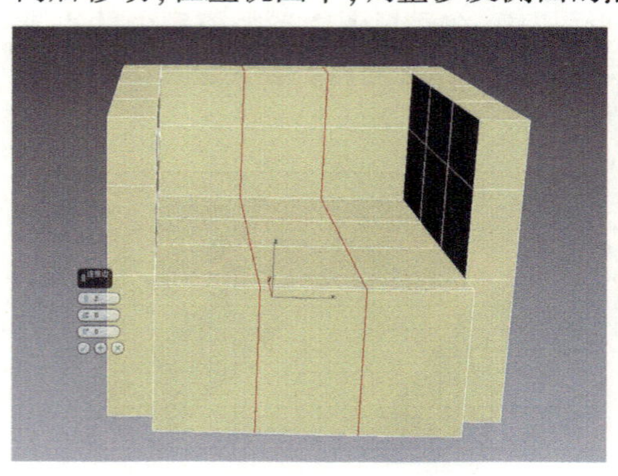

图 5-1-32

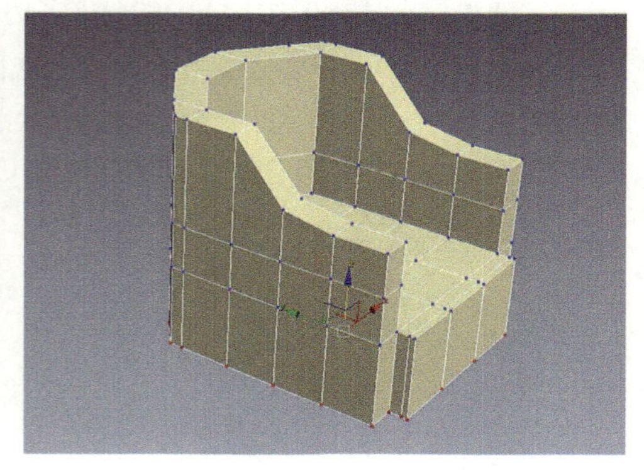

图 5-1-33

9. 制作沙发坐垫。进入【可编辑多边形】中的【多边形】层级，在透视图中选择沙发模型中坐垫位置的面，单击 编辑多边形 展卷栏下的 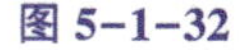 挤出 【设置】按钮，

高度:2,在主工具栏中选择【缩放】工具,向内缩小,如图 5-1-34 所示。

10. 单击 编辑多边形 展卷栏下的 插入 按钮旁【设置】按钮,数量:1,单击 挤出 【设置】按钮,高度:1。单击 挤出 【设置】按钮,高度:4,再次单击 挤出 按钮旁【设置】按钮,高度:1。选择【缩放】工具,向内缩小,完成沙发坐垫模型制作,如图 5-1-35 所示。

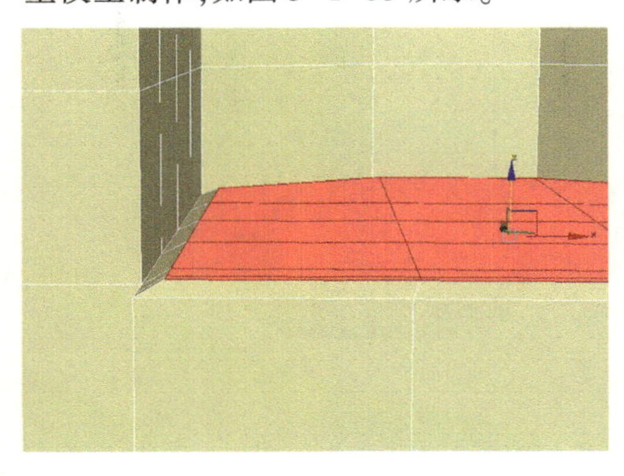

图 5-1-34

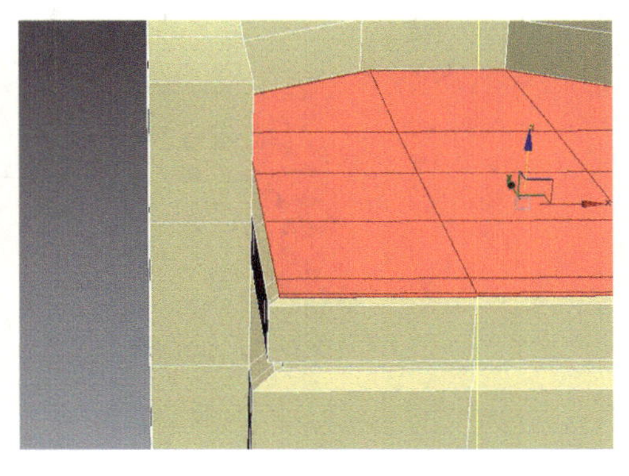

图 5-1-35

11. 选择沙发底部所有的面,单击 挤出 【设置】按钮,高度:1,如图 5-1-36 所示。

12. 在键盘上按下数字 6 键(退出可编辑多边形次物体选择),右击,选择【NURMS 切换】命令,在细分曲面活动面板中,迭代次数:3,完成沙发模型制作,如图 5-1-37 所示。

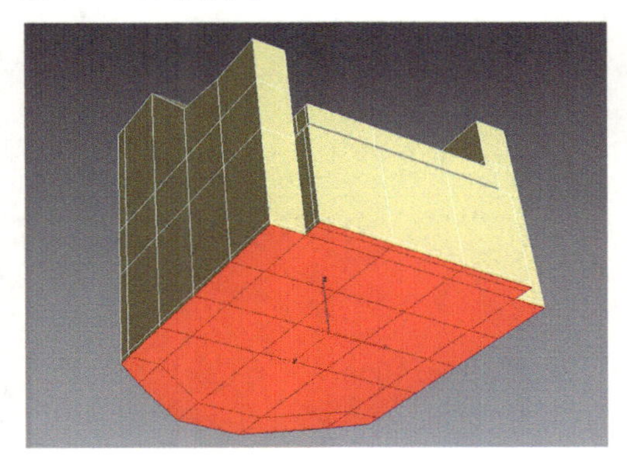

图 5-1-36

图 5-1-37

设计师点拨

基本几何体添加可编辑多边形命令后，经过编辑调整细分圆滑后（NURMS），物体表面变得光滑，可编辑多边形命令是制作曲面模型非常好的命令，如图 5-1-38 所示。

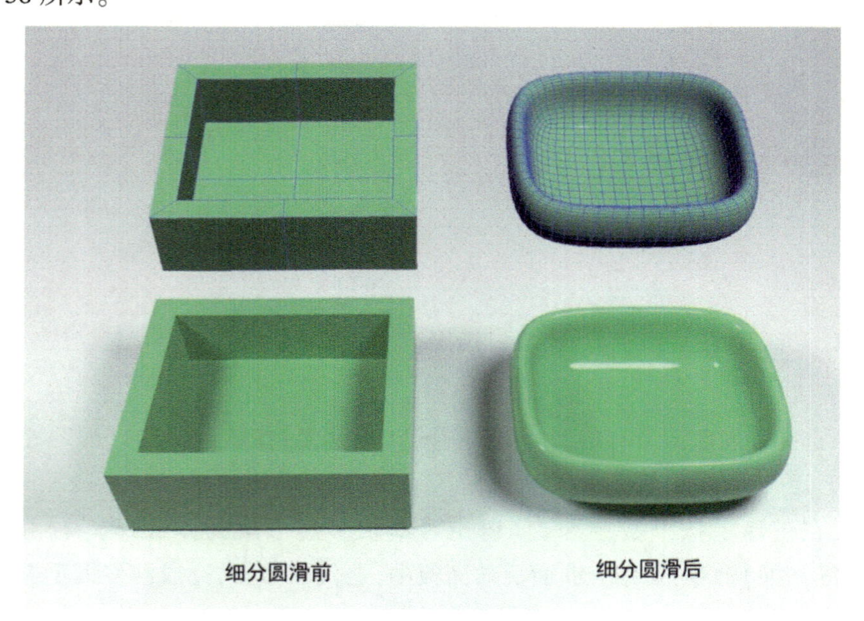

图 5-1-38

资料库　CAD 建筑绘图家具标准尺寸——客厅篇

名称		尺寸(单位:厘米)	备注
电视柜		深度:45~60,高度:60~70	
沙发	单人式	长度:80~95,深度:85~90;坐垫高:35~42;背高:70~90	
	双人式	长度:126~150;深度:80~90	
	三人式	长度:175~196;深度:80~90	
	四人式	长度:232~252;深度 80~90	
茶几	小型	长方形:长度 60~75;宽度 45~60;高度 38~50(38 最佳)	
	中型	长方形:长度 120~135;宽度 38~50 或者 60~75 正方形:长度 75~90;高度 43~50	
	大型	长方形:长度 150~180;宽度 60~80;高度 33~42(33 最佳) 圆形:直径 75,90,105,120;高度:33~42。 正方形:宽度 90,105,120,135,150;高度 33~42	
吊灯		大吊灯最小高度:240	
壁灯		壁灯高:150~180	
灯槽		反光灯槽最小直径:等于或大于灯管直径两倍	
开关		照明开关高:100	

学习笔记

学生主导任务A 圆形休闲单人沙发模型制作任务单和评价单

圆形休闲单人沙发模型制作任务单

任务名称	圆形休闲单人沙发模型制作		
效果图			
主体模型制作步骤示意图	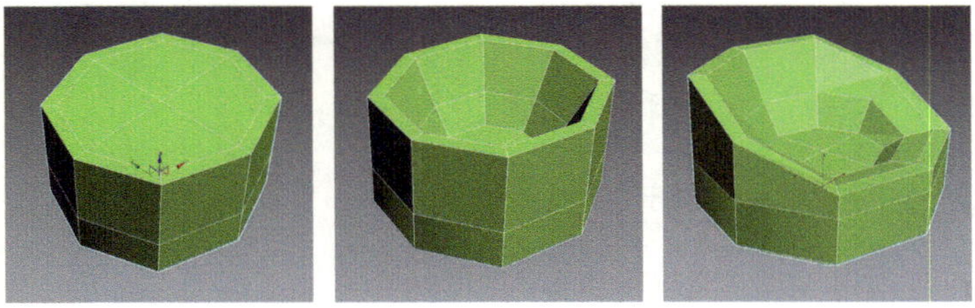		
学生姓名		同组成员	
任务目的	1. 巩固学生学习的知识和技能,要求学生独立完成圆形休闲单人沙发模型制作。 2. 培养学生曲面建模的能力。 3. 能够举一反三,训练学生的分析能力和解决问题的能力。		
任务重点	1. 熟练运用可编辑多边形命令创建模型。 2. 熟练使用挤出、插入命令。		
任务要求	1. 使用可编辑多边形命令制作圆形休闲单人沙发模型。 2. 依照图片,同学们独立完成模型制作。 3. 造型比例符合图片要求。 4. 提交文件名为:作业名称-姓名-班级,MAX 格式文件,不渲染。		
学分	圆形休闲单人沙发模型制作:0.2 学分。		

圆形休闲单人沙发模型制作任务评价单

<table>
<tr><td>姓名</td><td colspan="2"></td><td colspan="10">任务名称</td></tr>
<tr><td rowspan="2">项目</td><td rowspan="2">评价要点及标准</td><td colspan="3">自评</td><td colspan="3">他评</td><td colspan="3">师评</td></tr>
<tr><td>A</td><td>B</td><td>C</td><td>A</td><td>B</td><td>C</td><td>A</td><td>B</td><td>C</td></tr>
<tr><td rowspan="4">课堂状态</td><td>注意力是否集中</td><td></td><td></td><td></td><td></td><td></td><td></td><td></td><td></td><td></td></tr>
<tr><td>学习是否主动</td><td></td><td></td><td></td><td></td><td></td><td></td><td></td><td></td><td></td></tr>
<tr><td>练习是否认真</td><td></td><td></td><td></td><td></td><td></td><td></td><td></td><td></td><td></td></tr>
<tr><td>学习热情是否高涨</td><td></td><td></td><td></td><td></td><td></td><td></td><td></td><td></td><td></td></tr>
<tr><td rowspan="5">学习策略</td><td>认真预习</td><td></td><td></td><td></td><td></td><td></td><td></td><td></td><td></td><td></td></tr>
<tr><td>不耻下问</td><td></td><td></td><td></td><td></td><td></td><td></td><td></td><td></td><td></td></tr>
<tr><td>敢于面对困难</td><td></td><td></td><td></td><td></td><td></td><td></td><td></td><td></td><td></td></tr>
<tr><td>勤于动手实践</td><td></td><td></td><td></td><td></td><td></td><td></td><td></td><td></td><td></td></tr>
<tr><td>善于思考</td><td></td><td></td><td></td><td></td><td></td><td></td><td></td><td></td><td></td></tr>
<tr><td rowspan="3">知识目标</td><td></td><td></td><td></td><td></td><td></td><td></td><td></td><td></td><td></td><td></td></tr>
<tr><td></td><td></td><td></td><td></td><td></td><td></td><td></td><td></td><td></td><td></td></tr>
<tr><td></td><td></td><td></td><td></td><td></td><td></td><td></td><td></td><td></td><td></td></tr>
<tr><td rowspan="3">技能目标</td><td></td><td></td><td></td><td></td><td></td><td></td><td></td><td></td><td></td><td></td></tr>
<tr><td></td><td></td><td></td><td></td><td></td><td></td><td></td><td></td><td></td><td></td></tr>
<tr><td></td><td></td><td></td><td></td><td></td><td></td><td></td><td></td><td></td><td></td></tr>
<tr><td>反思</td><td colspan="10"></td></tr>
</table>

学生主导任务B 美式风格单人沙发模型制作任务单和评价单

美式风格单人沙发模型制作任务单

任务名称	美式风格单人沙发模型制作		
效果图			
主体模型制作步骤示意图			
学生姓名		同组成员	
任务目的	1. 巩固学生学习的知识和技能,要求学生独立完成美式风格单人沙发模型制作。 2. 培养学生的建模能力。 3. 能够举一反三,训练学生的分析能力和解决问题的能力。		
任务重点	1. 熟练运用可编辑多边形命令创建模型。 2. 熟练运用挤出、连接命令创建模型。 3. 探索可编辑多边形制作沙发模型局部细节的的方法。		
任务要求	1. 使用可编辑多边形命令制作美式风格单人沙发模型。 2. 依照图片,同学们独立完成模型制作。 3. 造型比例符合图片要求。 4. 提交文件名为:作业名称-姓名-班级,MAX 格式文件,不渲染。		
学分	美式风格单人沙发模型制作:0.2 学分。		

美式风格单人沙发模型制作任务评价单

<table>
<tr><td>姓名</td><td></td><td>任务名称</td><td colspan="10"></td></tr>
<tr><td rowspan="2">项目</td><td rowspan="2">评价要点及标准</td><td colspan="3">自评</td><td colspan="3">他评</td><td colspan="3">师评</td></tr>
<tr><td>A</td><td>B</td><td>C</td><td>A</td><td>B</td><td>C</td><td>A</td><td>B</td><td>C</td></tr>
<tr><td rowspan="4">课堂状态</td><td>注意力是否集中</td><td></td><td></td><td></td><td></td><td></td><td></td><td></td><td></td><td></td></tr>
<tr><td>学习是否主动</td><td></td><td></td><td></td><td></td><td></td><td></td><td></td><td></td><td></td></tr>
<tr><td>练习是否认真</td><td></td><td></td><td></td><td></td><td></td><td></td><td></td><td></td><td></td></tr>
<tr><td>学习热情是否高涨</td><td></td><td></td><td></td><td></td><td></td><td></td><td></td><td></td><td></td></tr>
<tr><td rowspan="5">学习策略</td><td>认真预习</td><td></td><td></td><td></td><td></td><td></td><td></td><td></td><td></td><td></td></tr>
<tr><td>不耻下问</td><td></td><td></td><td></td><td></td><td></td><td></td><td></td><td></td><td></td></tr>
<tr><td>敢于面对困难</td><td></td><td></td><td></td><td></td><td></td><td></td><td></td><td></td><td></td></tr>
<tr><td>勤于动手实践</td><td></td><td></td><td></td><td></td><td></td><td></td><td></td><td></td><td></td></tr>
<tr><td>善于思考</td><td></td><td></td><td></td><td></td><td></td><td></td><td></td><td></td><td></td></tr>
<tr><td rowspan="3">知识目标</td><td></td><td></td><td></td><td></td><td></td><td></td><td></td><td></td><td></td><td></td></tr>
<tr><td></td><td></td><td></td><td></td><td></td><td></td><td></td><td></td><td></td><td></td></tr>
<tr><td></td><td></td><td></td><td></td><td></td><td></td><td></td><td></td><td></td><td></td></tr>
<tr><td rowspan="3">技能目标</td><td></td><td></td><td></td><td></td><td></td><td></td><td></td><td></td><td></td><td></td></tr>
<tr><td></td><td></td><td></td><td></td><td></td><td></td><td></td><td></td><td></td><td></td></tr>
<tr><td></td><td></td><td></td><td></td><td></td><td></td><td></td><td></td><td></td><td></td></tr>
<tr><td>反思</td><td colspan="10"></td></tr>
</table>

课后作业任务单

任务名称	现代风格单人沙发模型制作
作业要求	1. 同学们利用课后时间，依照现代风格单人沙发模型的效果图，用我们本节任务所学的可编辑多边形命令完成模型创建。（同学们开始制作时，先不要看下页的制作要领提示，就看效果图，以此锻炼同学们的分析和解决问题的能力。） 2. 沙发模型的一些细节制作需要同学们提前自学下一个任务命令，锻炼同学们的自学能力。 3. 本次任务模型制作难度较大，目的是让同学们自学、探索、思考，为将来的学习做准备。 4. 课后作业任务有一定的难度，鼓励同学们大胆探索、发现问题、提出问题，以此培养同学们不怕苦、不怕累，克服困难，耐心坚持和不轻易放弃的抗压能力和创新能力。
效果图	
分解图	

<table>
<tr><td>前视图
左视图</td><td colspan="2">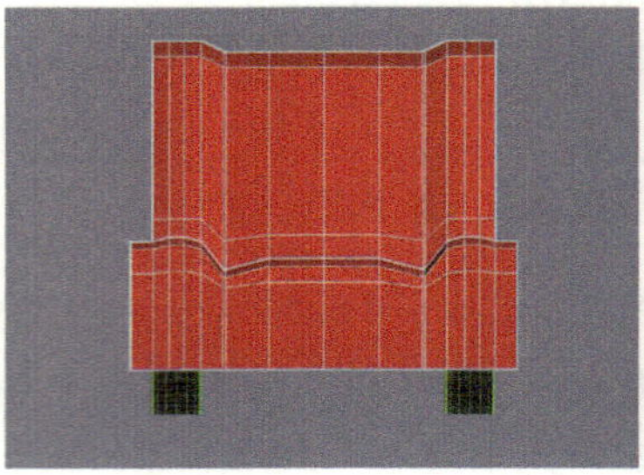 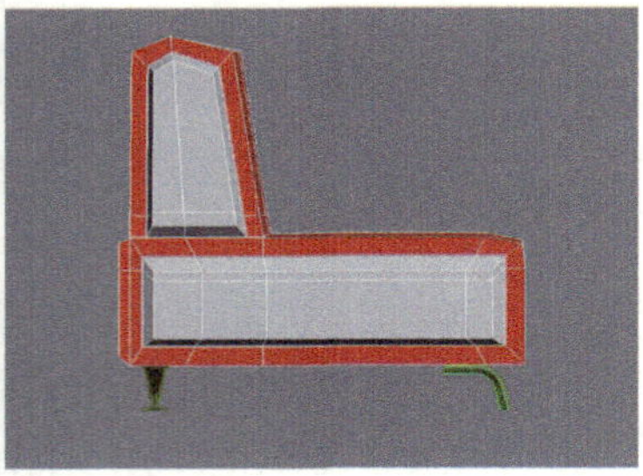</td></tr>
<tr><td>本节任务
知识技能</td><td>模型部件名称：
沙发主体模型
靠垫模型
制作要领提示：
可编辑多边形
挤出
插入</td><td>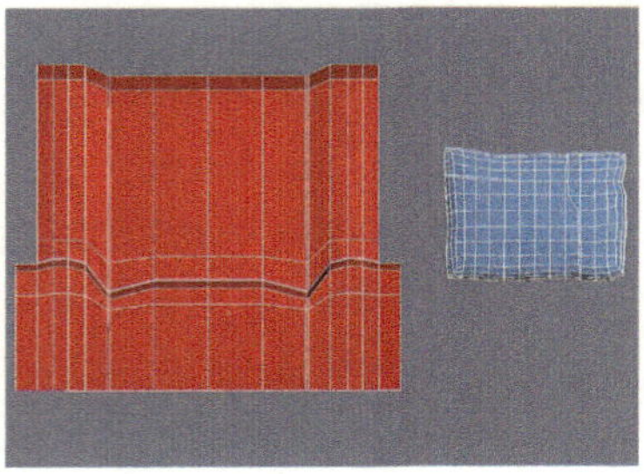</td></tr>
<tr><td>复习
知识技能</td><td>模型部件名称：
沙发腿模型
制作要领提示：
车削命令
放样命令</td><td>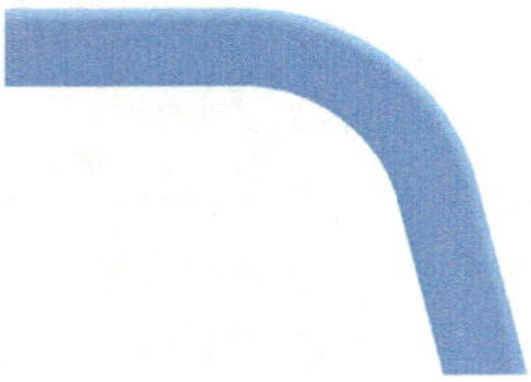 </td></tr>
<tr><td>自学
知识技能</td><td>模型部件名称：
沙发主体模型细节制作技巧
制作要领提示：
可编辑多边形中的切角、连接命令</td><td> 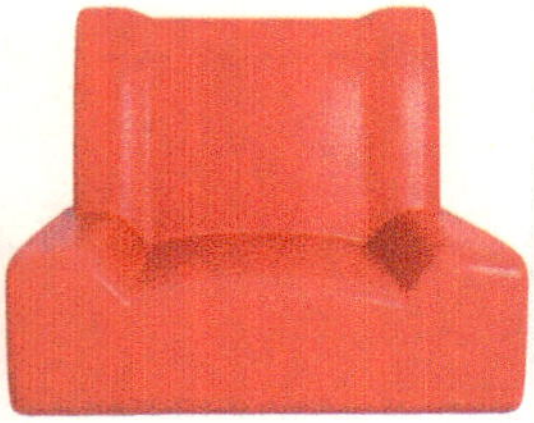</td></tr>
</table>

学习笔记

任务 2
使用可编辑多边形命令制作多人沙发模型

任务描述

一、任务介绍

通过学习上一个任务，同学们掌握了可编辑多边形建模的操作流程和建模方法，本次任务通过使用可编辑多边形命令制作多人沙发模型，掌握模型外观成型规律，其重点和难点是模型外观形状的控制方法。本节任务同学们需要掌握的是包括挤出、环形、连接、切角等增加线段的命令。多人沙发模型可参考图 5-2-1。

图 5-2-1

二、任务目标

任务表

教师主导教学任务	学生主导制作任务
典型任务：使用可编辑多边形命令制作双人沙发模型	任务 A：制作异形休闲多人沙发模型
拓展任务：使用可编辑多边形命令制作现代风格多人沙发模型	任务 B：制作美式风格双人沙发模型

知识目标

1. 能叙述 3ds Max 软件使用可编辑多边形创建模型的成型规律。

2. 能叙述 3ds Max 软件可编辑多边形命令中的挤出、环形、连接、切角等增加线段的命令的使用方法。

技能目标

1. 能用可编辑多边形命令，制作曲面模型，并能控制物体外观形状。

2. 能熟练使用可编辑多边形命令制作多人沙发，掌握可编辑多边形创建模型的成型规律。

素养目标

1. 借由连接命令，引导学生懂得职场沟通的重要性，让大家学会多和他人沟通交流，多听取他人的意见和建议。

2. 培养学生面对困难时良好的积极心态，使其具备分析、归纳、总结问题的能力。

典型任务 使用可编辑多边形命令制作双人沙发模型

一、任务要求

1. 本次任务重点是通过可编辑多边形命令制作双人沙发模型，掌握模型外观成型规律。

2. 运用挤出、连接命令生成物体的新面，体会边线数量对模型外观的影响。

3. 熟练使用挤出命令，并正确设置参数。

4. 双人沙发模型外观比例适中，美观大方。

双人沙发模型可参考图5-2-2。

图 5-2-2

扫一扫，观看教学视频

二、实施步骤

1. 在顶视图中使用 +【创建】命令，建立出一个长方体，参数设置为长度：80，宽度：120，高度：40，长度分段数：1，宽度分段数：1，高度分段数：1，如图5-2-3所示。

2. 在键盘上按F4键（显示边面），右击将模型转换为【可编辑多边形】的命令，进入【可编辑多边形】中的【边】层级，在透视图中选择模型的一个边，单击

选择 展卷栏下的 环形 按钮。单击 编辑边 展卷栏下的 连接 □【设置】按钮，分段：2，收缩：70，单击确定，如图 5-2-4 所示。

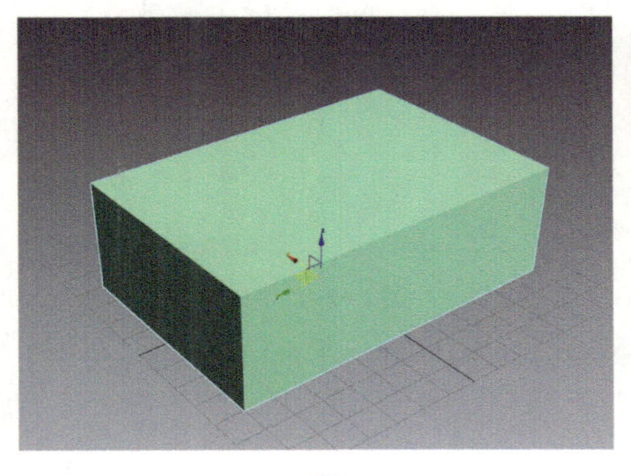

图 5-2-3

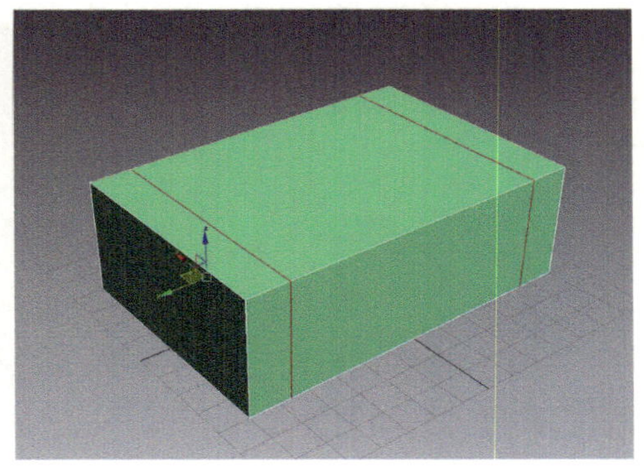

图 5-2-4

3. 制作沙发扶手。在透视图中选择模型上的一个边，单击 选择 展卷栏下的 环形 按钮，单击 编辑边 展卷栏下的 连接 □【设置】按钮，分段：1，收缩：0，单击确定，选择✥【移动】工具，将线段移动到一侧，如图 5-2-5 所示。

4. 进入【可编辑多边形】中的■【多边形】层级，在透视图中选择沙发模型两端的侧面，单击 编辑多边形 展卷栏下的 挤出 □【设置】按钮，高度：20，如图 5-2-6 所示。

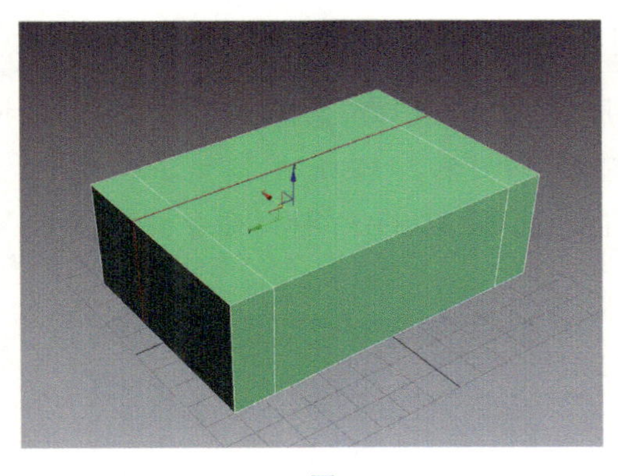

图 5-2-5

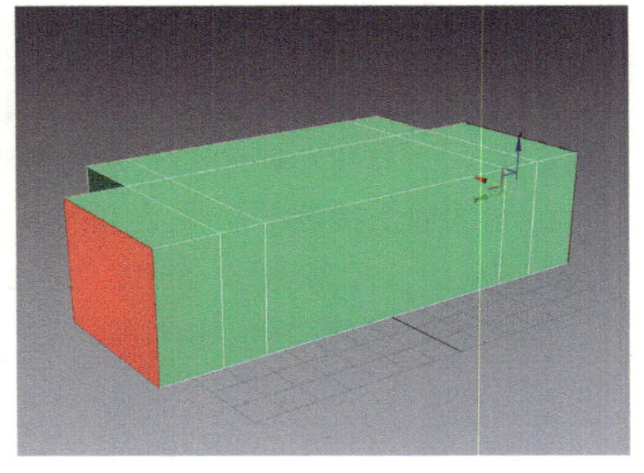

图 5-2-6

5. 选择扶手顶端的面，单击 编辑多边形 展卷栏下的 挤出 □【设置】按钮，高度：20，如图 5-2-7 所示。

6. 在透视图中选择扶手模型中两侧前面的面，单击 编辑多边形 展卷栏下的 挤出 □【设置】按钮，高度：20，如图 5-2-8 所示。

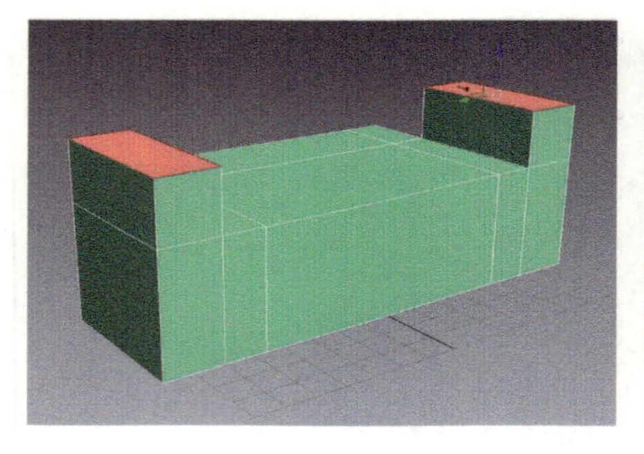

图 5-2-7

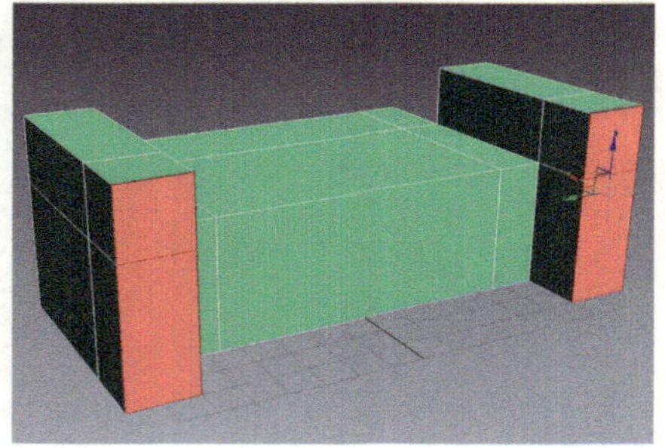

图 5-2-8

7. 选择沙发模型前端的边缘面,单击 编辑多边形 展卷栏下的 挤出 【设置】按钮,高度:25,如图 5-2-9 所示。

8. 选择沙发靠背中间的面,单击 编辑多边形 展卷栏下的 挤出 【设置】按钮,高度:60,如图 5-2-10 所示。

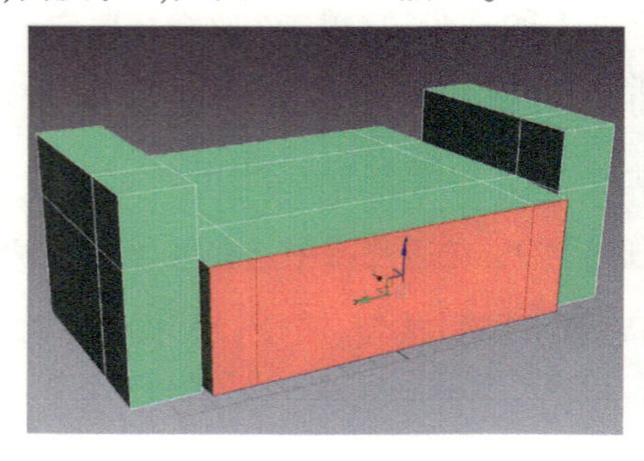

图 5-2-9

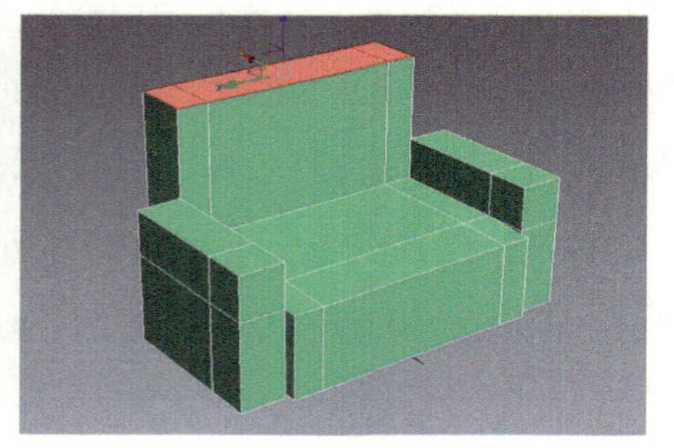

图 5-2-10

9. 进入【可编辑多边形】中的 【点】层级,在前视图中,选择沙发靠背中间的点向后移动,调整沙发侧面的点,最后调整效果如图 5-2-11 所示。

10. 在键盘上按数字 6 键,在视图中右击,选择【NURMS 切换】命令,在细分曲面活动面板中,迭代次数:3,如图 5-2-12 所示。

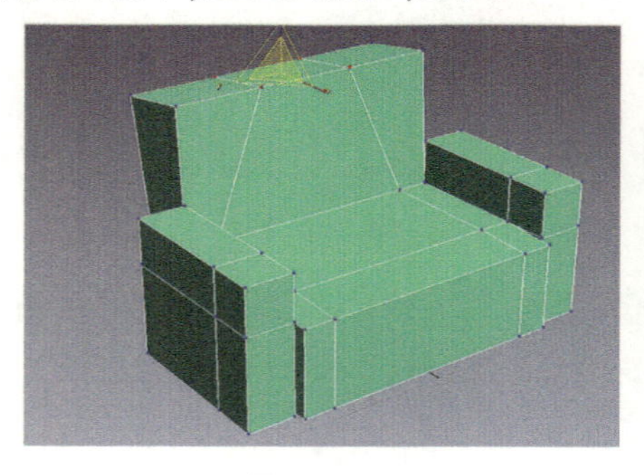

图 5-2-11

图 5-2-12

11. 制作沙发靠垫。在顶视图中使用＋【创建】命令，建立出一个长方体，参数设置为长度：45，宽度：45，高度：20，长度分段数：3，宽度分段数：3，高度分段数：1，如图 5-2-13 所示。

12. 在键盘上按 F4 键（显示边面），右击将模型转换为【可编辑多边形】的命令，右击，选择【NURMS 切换】命令，迭代次数：3，完成沙发模型制作，复制出另一个沙发靠垫，调整好位置，最终完成效果如图 5-2-14 所示。

图 5-2-13

图 5-2-14

操作思考

问题 1. 当删除物体表面的边线时，物体的表面也被删除，如何解决？

问题 2. 制作模型物体边缘硬边的方法有哪些？

知识点梳理

编辑边次物体级

移除：去除当前选择的边，被移除的边周围的面会重新进行结合，面不会破。移除命令使用前如图 5-2-15 所示，移除命令使用后如图 5-2-16 所示。

（提示：按下键盘 Delete 键也可以删除选择的边，不同的是 Delete 键在删除选择边的同时会将边所在的面一同删除，模型的表面会产生破洞；而使用移除命令不会删除边所在的表面）。

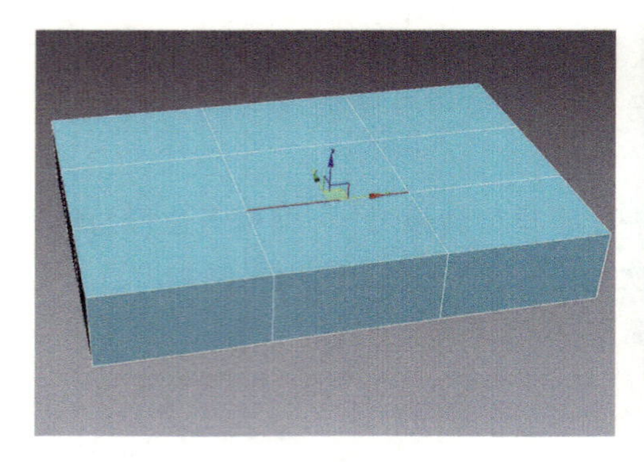

图 5-2-15

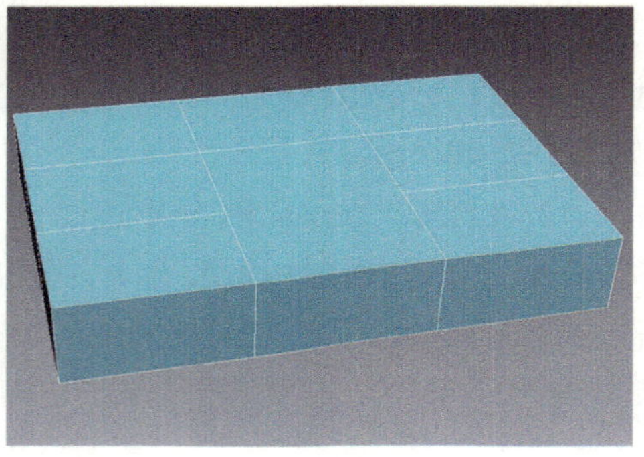

图 5-2-16

挤出：单击此按钮后，可以在视图中通过手动方式对选择边进行挤出操作，单击右侧的设置按钮，会弹出挤出对话框，可以对挤出高度、挤出宽度等参数进行设置。挤出命令使用前如图 5-2-17 所示，挤出命令使用后如图 5-2-18 所示。

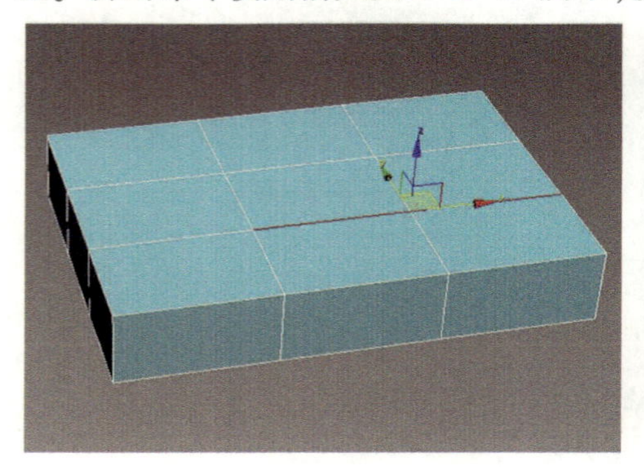

图 5-2-17

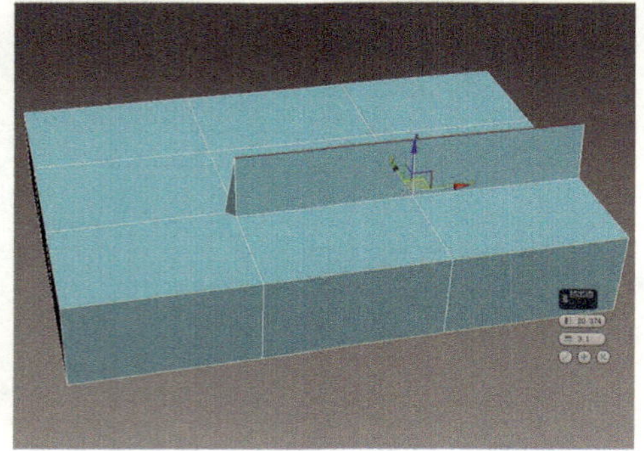

图 5-2-18

切角：单击此按钮，可手动对所选择的边进行切角处理，单击右侧设置按钮，可对切角量、连接边分段等参数进行设置，如图 5-2-19 所示。

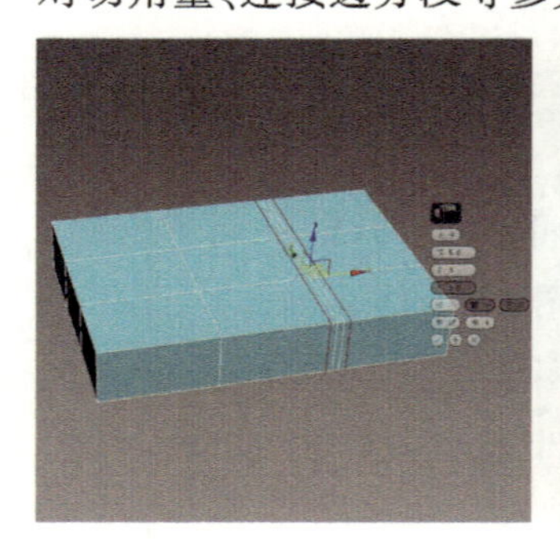

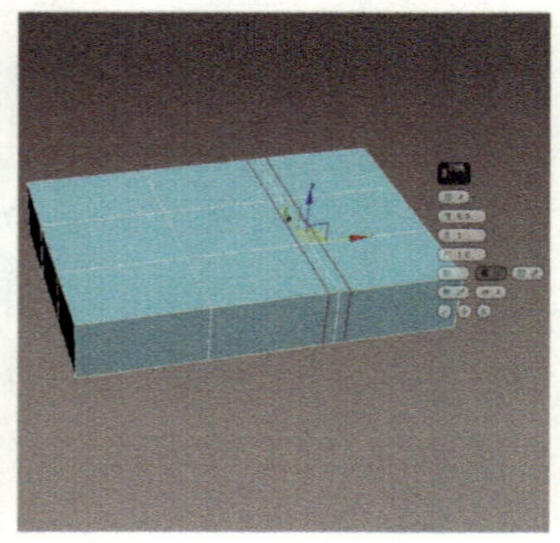

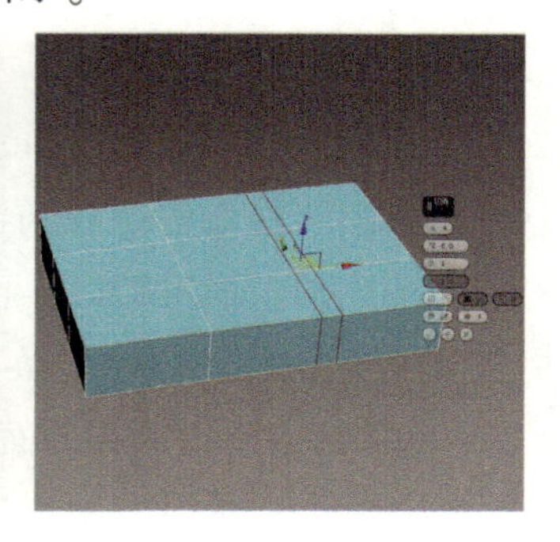

图 5-2-19

分割：单击此按钮，会将选择的边所连接的多边形面断开。分割命令使用前如图 5-2-20 所示，分割命令使用后如图 5-2-21 所示。

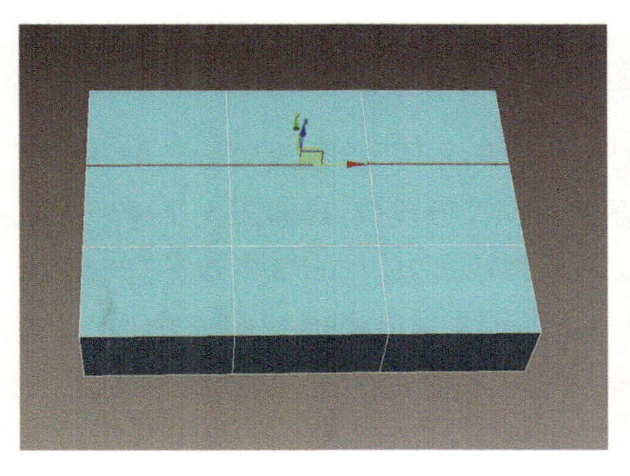

图 5-2-20

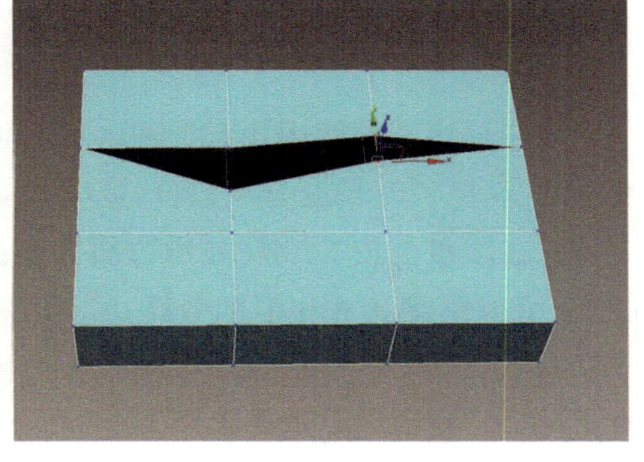

图 5-2-21

拓展任务 使用可编辑多边形命令制作现代风格多人沙发模型

一、任务要求

1. 本次任务的重点是运用可编辑多边形命令创建多人沙发模型,掌握模型外观成型规律。

2. 熟练运用挤出、连接、切角命令,并正确设置参数。

3. 体会边线数量和位置的不同对模型外观的影响。

4. 掌握物体外观形状局部细节硬边的制作方法。

现代风格多人沙发模型可参考图 5-2-22。

图 5-2-22

扫一扫,观看教学视频

二、实施步骤

1. 在顶视图中使用＋【创建】命令，创建一个长方体，参数设置为长度：85，宽度：195，高度：20，长度分段数：1，宽度分段数：1，高度分段数：1，如图 5-2-23 所示。

2. 在键盘上按 F4 键（显示边面），右击将模型转换为【可编辑多边形】的命令，进入【可编辑多边形】中的【边】层级，在透视图中选择模型的一个边，单击 选择 展卷栏下的 环形 按钮，单击 编辑边 展卷栏下的 连接 【设置】按钮，分段：2，收缩：80，单击确定，如图 5-2-24 所示。

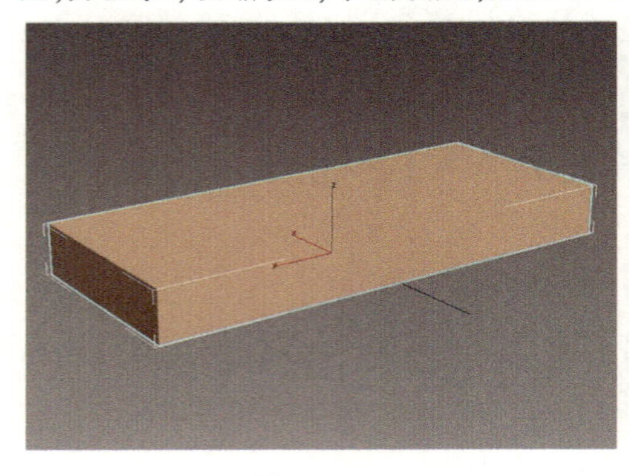

图 5-2-23

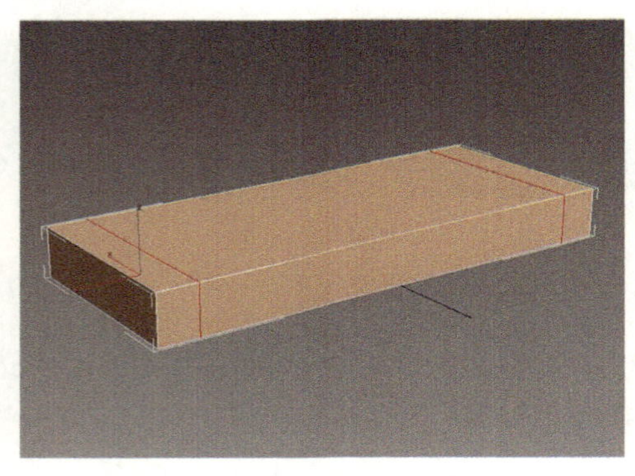

图 5-2-24

3. 制作沙发扶手。在透视图中选择模型的一个边，单击 选择 展卷栏下的 环形 按钮，单击 编辑边 展卷栏下的 连接 按钮旁【设置】按钮，分段：1，收缩：0，单击确定，选择移动工具，将线段移动到一侧，如图 5-2-25 所示。

4. 进入【可编辑多边形】中的【多边形】层级，在透视图中选择模型中的边缘面，单击 编辑多边形 展卷栏下的 挤出 【设置】按钮，高度：35，如图 5-2-26 所示。

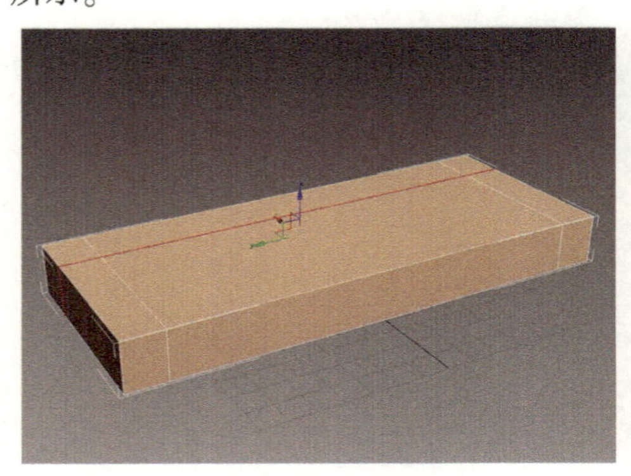

图 5-2-25

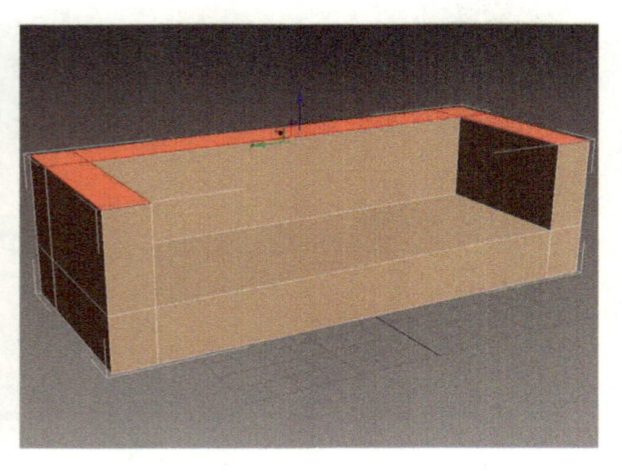

图 5-2-26

5. 选择靠背顶部的边缘面，单击 编辑多边形 展卷栏下的 挤出 【设置】按钮，高度：35，如图 5-2-27 所示。

6. 选择沙发模型前端的边缘面，单击 编辑多边形 展卷栏下的 挤出 【设置】按钮，高度：5，如图 5-2-28 所示。

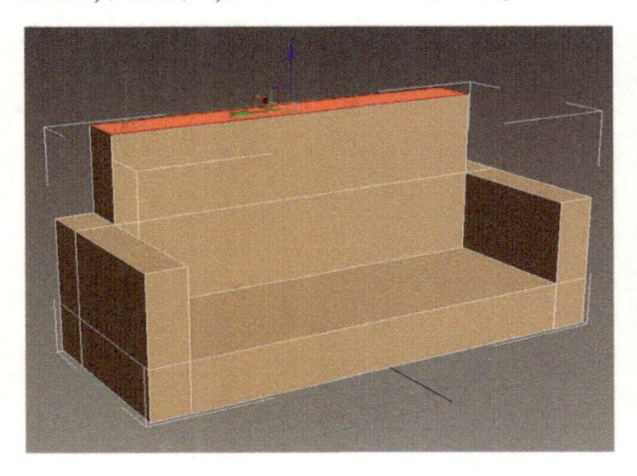

图 5-2-27

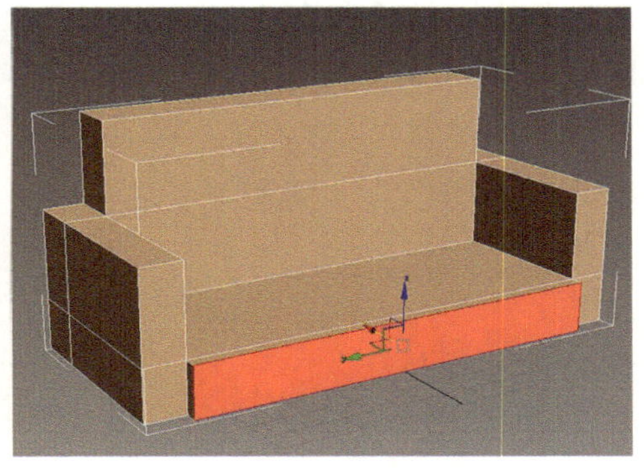

图 5-2-28

7. 进入【可编辑多边形】中的【边】层级，在透视图中选择模型侧面的边，单击 选择 展卷栏下的 环形 按钮，单击 编辑边 展卷栏下的 连接 【设置】按钮，分段：2，收缩：98，单击确定，如图 5-2-29 所示。

8. 选择沙发模型正面的边，单击 选择 展卷栏下的 环形 按钮，单击 编辑边 展卷栏下的 连接 【设置】按钮，分段：2，收缩：98。沙发模型其他边制作同此方法，如图 5-2-30 所示。

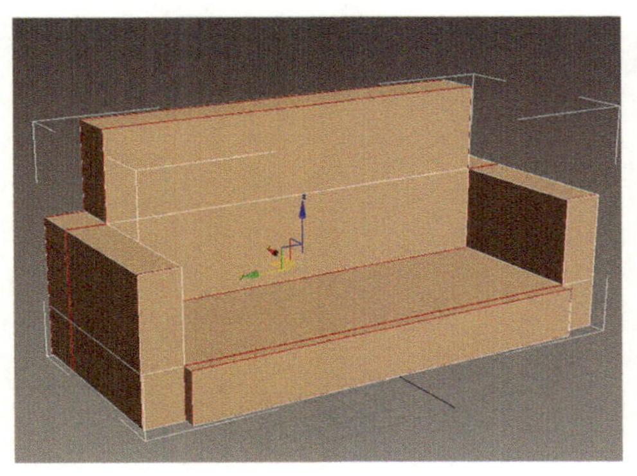

图 5-2-29

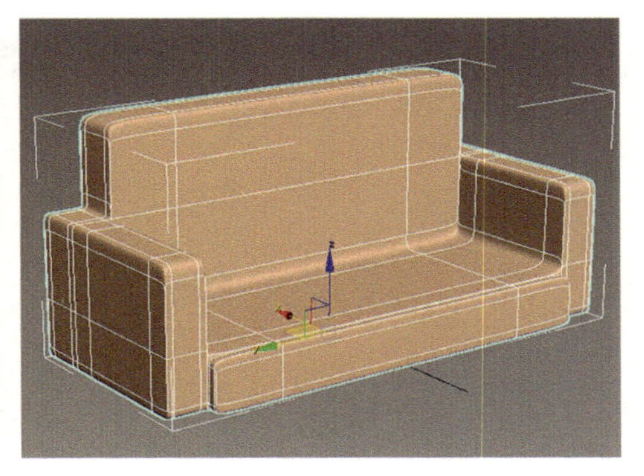

图 5-2-30

9. 制作沙发坐垫。在顶视图中使用 + 【创建】命令，建立出一个长方体，参数设置为长度：65，宽度：53，高度：20，长度分段数：1，宽度分段数：1，高度分段数：1，如图 5-2-31 所示。

10. 在键盘上按 F4 键(显示边面),右击将模型转换为【可编辑多边形】的命令,进入【可编辑多边形】中的【边】层级,在透视图中选择模型的所有边,单击 编辑边 展卷栏下的 切角 【设置】按钮,切角量:1,分段:1,单击确定,键盘按 6 键(退出可编辑多边形次物体选择),右击,选择【NURMS 切换】命令,在细分曲面活动面板中,迭代次数:3。复制出另两个沙发坐垫,调整好位置,效果如图 5-2-32 所示。

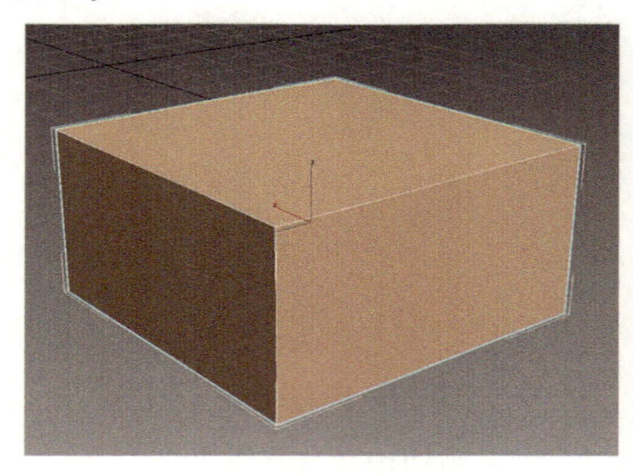

图 5-2-31

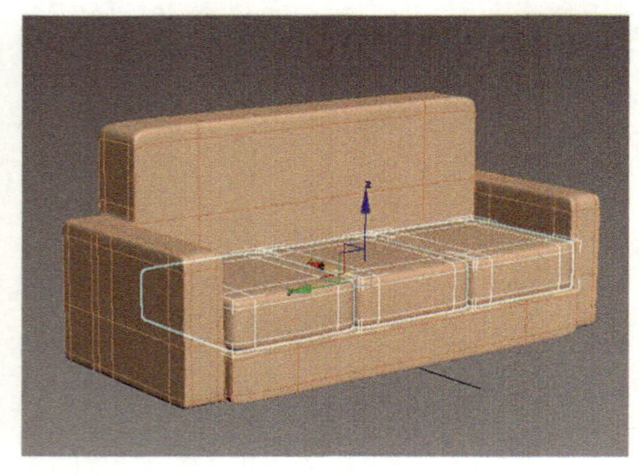

图 5-2-32

11. 制作沙发靠垫。在顶视图中使用 【创建】命令,建立出一个长方体,参数设置为长度:40,宽度:40,高度:10,长度分段数:3,宽度分段数:3,高度分段数:1,如图 5-2-33 所示。在键盘上按 F4 键(显示边面),右击,将模型转换为【可编辑多边形】的命令,右击,选择【NURMS 切换】命令,迭代次数:3。复制出另两个沙发靠垫,调整好位置,最终效果如图 5-2-34 所示。

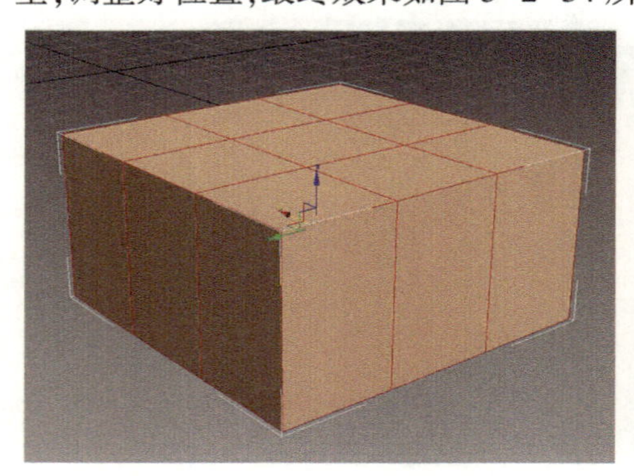

图 5-2-33

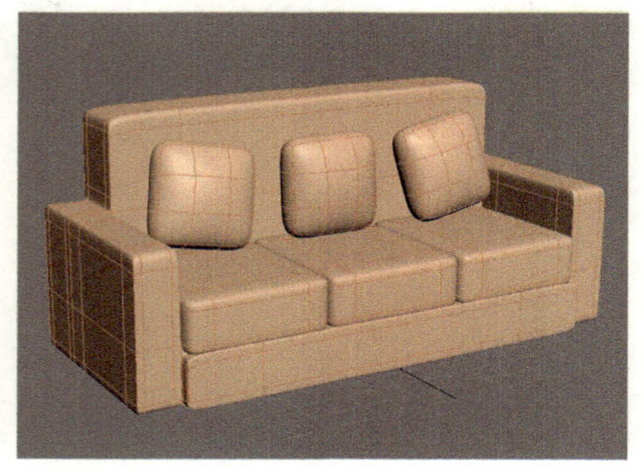

图 5-2-34

设计师点拨

可编辑多边形建模命令制作模型时，线段的数量和位置决定了物体外观形状，如图 5-2-35 所示。

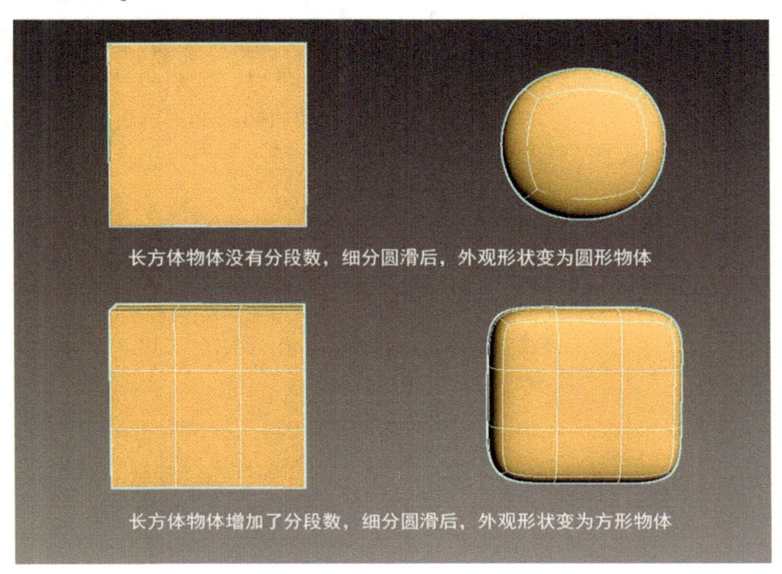

图 5-2-35

资料库 CAD 建筑绘图家具标准尺寸——卧室篇

<table>
<tr><th colspan="2">名称</th><th>尺寸(单位:厘米)</th><th>备注</th></tr>
<tr><td colspan="2">衣橱</td><td>深度:一般 60~65;推拉门:70;衣橱门宽度:40~65
推拉门:75~150;高度:190~240</td><td></td></tr>
<tr><td colspan="2">衣架</td><td>高度:170~190</td><td></td></tr>
<tr><td colspan="2">矮柜</td><td>深度:35~45;柜门宽度:30~60</td><td></td></tr>
<tr><td rowspan="3">床</td><td>单人床</td><td>宽度:90,105,120;长度:180,186,200,210
床高:40~45
床靠高:85~95</td><td rowspan="3"></td></tr>
<tr><td>双人床</td><td>宽度:135,150,180;长度 180,186,200,210
床高:40~45
床靠高:85~95</td></tr>
<tr><td>圆床</td><td>直径:186,212.5,242.4</td></tr>
<tr><td colspan="2">床头柜</td><td>高度:50~70;宽度:50~80</td><td></td></tr>
<tr><td colspan="2">窗帘盒</td><td>高度:12~18;深度:单层布 12,双层布 16~18(实际尺寸)</td><td></td></tr>
<tr><td colspan="2">化妆台</td><td>照明开关高:100</td><td></td></tr>
<tr><td colspan="2">壁式床头灯</td><td>高度:120~140</td><td></td></tr>
</table>

学生主导任务A　异形休闲多人沙发模型制作任务单和评价单

异形休闲多人沙发模型制作任务单

任务名称	异形休闲多人沙发模型制作		
效果图			
主体模型制作步骤示意图			
学生姓名		同组成员	
任务目的	1. 巩固学生学习的知识和技能，要求学生独立完成异形休闲多人沙发模型制作。 2. 培养学生的建模能力。 3. 能够举一反三，训练学生的分析能力和解决问题的能力。		
任务重点	1. 熟练运用可编辑多边形命令创建模型。 2. 熟练使用挤出、插入命令。		
任务要求	1. 使用可编辑多边形命令制作异形休闲多人沙发模型。 2. 依照图片，同学们独立完成模型制作。 3. 造型比例符合图片要求。 4. 提交文件名为：作业名称-姓名-班级，MAX 格式文件，不渲染。		
学分	异形休闲多人沙发模型制作：0. 2 学分。		

异形休闲多人沙发模型制作任务评价单

姓名		任务名称									
项目	评价要点及标准	自评			他评			师评			
		A	B	C	A	B	C	A	B	C	
课堂状态	注意力是否集中										
	学习是否主动										
	练习是否认真										
	学习热情是否高涨										
学习策略	认真预习										
	不耻下问										
	敢于面对困难										
	勤于动手实践										
	善于思考										
知识目标											
技能目标											
反思											

学生主导任务B 美式风格双人沙发模型制作任务单和评价单

美式风格双人沙发模型制作任务单

任务名称	美式风格双人沙发模型制作		
效果图			
主体模型制作步骤示意图			
学生姓名		同组成员	
任务目的	1. 巩固学生学习的知识和技能,要求学生独立完成美式风格双人沙发模型制作。 2. 培养学生的建模能力。 3. 能够举一反三,训练学生的分析能力和解决问题的能力。		
任务重点	1. 熟练运用可编辑多边形命令创建模型。 2. 熟练运用挤出、连接命令创建模型。 3. 探索可编辑多边形命令制作沙发模型局部细节的方法。		
任务要求	1. 使用可编辑多边形命令制作美式风格双人沙发模型。 2. 依照图片,同学们独立完成模型制作。 3. 提交文件名为:作业名称-姓名-班级,MAX 格式文件,不渲染。		
学分	美式风格双人沙发模型制作:0.2 学分。		

美式风格多人沙发模型制作任务评价单

姓名		任务名称								
项目	评价要点及标准	自评			他评			师评		
		A	B	C	A	B	C	A	B	C
课堂状态	注意力是否集中									
	学习是否主动									
	练习是否认真									
	学习热情是否高涨									
学习策略	认真预习									
	不耻下问									
	敢于面对困难									
	勤于动手实践									
	善于思考									
知识目标										
技能目标										
反思										

课后作业任务单

任务名称	欧式风格多人沙发模型制作
作业要求	1. 同学们利用课后时间，依照欧式风格多人沙发模型的效果图，用我们本节任务所学的可编辑多边形命令完成模型创建。（同学们开始制作时，先不要看下页的制作要领提示，先参照效果图，可以锻炼同学们的分析和解决问题的能力。） 2. 本次任务既有刚学习的新知识、新技能，同时又复习了之前学习的放样建模命令。 3. 本次任务模型在局部细节制作上有一定难度，可以锻炼同学们的学习能力。 4. 课后作业任务有一定的难度，鼓励同学们大胆探索、发现问题、提出问题，以此培养同学们不怕苦、不怕累，克服困难，耐心坚持和不轻易放弃的抗压能力和创新能力。
效果图	
分解图	
前视图 左视图	 

本节任务 知识技能	模型部件名称： 沙发主体模型 靠垫模型 制作要领提示： 可编辑多边形挤出、插入命令	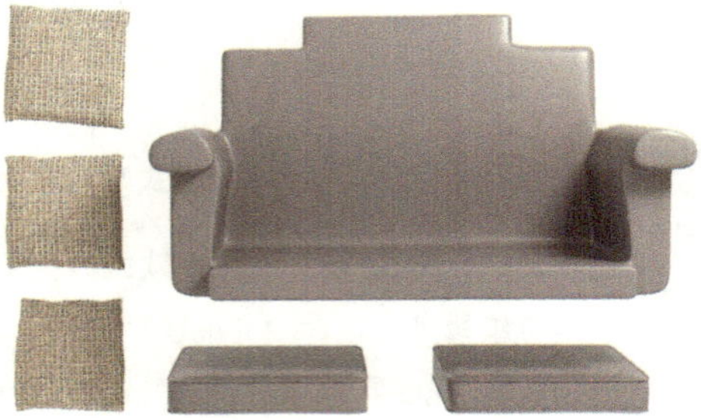
复习 知识技能	模型部件名称： 沙发腿模型 制作要领提示： 放样命令 放样变形命令	
制作步骤 示意图	欧式风格多人沙发制作步骤示意图	

学习笔记

项目六

制作卫浴模型

任务 1
使用可编辑多边形命令制作卫浴模型

任务描述

一、任务介绍

3ds Max 中可编辑多边形建模命令，是制作曲面模型非常实用的一个工具，同学们通过学习项目五沙发模型的制作，掌握了可编辑多边形制作简单曲面模型的操作流程、建模原理及模型外观控制技巧方法，本次任务通过使用可编辑多边形命令制作浴缸模型和抽水马桶模型，学习复杂曲面模型的制作技巧和方法。浴缸、抽水马桶模型可参考图 6-1-1。

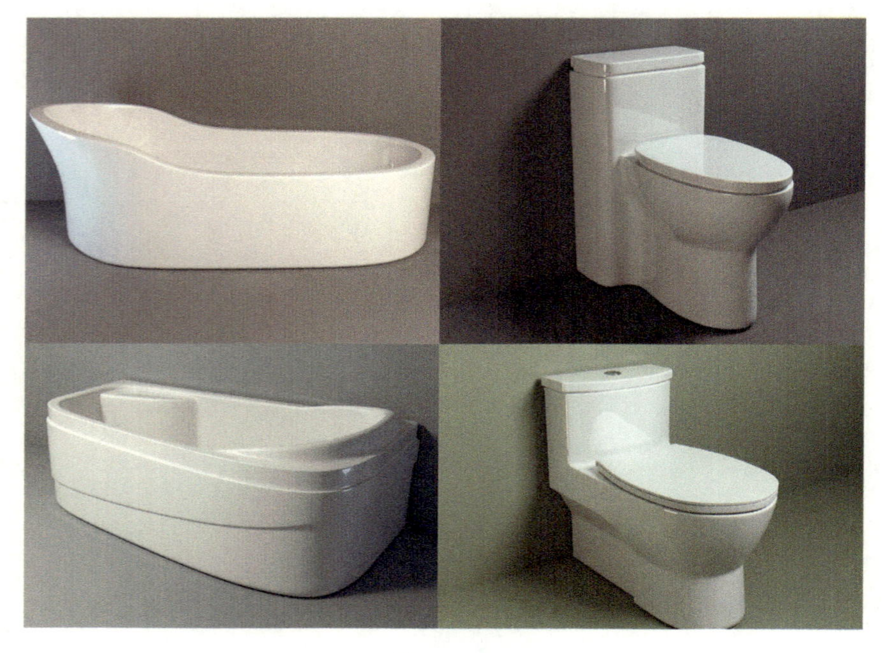

图 6-1-1

二、任务目标

任务表

教师主导教学任务	学生主导制作任务
典型任务:运用“先挤形后调点”的方法制作浴缸模型	任务 A:制作现代单人浴缸模型
拓展任务:运用“先挤形后调点”的方法制作马桶模型	任务 B:制作冲水马桶模型

知识目标

1. 在理解的基础上,用自己的语言描述“先挤形后调点”方法在创建复杂模型中的运用。

2. 能叙述卫浴模型的特点和制作思路。

技能目标

1. 熟练运用挤出、连接、切角命令制作卫浴模型。

2. 熟练运用“先挤形后调点”方法制作卫浴模型。

3. 总结运用可编辑多边形制作复杂模型的方法。

素养目标

1. 勤洗澡、讲卫生,养成良好的生活习惯。

2. 热爱劳动、尊重劳动、尊敬劳动者,以劳动者为荣,反对好逸恶劳、不劳而获的思想和行为。

典型任务 运用“先挤形后调点”的方法制作浴缸模型

任务实施

一、任务要求

1. 本次任务的重点是运用“先挤形后调点”的方法制作浴缸模型。
2. 熟悉了解浴缸模型的造型特点。
3. 熟练运用挤出、环形、连接命令制作浴缸模型。

浴缸模型可参考图 6-1-2。

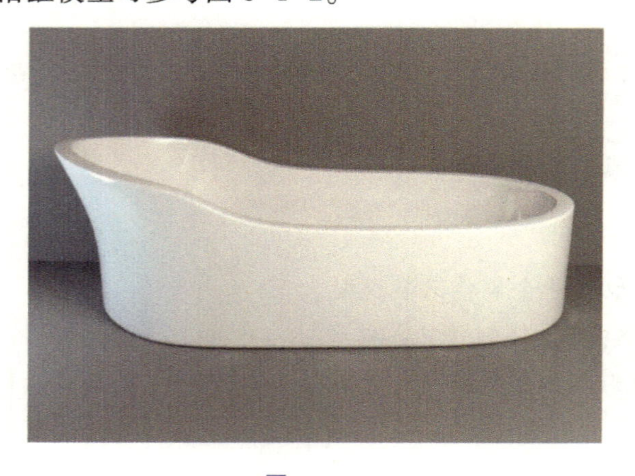

图 6-1-2

扫一扫，观看教学视频

二、实施步骤

1. 在顶视图中使用＋【创建】命令，建立出一个长方体，参数设置为长度：160，宽度：80，高度：45，长度分段数：3，宽度分段数：2，高度分段数：1，如图 6-1-3 所示。

2. 在键盘上按下 F4 键（显示边面），右击将模型转换为【可编辑多边形】的命令，进入【可编辑多边形】中的【多边形】层级，在透视图中选择模型中的顶部所有面，单击 编辑多边形 展卷栏下的 插入【设置】按钮，数量：6，单击 挤出【设置】按钮，高度：-40，如图 6-1-4 所示。

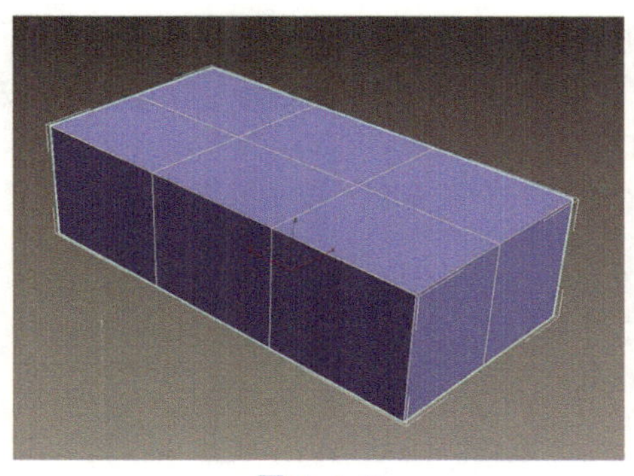

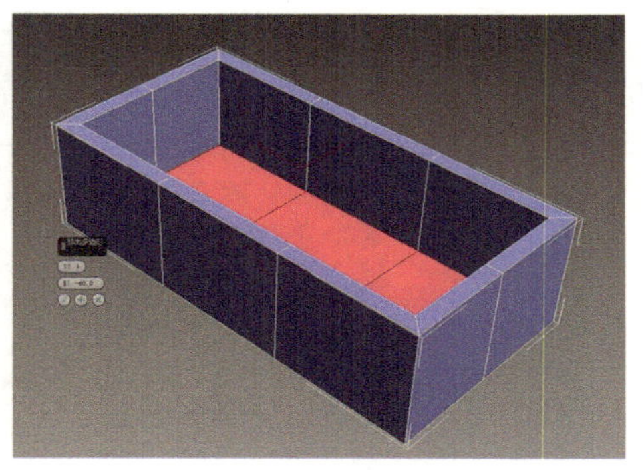

图 6-1-3　　图 6-1-4

3. 在透视图中选择浴缸模型中边缘的顶部所有的面,单击 挤出 【设置】按钮,高度:1,如图 6-1-5 所示。选择浴缸底部所有的面,单击 挤出 【设置】按钮,高度:1,如图 6-1-6 所示。

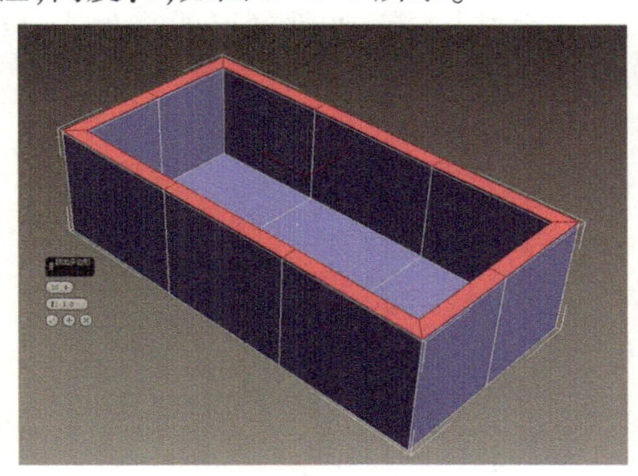

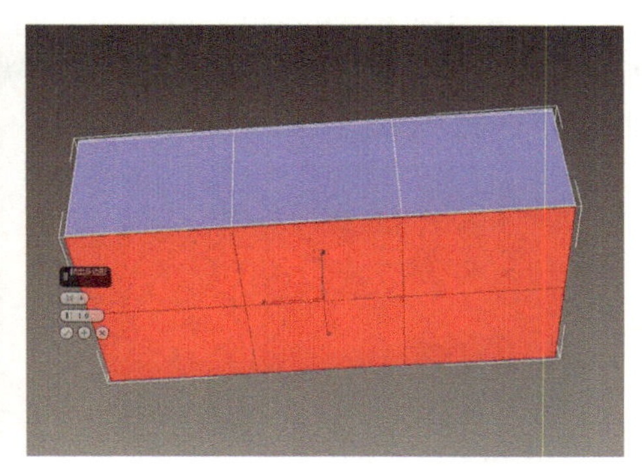

图 6-1-5　　图 6-1-6

4. 按下快捷键 3,进入【可编辑多边形】中的 【边】层级,在透视图中选择模型侧面的内外侧各一个边,单击 选择 展卷栏下的 环形 按钮,如图 6-1-7 所示。单击 编辑边 展卷栏下的 连接 【设置】按钮,分段:2,收缩:0,单击确定,如图 6-1-8 所示。

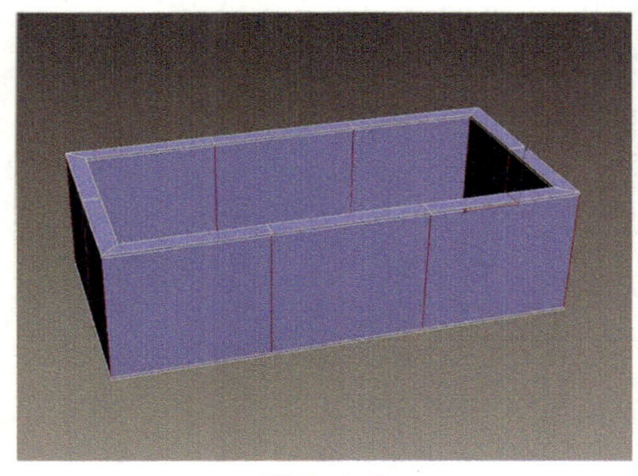

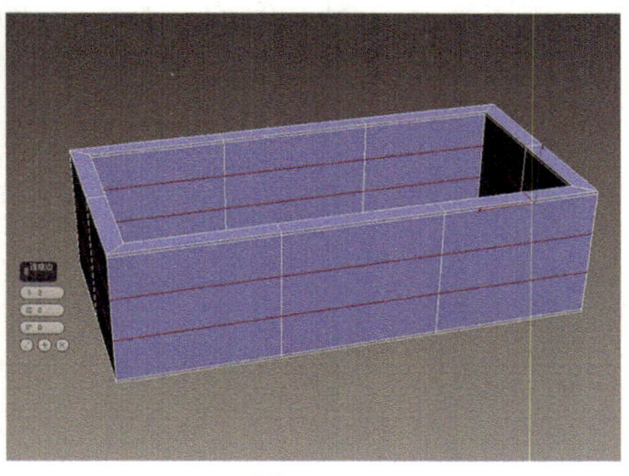

图 6-1-7　　图 6-1-8

5. 在透视图中选择浴缸模型前部分的内外各一个边，单击 选择 展卷栏下的 环形 按钮，如图 6-1-9 所示。单击 编辑边 展卷栏下的 连接 【设置】按钮，分段：1，收缩：0，单击确定，如图 6-1-10 所示。

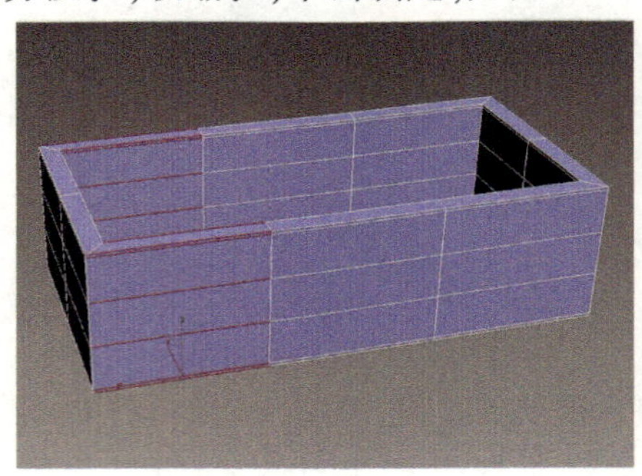
图 6-1-9

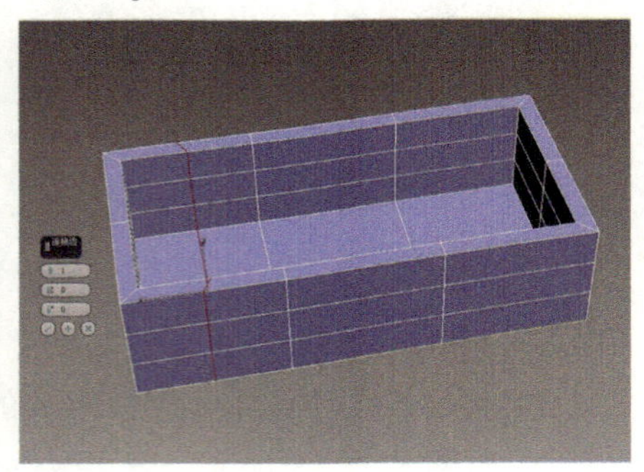
图 6-1-10

6. 选择浴缸模型两端中间的顶点，选择【缩放】工具，向外缩放如图 6-1-11 所示。在左视图中选择浴缸模型前部上端的顶点，选择【移动】工具，向上移动，如图 6-1-12 所示。

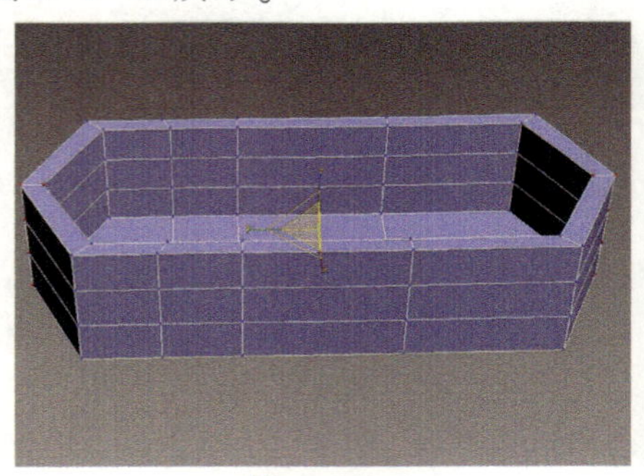
图 6-1-11

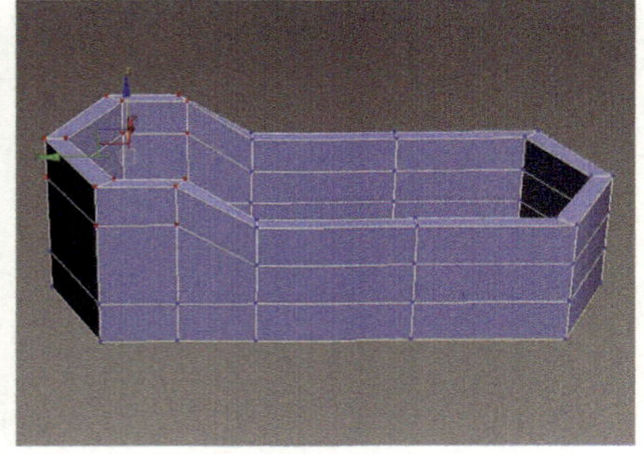
图 6-1-12

7. 使用【移动】、【缩放】工具调整模型顶点，浴缸最后造型如图 6-1-13 所示。键盘按下数字 6 键（退出可编辑多边形次物体选择），右击，选择【NURMS 切换】命令，迭代次数：3，完成浴缸模型制作，如图 6-1-14 所示。

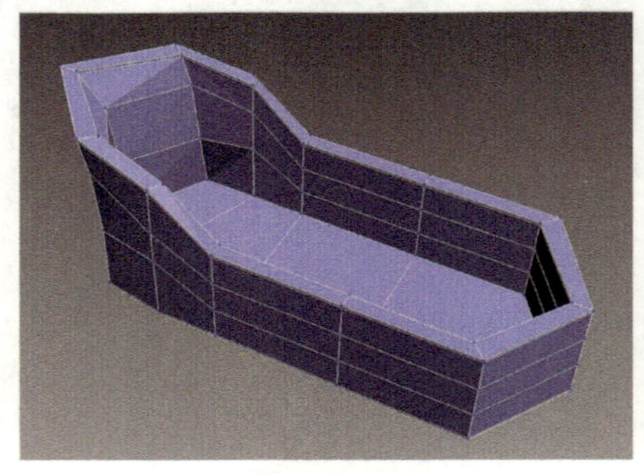
图 6-1-13

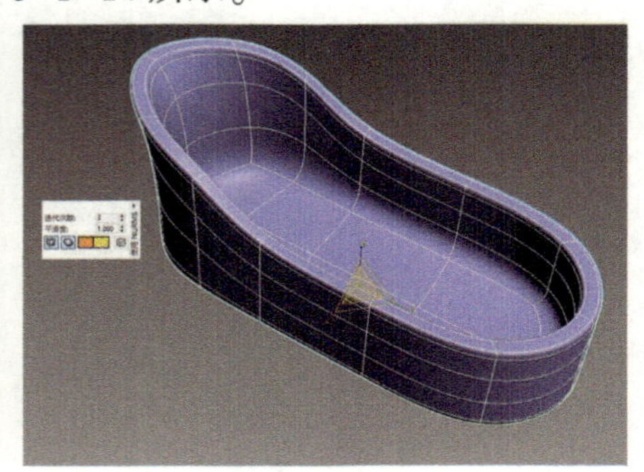
图 6-1-14

问题 1. 运用“先挤形后调点”的方法进行曲面建模的优势有哪些？

问题 2. 卫浴模型的特点是什么？

知识点梳理

编辑多边形次物体级

1. 挤出：选择按钮后，可以在视图中通过手动方式对选择的多边形面进行挤压操作。单击右侧的设置按钮，通过弹出对话框，可以对挤出类型、挤出高度进行参数设置。

组：如果选择一组多边形面，选择此项，将沿着他们的平均法线方向挤出多边形，如图 6-1-15 所示。

自身法线：沿着选择的多边形面自身法线方向进行挤压，如图 6-1-16 所示。

按多边形：对同时选择的多个表面挤出时，每个多边形单独地被挤出，如图 6-1-17 所示。

高度：设置挤出的高度。

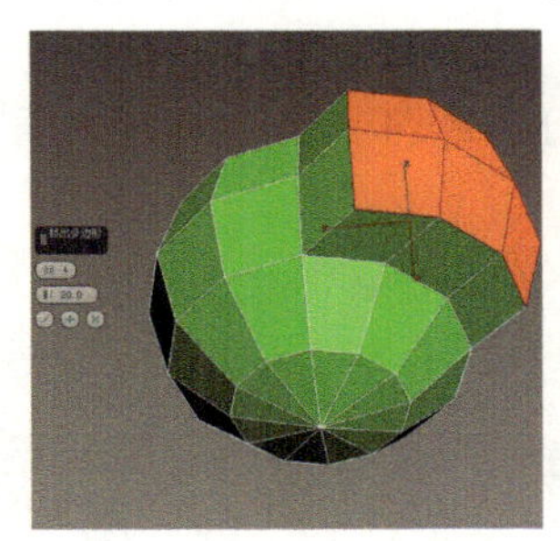

图 6-1-15

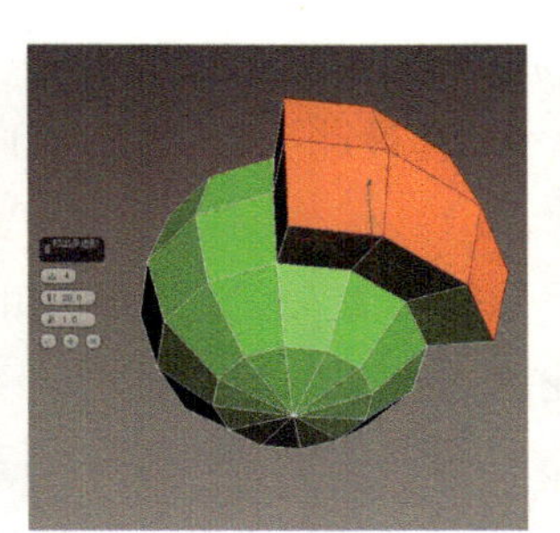

图 6-1-16

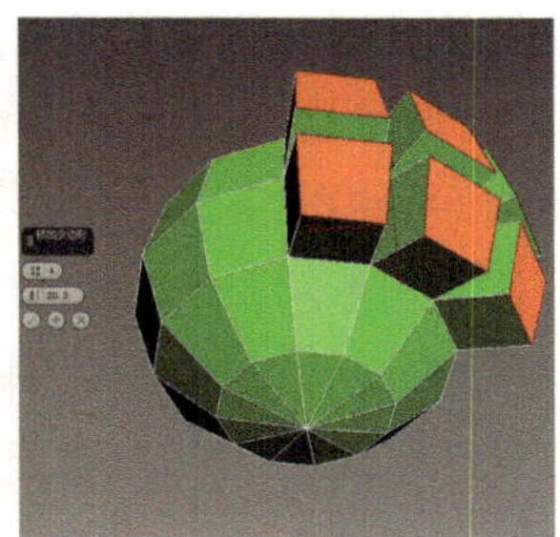

图 6-1-17

2. 轮廓：对当前选择多边形面向外偏移（图 6-1-18）或向内偏移（图 6-1-19）。

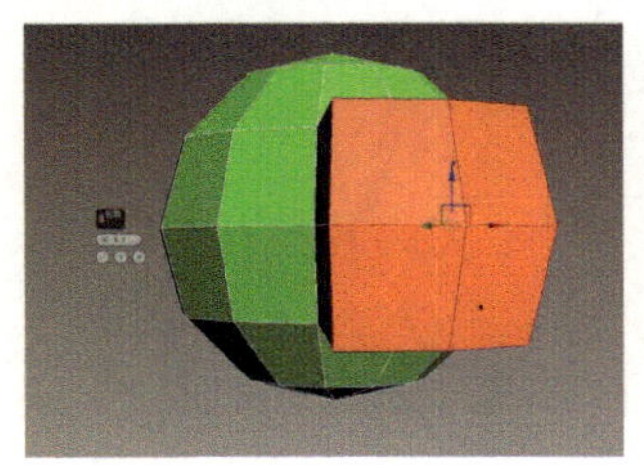

图 6-1-18

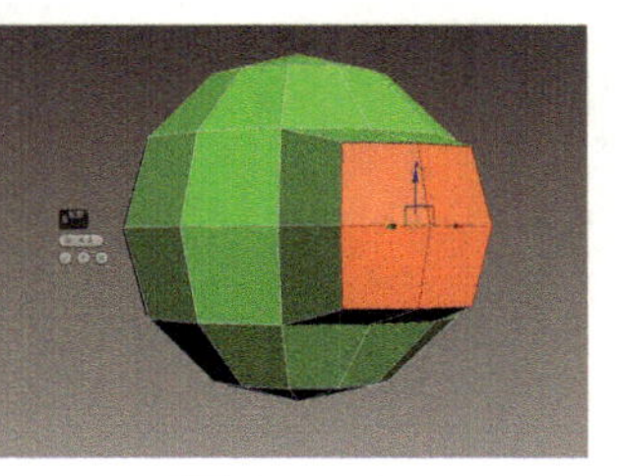

图 6-1-19

3. 倒角：对选择的多边形面进行挤出和轮廓处理，单击右侧的设置按钮时，会弹出倒角设置对话框。

组：如果选择一组多边形面，选择此项，将沿着他们的平均法线方向倒角多边形，如图 6-1-20 所示。

自身法线：沿着选择的多边形面自身法线方向进行倒角，如图 6-1-21 所示。

按多边形：对同时选择的多个表面挤出时，每个多边形单独地倒角，如图 6-1-22 所示。

高度：设置挤出的高度。

4. 轮廓：设置轮廓的大小，正值向外偏移，负值向内偏移。

图 6-1-20

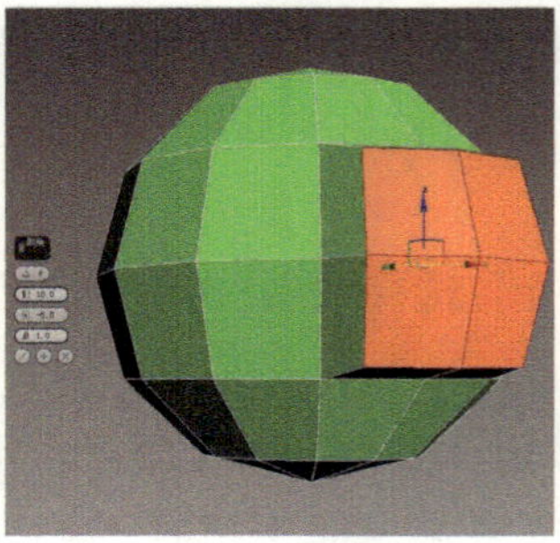

图 6-1-21

图 6-1-22

5. 插入：选择此按钮，在不产生高度的情况下，向内插入产生新的边面，单击右侧设置按钮时会弹出设置对话框。

组：如果选择一组多边形面，选择此项，将沿着他们的平均法线方向向内插入新的边面，如图 6-1-23 所示。

按多边形：每个多边形单独向内插入新的边面，如图 6-1-24 所示。

数量：设置调整插入的轮廓边的大小。

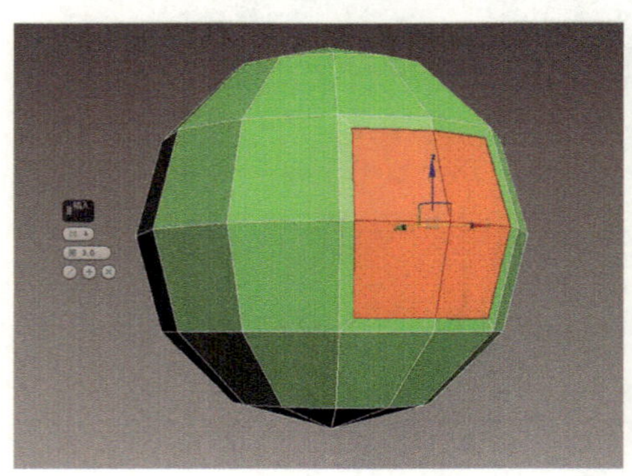

图 6-1-23

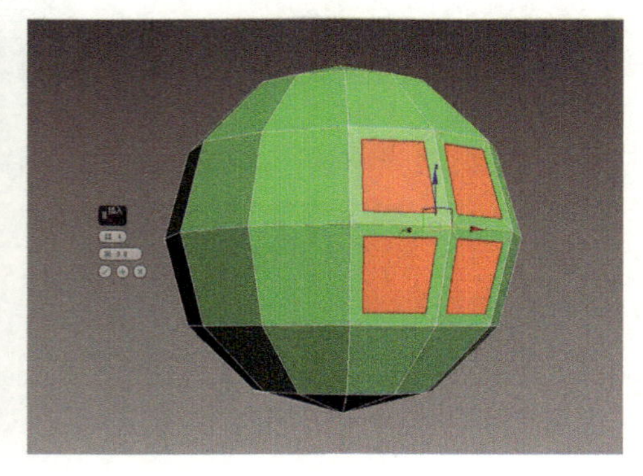

图 6-1-24

6. 桥：单击桥按钮，相对的两个多边形面可以产生新的多边形面。使用桥命令前如图 6-1-25 所示，使用桥命令后如图 6-1-26 所示。

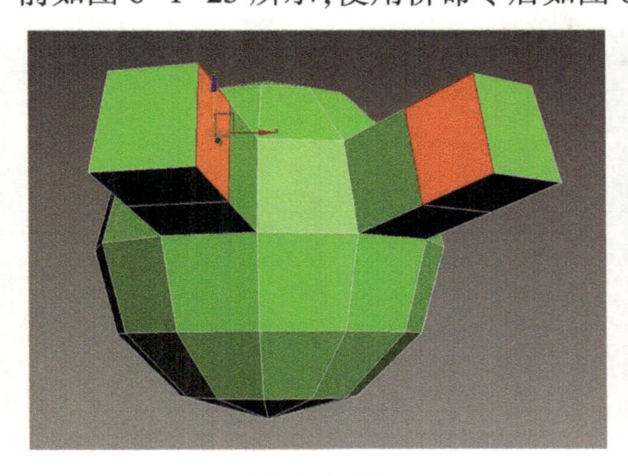

图 6-1-25

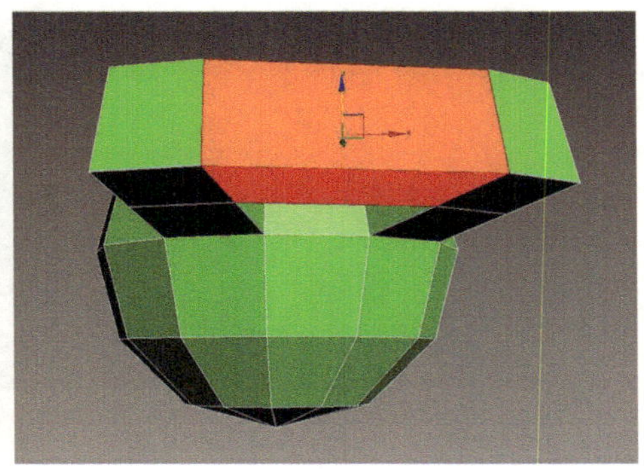

图 6-1-26

7. 翻转：选择多边形面的方向。翻转前如图 6-1-27 所示，翻转后如图 6-1-28 所示。

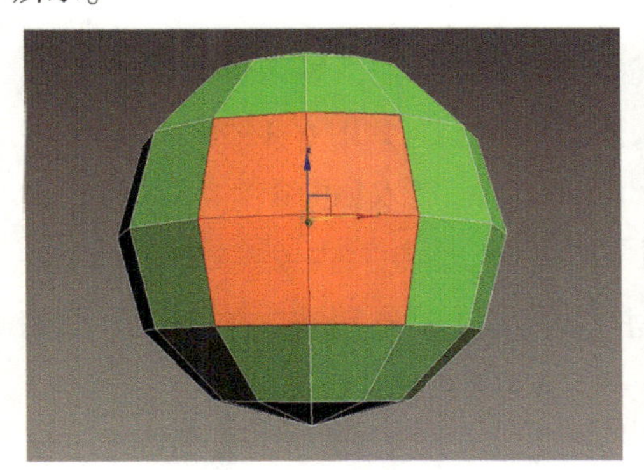

图 6-1-27

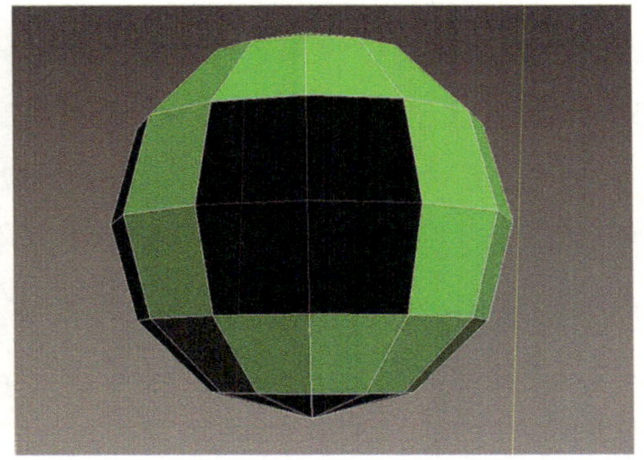

图 6-1-28

拓展任务 运用"先挤形后调点"的方法制作马桶模型

一、任务要求

1. 本次任务的重点是运用"先挤形后调点"的方法制作抽水马桶模型。
2. 熟悉马桶模型的造型特点。
3. 熟练运用挤出、环形、连接、切角、剪切命令制作抽水马桶模型细节的方法。
4. 熟练使用 NURMS 细分曲面命令。

抽水马桶模型可参考图 6-1-29。

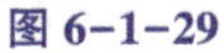
图 6-1-29

扫一扫,观看教学视频

二、实施步骤

1. 选择【文件】菜单中的【重置】命令,重新设置系统。

2. 在顶视图中使用 + 【创建】命令,创建长方体,参数设置为长度:45,宽度:38,高度:5,长度分段数:2,宽度分段数:2,高度分段数:1,如图 6-1-30 所示。

3. 右击将模型转换为【可编辑多边形】的命令,进入【可编辑多边形】中的【多边形】层级,在透视图中选择模型中的边缘面,单击 编辑多边形 展卷栏下的 挤出 【设置】按钮,高度:14,再次单击 挤出 【设置】按钮,高度:20,如图 6-1-31 所示。

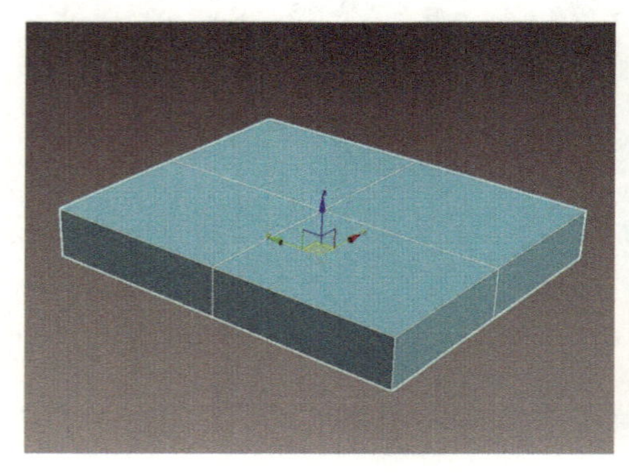
图 6-1-30

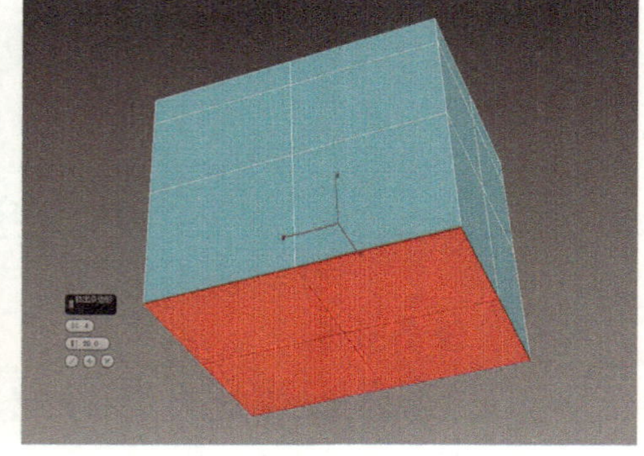
图 6-1-31

4. 抽水马桶水箱模型制作。在透视图中选择抽水马桶模型后部的多边形面,如图 6-1-32 所示,单击 编辑多边形 展卷栏下的 挤出 【设置】按钮,高度:2,再次单击 挤出 【设置】按钮,高度:20,如图 6-1-33 所示。

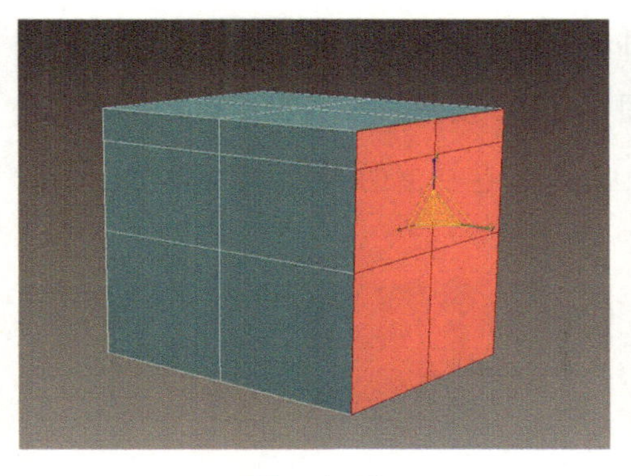

图 6-1-32

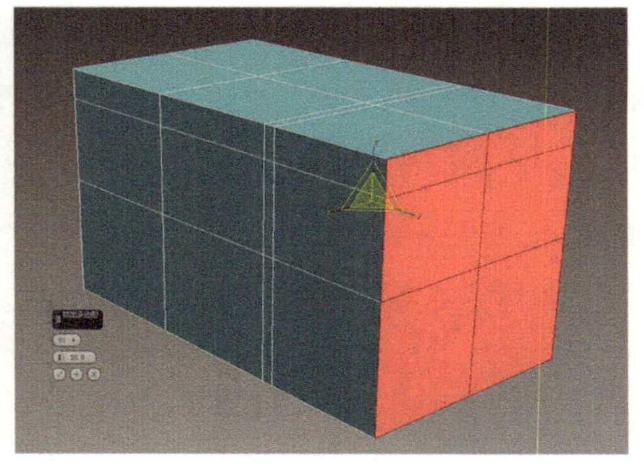

图 6-1-33

5. 在透视图中选择抽水马桶模型两侧的多边形面,如图 6-1-34 所示。单击展卷栏下的 挤出 【设置】按钮,高度:8,如图 6-1-35 所示。

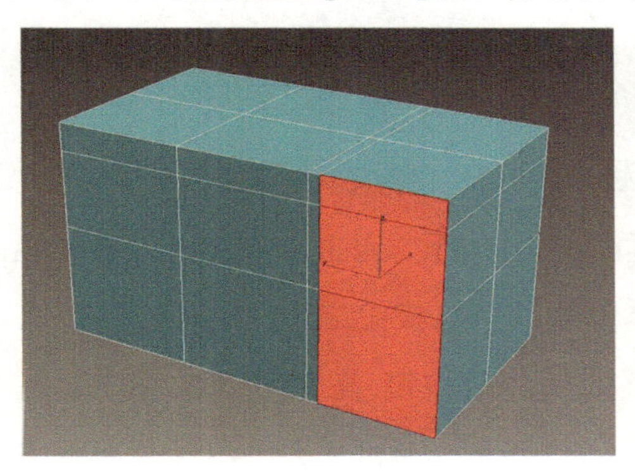

图 6-1-34

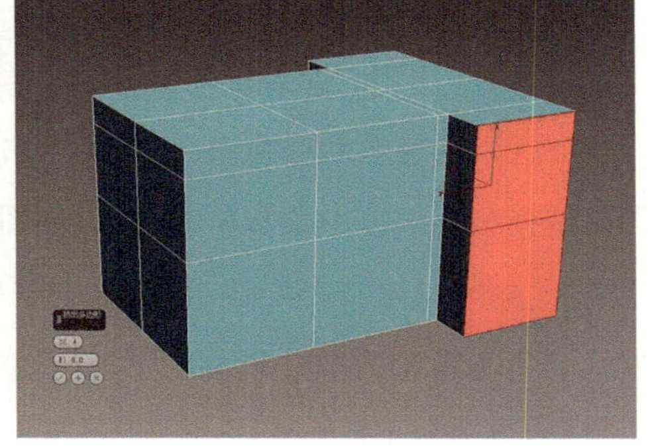

图 6-1-35

6. 在透视图中选择抽水马桶模型顶部的多边形面,如图 6-1-36 所示。单击 编辑多边形 展卷栏下的 挤出 【设置】按钮,高度:25,如图 6-1-37 所示。

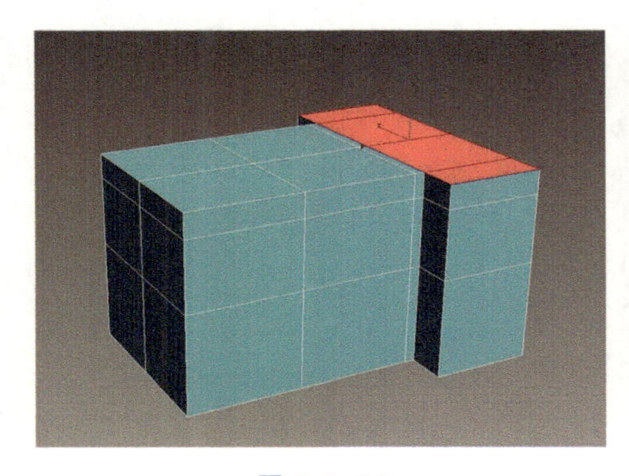

图 6-1-36

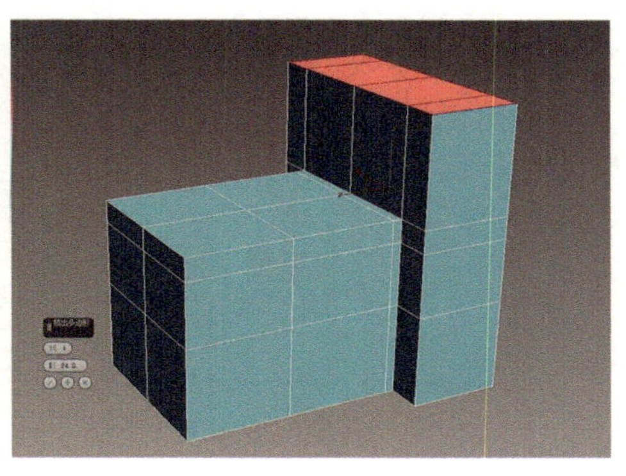

图 6-1-37

7. 在透视图中选择抽水马桶模型底部所有的多边形面，单击 编辑多边形 展卷栏下的 挤出 【设置】按钮，高度：1，如图 6-1-38 所示。在透视图中选择抽水马桶水箱后侧的所有多边形面，单击 编辑多边形 展卷栏下的 挤出 【设置】按钮，高度：1，如图 6-1-39 所示。

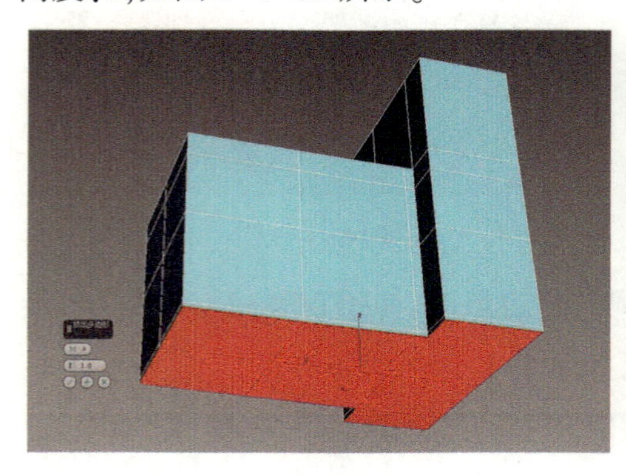

图 6-1-38

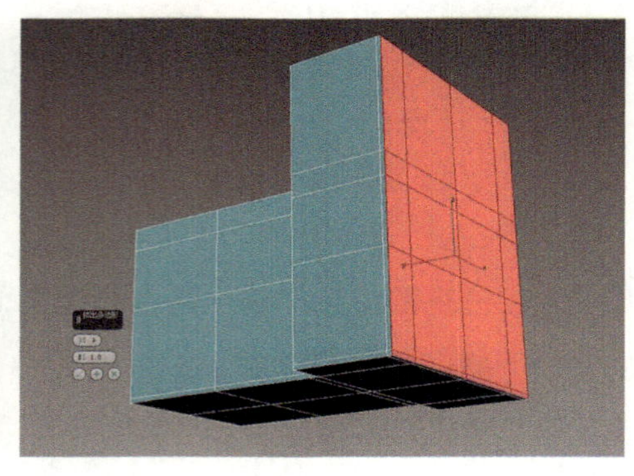

图 6-1-39

8. 抽水马桶盖模型制作。进入【可编辑多边形】中的【多边形】层级，在透视图中选择马桶模型中顶部所有的面，如图 6-1-40 所示。单击 编辑多边形 展卷栏下的 插入 【设置】按钮，数量：1，单击 挤出 【设置】按钮，高度：1，如图 6-1-41 所示。单击 编辑多边形 展卷栏下的 挤出 【设置】按钮，高度：0.5，在主工具栏中选择【缩放】工具，向外缩放，如图 6-1-42 所示。单击 编辑多边形 展卷栏下的 挤出 【设置】按钮，高度：3，再次单击 挤出 【设置】按钮，高度：0.5，如图 6-1-43 所示。

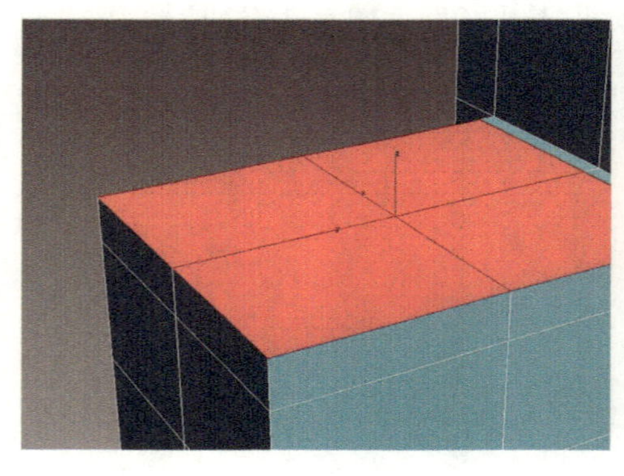

图 6-1-40

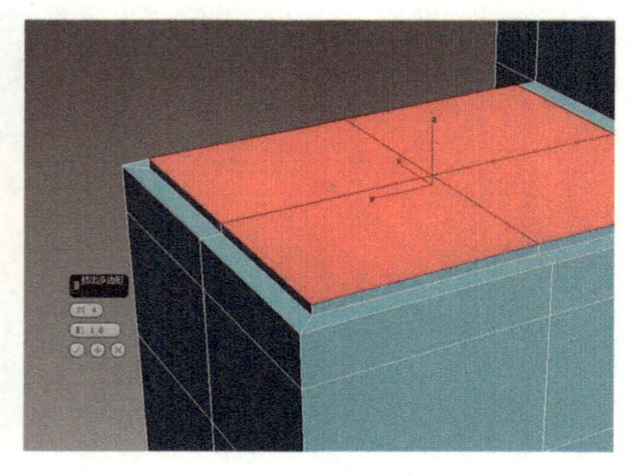

图 6-1-41

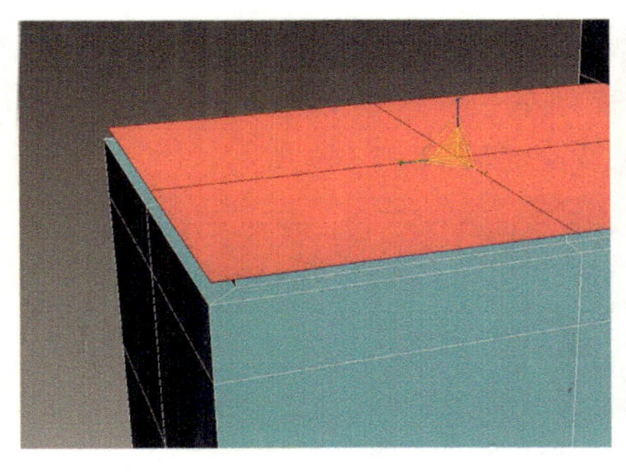

图 6-1-42

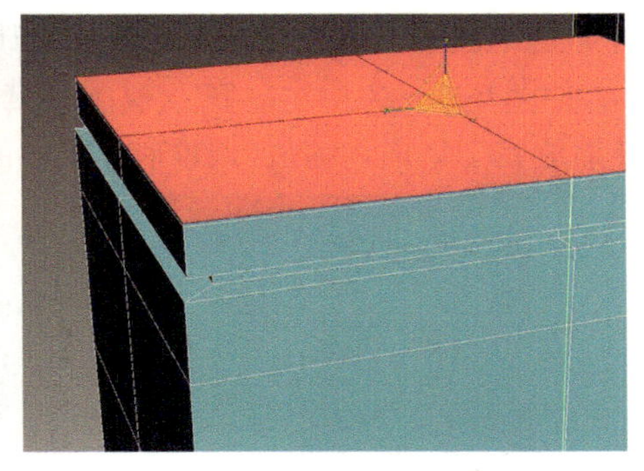

图 6-1-43

9. 按下快捷键 2，进入【可编辑多边形】中的【边】层级，在透视图中选择抽水马桶模型前侧的 4 个边，单击 选择 展卷栏下的 循环 按钮，如图 6-1-44 所示。单击 编辑边 展卷栏下的 切角【设置】按钮，边切角量：0.1，单击确定，如图 6-1-45 所示，完成马桶盖模型的制作。

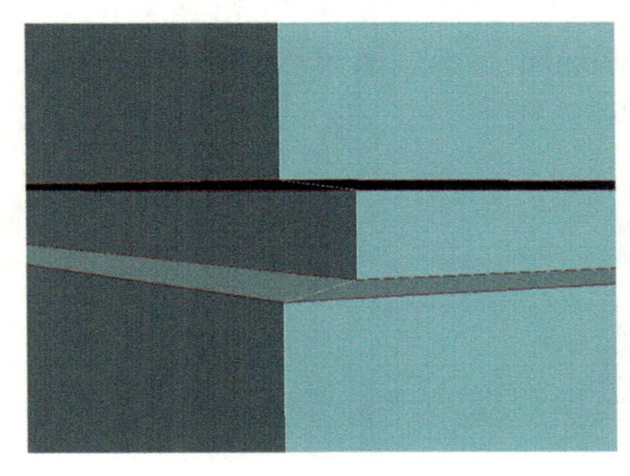

图 6-1-44

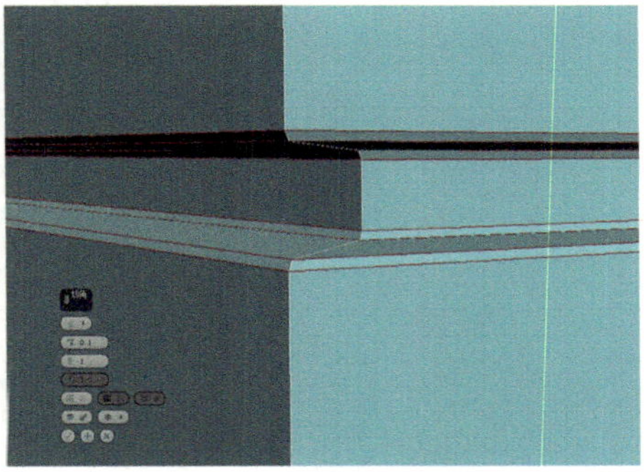

图 6-1-45

10. 抽水马桶水箱盖模型制作。依照抽水马桶盖模型制作方法完成水箱盖模型制作，如图 6-1-46、图 6-1-47 所示。

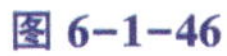

图 6-1-46

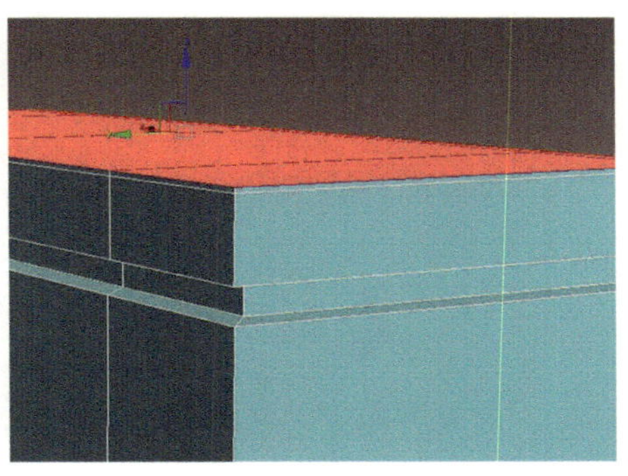

图 6-1-47

11. 在顶视图中选择抽水马桶模型前侧中间的顶点，选择【移动】工具，向外移动，如图 6-1-48 所示。在左视图中选择抽水马桶模型底座两侧的顶点，选择【缩放】工具，向内缩放，调整底座前端的顶点，如图 6-1-49 所示。

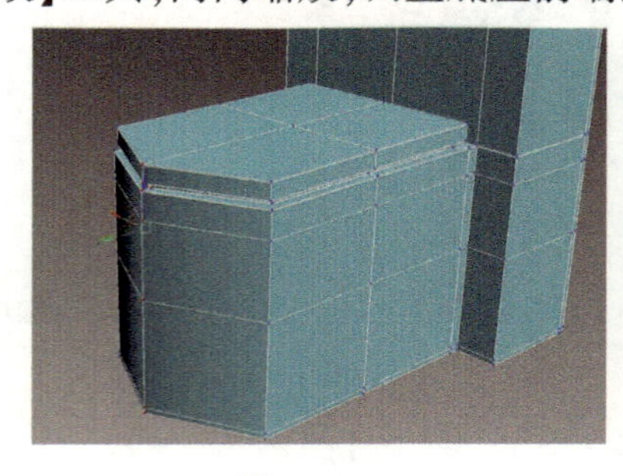

图 6-1-48

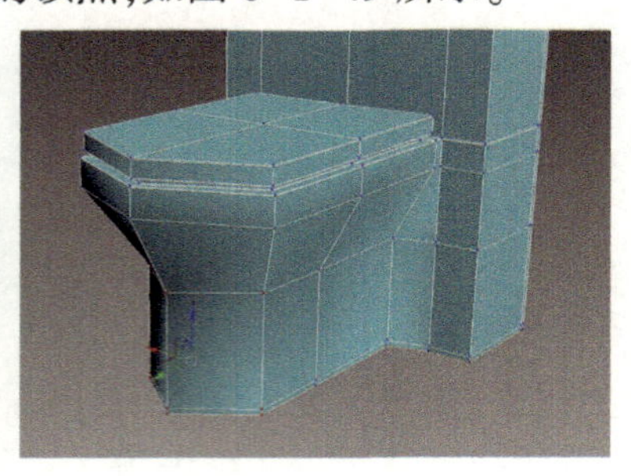

图 6-1-49

12. 按下快捷键 2，进入【可编辑多边形】中的【边】层级，右击，选择【剪切】命令，在马桶中边旁再切出新的一条边，如图 6-1-50 所示。

13. 按下快捷键 1，进入【可编辑多边形】中的【点】层级，单击 编辑顶点 展卷栏下的 目标焊接 按钮，焊接如图 6-1-51 所示两个端点，两侧都完成上述操作。

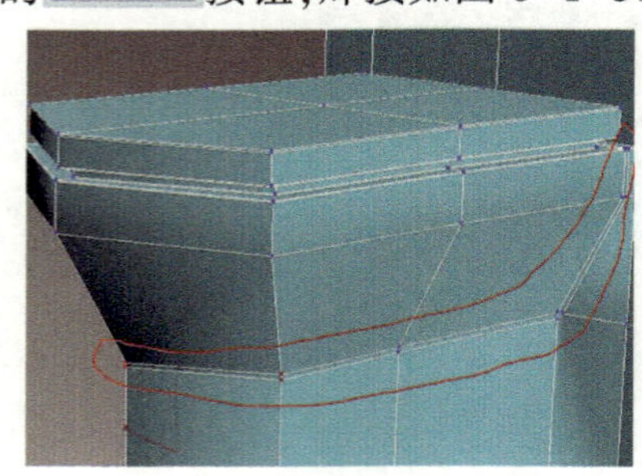

图 6-1-50

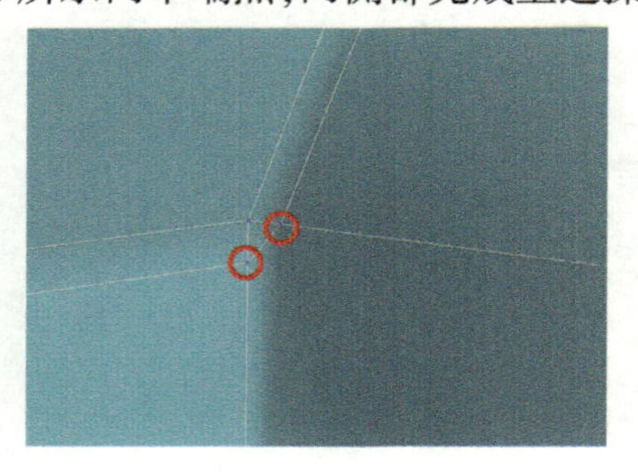

图 6-1-51

14. 使用【移动】、【缩放】工具调整模型顶点，如图 6-1-52 所示。在键盘按下 6（退出可编辑多边形次物体选择），右击，选择【NURMS 切换】命令，迭代次数：3，完成马桶模型制作，如图 6-1-53 所示。

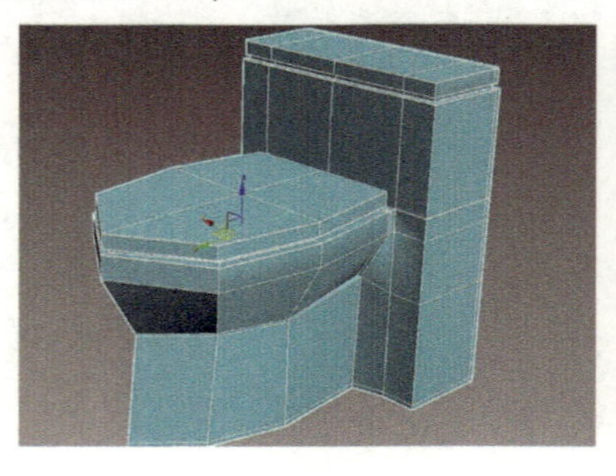

图 6-1-52

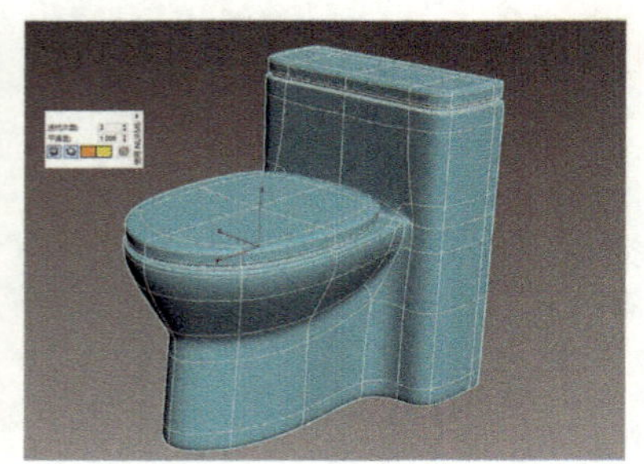

图 6-1-53

设计师点拨

用可编辑多边形命令制作软体的形状比较容易，而制作局部模型硬边效果一直是难点，熟练使用挤出、连接、切角、剪切、快速切片命令，可以很好地完成局部硬边效果的制作，如图 6-1-54 所示。

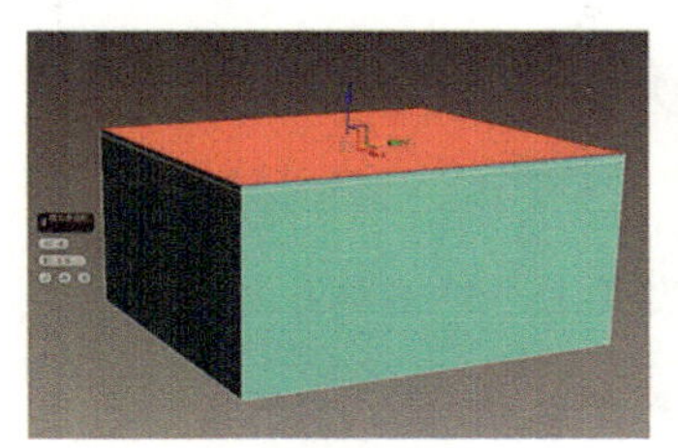

挤出命令

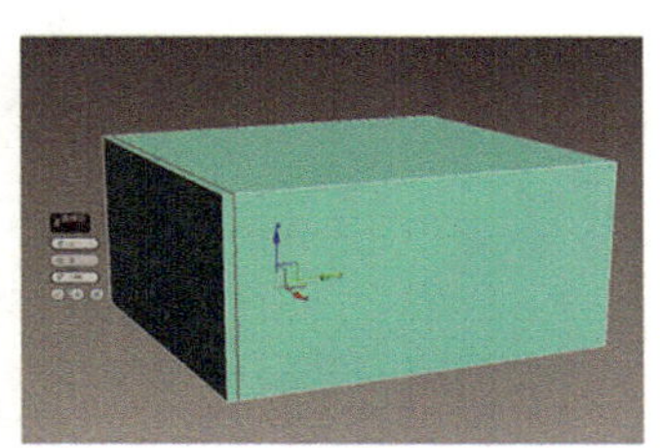

连接命令

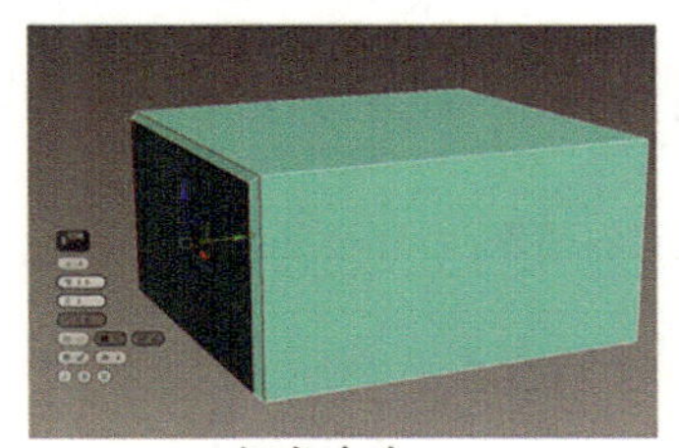

切角命令

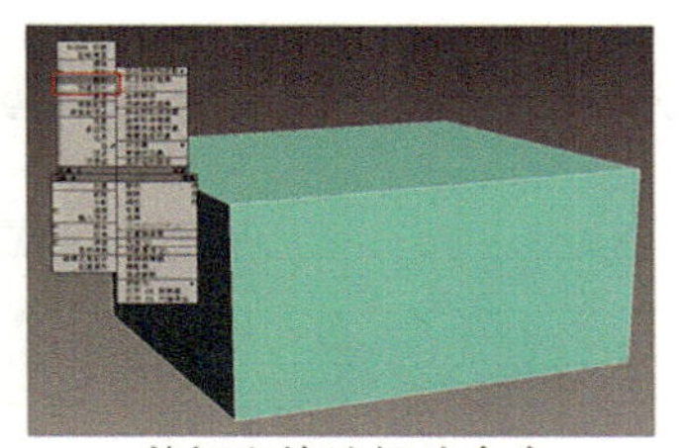

剪切和快速切片命令

图 6-1-54

资料库 CAD 建筑绘图家具标准尺寸——卫浴篇

名称		尺寸(单位:厘米)	备注
坐便		长度:70~75;宽度:35~50;整体高度:75	
冲洗器		长度:70~75;宽度:35~50;整体高度:75	
洗漱盆		圆形直径:40~60 方形:宽度 40~60;长度 60~80	
浴缸	长方形浴缸	长度:120~190;宽度:70~90;高度:35~60	
	坐泡式浴缸	长度:110;宽度:70;高度:475(坐处 310)	
淋浴器		高度:210	
浴室柜		长度:80~100;宽度:45~50;安装高度:80~85	
镜子		安装高度:大于 135	

学生主导任务A 现代单人浴缸模型制作任务单和评价单

现代单人浴缸模型制作任务单

任务名称	现代单人浴缸模型制作		
效果图			
主体模型制作步骤示意图			
学生姓名		同组成员	
任务目的	1. 巩固学生学习的知识和技能,要求学生独立完成现代单人浴缸模型制作。 2. 运用“先挤形后调点”的方法,培养学生的建模能力。 3. 能够举一反三,训练学生的分析能力和解决问题的能力。		
任务重点	1. 熟练运用可编辑多边形命令创建模型。 2. 熟练使用挤出、插入、焊接、切角命令。		
任务要求	1. 使用可编辑多边形命令制作现代单人浴缸模型。 2. 依照图片,同学们独立完成模型制作。 3. 造型比例符合图片要求。 4. 提交文件名为:作业名称-姓名-班级,MAX 格式文件,不渲染。		
学分	现代单人浴缸模型制作:0.2 学分。		

现代单人浴缸模型制作任务评价单

姓名		任务名称									
项目	评价要点及标准		自评			他评			师评		
			A	B	C	A	B	C	A	B	C
课堂状态	注意力是否集中										
	学习是否主动										
	练习是否认真										
	学习热情是否高涨										
学习策略	认真预习										
	不耻下问										
	敢于面对困难										
	勤于动手实践										
	善于思考										
知识目标											
技能目标											
反思											

学生主导任务B 冲水马桶模型制作任务单和评价单

冲水马桶模型制作任务单

任务名称	冲水马桶模型制作		
效果图			
主体模型制作步骤示意图			
学生姓名		同组成员	
任务目的	1. 巩固学生学习的知识和技能,要求学生独立完成冲水马桶模型制作。 2. 运用“先挤形后调点”的方法,培养学生的建模能力。 3. 能够举一反三,训练学生的分析能力和解决问题的能力。		
任务重点	1. 熟练运用可编辑多边形命令创建模型。 2. 熟练运用挤出、连接命令创建模型。 3. 探索可编辑多边形命令制作冲水马桶模型局部细节的方法。		
任务要求	1. 使用可编辑多边形命令制作冲水马桶模型。 2. 依照图片,同学们独立完成模型制作。 3. 造型比例符合图片要求。 4. 提交文件名为:作业名称-姓名-班级,MAX 格式文件,不渲染。		
学分	冲水马桶模型制作:0.2 学分。		

冲水马桶模型制作任务评价单

姓名		任务名称									
项目	评价要点及标准	自评			他评			师评			
		A	B	C	A	B	C	A	B	C	
课堂状态	注意力是否集中										
	学习是否主动										
	练习是否认真										
	学习热情是否高涨										
学习策略	认真预习										
	不耻下问										
	敢于面对困难										
	勤于动手实践										
	善于思考										
知识目标											
技能目标											
反思											

课后作业任务单

任务名称	方形冲浪浴缸模型制作
作业要求	1. 同学们利用课后时间，依照方形冲浪浴缸模型的效果图，用我们本节任务所学的可编辑多边形命令完成模型创建。（同学们开始制作时，先不要看下页的制作要领提示，先参照效果图，可以锻炼同学们的分析和解决问题的能力。） 2. 本次任务既有刚学习的新知识、新技能，同时又复习了之前学习的放样、挤出等建模命令。 3. 本次任务在模型制作上有一定难度，可以锻炼同学们的学习能力。 4. 课后作业任务有一定的难度，鼓励同学们大胆探索、发现问题、提出问题，以此培养同学们不怕苦、不怕累，克服困难，耐心坚持和不轻易放弃的抗压能力和创新能力。
效果图	
分解图	
前视图 左视图	

本节任务 知识技能	模型部件名称： 浴缸主体模型 浴缸喷头模型 制作要领提示： 可编辑多边形挤出、插入命令	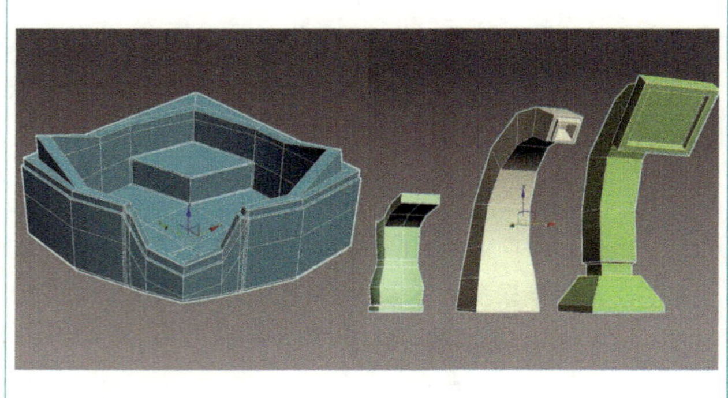
复习 知识技能	模型部件名称： 浴缸玻璃架模型 浴缸玻璃模型 制作要领提示： 放样命令 放样变形命令	
制作步骤 示意图	方形冲浪浴缸模型 制作步骤示意图	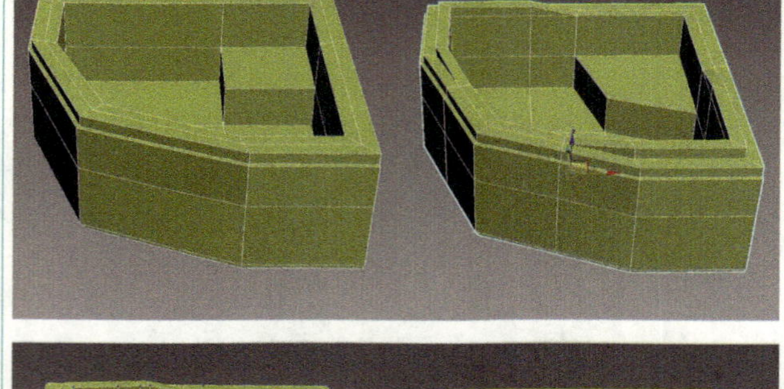 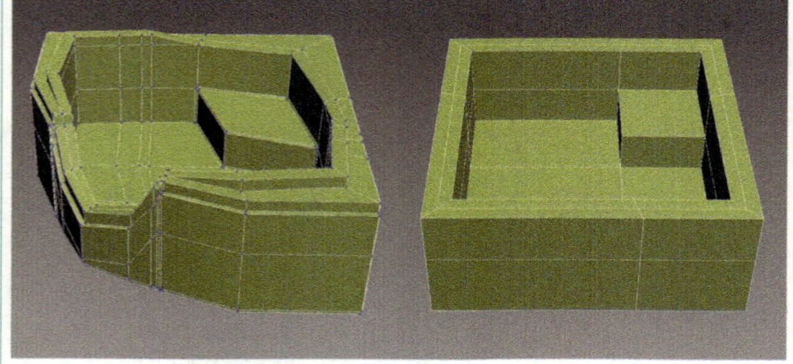

学习笔记

任务2　制作洗手台模型

一、任务介绍

卫浴模型是室内设计效果图模型制作中比较复杂、难度较大的模型。本次任务通过制作卫浴洗手台系列模型，使同学们掌握“先挤形后调点”和“先调点后挤形”两种方法及两种方法结合运用的技巧，使学生们具备面对各类复杂的曲面模型，都能够轻松自如地完成模型制作的能力。洗手台模型可参考图6-2-1。

图6-2-1

二、任务目标

任务表

教师主导教学任务	学生主导制作任务
典型任务：用“先调点后挤形”的方法制作洗手台模型	任务A：制作圆形洗手台模型
拓展任务：用“先调点后挤形”的方法制作欧式洗手台模型	任务B：制作三角形洗手台模型

知识目标

1. 能叙述3ds Max软件可编辑多边形建模操作流程和建模原理。
2. 能回答“先调点后挤形”方法在创建复杂模型中的运用。
3. 能描述洗手台模型的特点及制作技巧。

技能目标

1. 熟练运用可编辑多边形命令制作洗手台模型。
2. 熟练运用挤出、连接、切角命令制作洗手台模型。
3. 熟练运用“先调点后挤形”方法制作洗手台模型。

素养目标

1. 学习是不断探索的过程，鼓励同学们大胆探索，发现问题，解决问题。
2. 让学生到市场考察卫浴产品，引导学生了解市情、国情、民情，关心家事、国事。

典型任务　运用“先调点后挤形”的方法制作洗手台模型

任务实施

一、任务要求

1. 本次任务的重点是运用“先调点后挤形”的方法制作洗手台模型。
2. 熟练运用挤出、环形、连接建模命令。
3. 熟悉洗手台模型的造型特点。

洗手台模型可参考图 6-2-2。

图 6-2-2

扫一扫，观看教学视频

二、实施步骤

1. 选择【文件】菜单中的【重置】命令，重新设置系统。

2. 在顶视图中使用＋【创建】命令，建立出一个长方体，参数设置为长度：50，宽度：45，高度：5，长度分段数：4，宽度分段数：3，高度分段数：1，如图 6-2-3 所示。

3. 右击将模型转换为【可编辑多边形】的命令，进入【可编辑多边形】中的■【多边形】层级，在透视图中选择洗手台模型中的内侧的多边形面，单击 编辑多边形 展卷栏下的 【设置】按钮，高度：2，如图 6-2-4 所示。

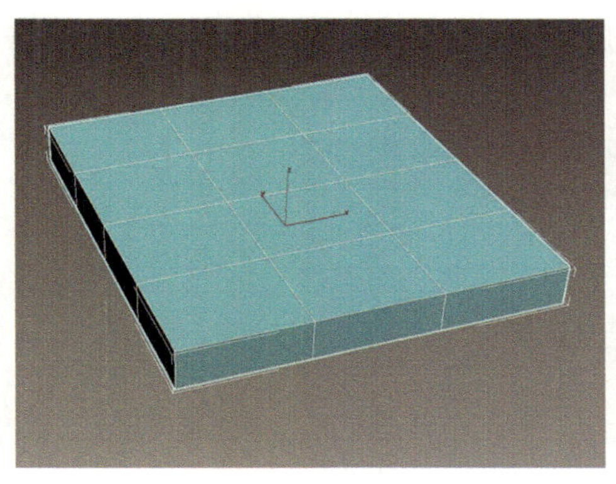

图 6-2-3

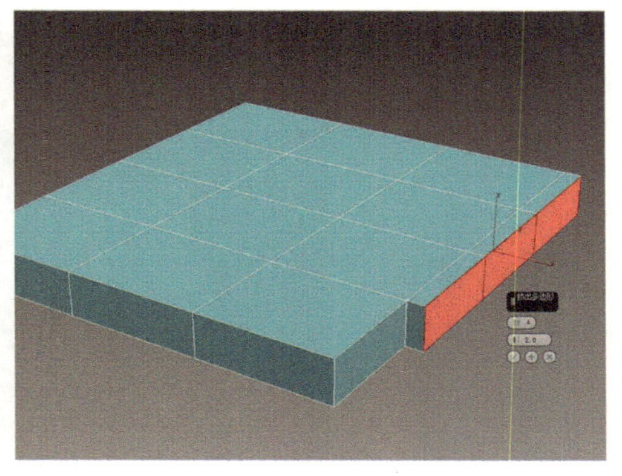

图 6-2-4

4. 进入【可编辑多边形】中的【点】层级，在顶视图中选择洗手台模型的顶点，选择【移动】工具，向外移动，最后调整效果如图 6-2-5 所示。

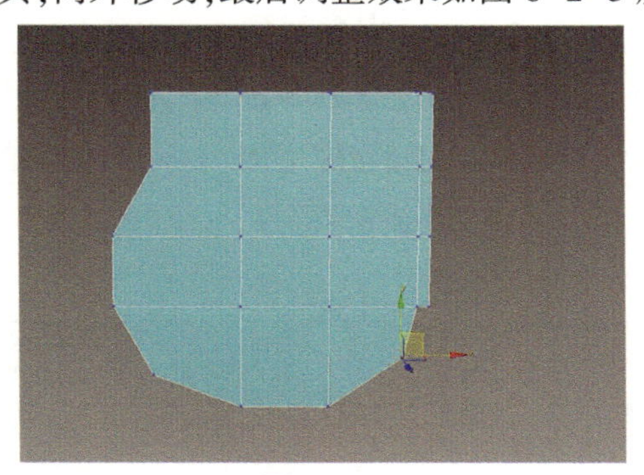

图 6-2-5

5. 进入【可编辑多边形】中的【多边形】层级，在透视图中选择洗手台模型中底部所有的面，单击 编辑多边形 展卷栏下的 插入 【设置】按钮，数量：2，如图 6-2-6 所示。单击 挤出 【设置】按钮，高度：18，在主工具栏中选择【缩放】工具，向内缩放。单击 挤出 【设置】按钮，高度：3，如图 6-2-7 所示。

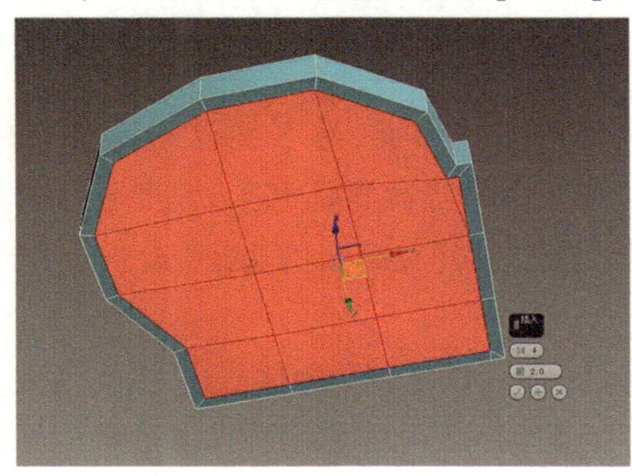

图 6-2-6

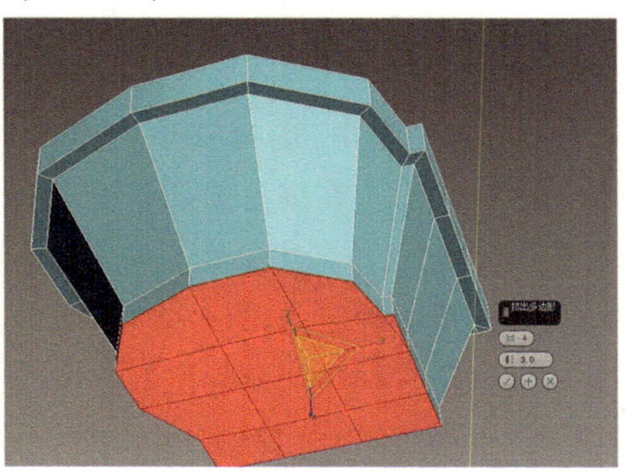

图 6-2-7

6. 进入【可编辑多边形】中的【点】层级，右击，单击【剪切】命令，剪切一条新的线，如图 6-2-8 所示。

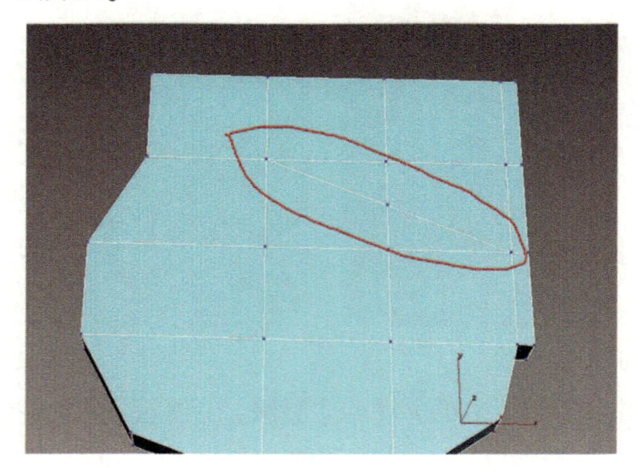

图 6-2-8

7. 进入【可编辑多边形】中的【多边形】层级，在透视图中选择洗手台模型中顶部的多边形面，单击 编辑多边形 展卷栏下的 插入 【设置】按钮，数量：3，如图 6-2-9 所示。单击 挤出 【设置】按钮，高度：-15，在主工具栏中选择【缩放】工具，向内缩放，如图 6-2-10 所示。

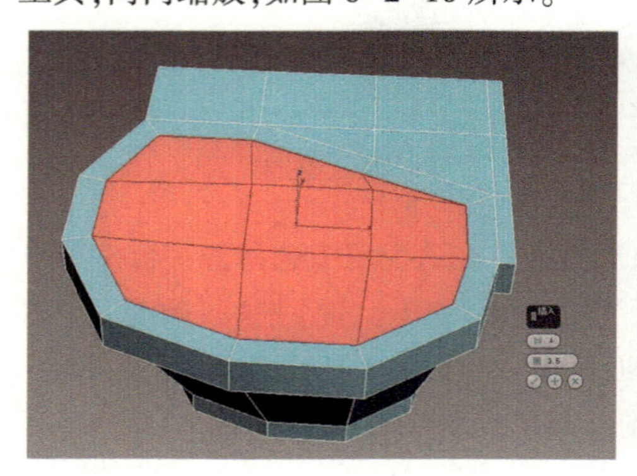

图 6-2-9

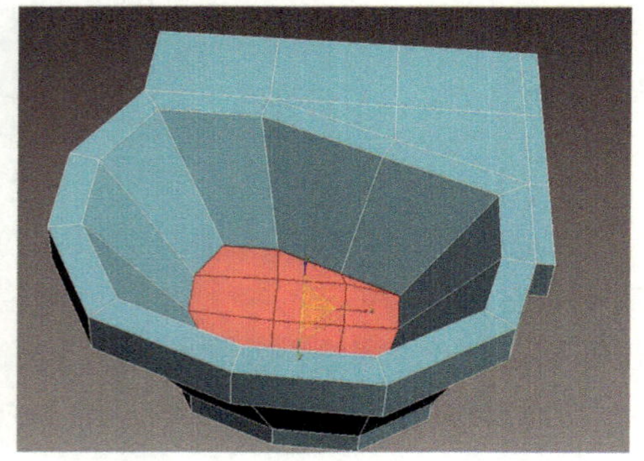

图 6-2-10

8. 在透视图中，选择洗手台模型中内侧的多边形面，按下键盘删除键，如图 6-2-11 所示。在键盘按下 6 键（退出可编辑多边形次物体）进入洗手台物体级，在顶视图中，单击主工具栏中的【镜像】命令，在【克隆当前选择】选项中，选择【复制】，单击确定，如图 6-2-12 所示。

9. 单击 编辑几何体 展卷栏下的 附加 命令，单击新复制的物体。进入【可编辑多边形】中的【点】层级，选择两物体相交的点，单击 编辑顶点 展卷栏下的 焊接 【设置】按钮，焊接阈值：2，如图 6-2-13、图 6-2-14 所示。

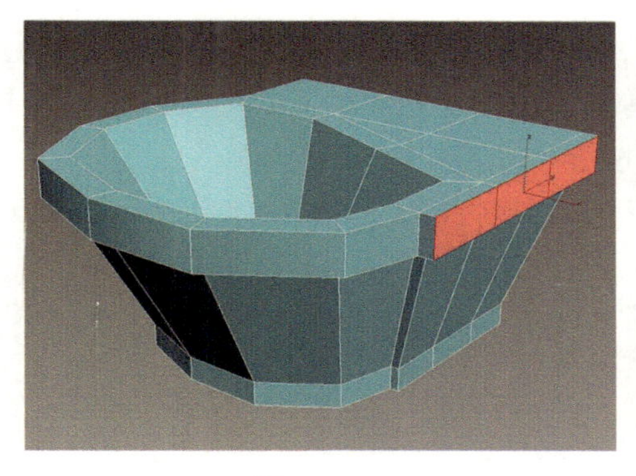

图 6-2-11

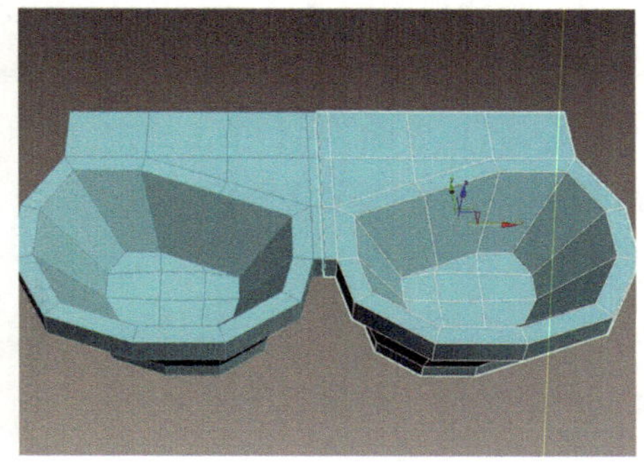

图 6-2-12

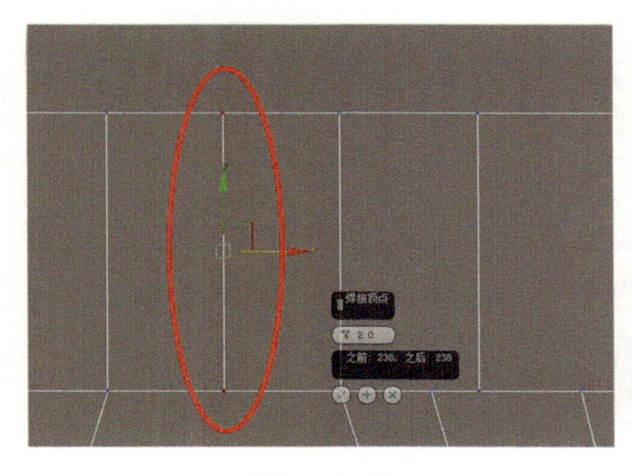

图 6-2-13

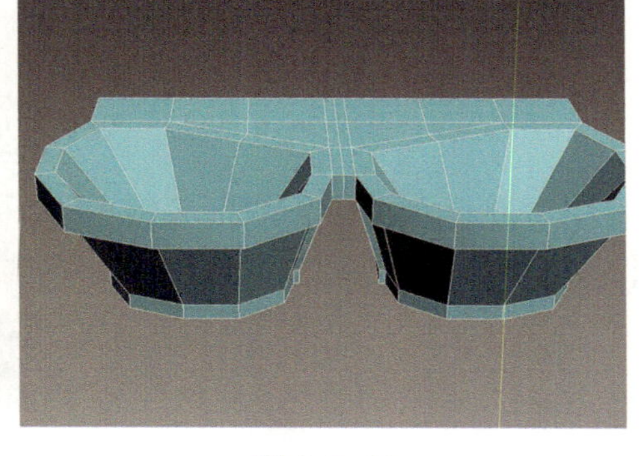

图 6-2-14

10. 进入【可编辑多边形】中的【多边形】层级，在透视图中选择洗手台模型中后部的多边形面，单击 编辑多边形 展卷栏下的 挤出 【设置】按钮，高度：1，如图 6-2-15 所示。

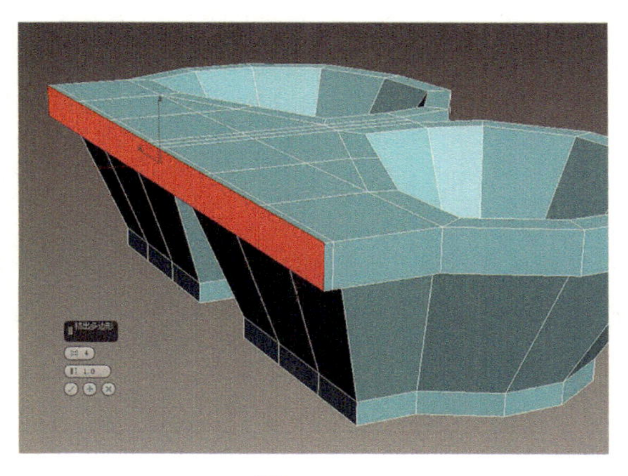

图 6-2-15

11. 在透视图中选择洗手台模型前部分的内外各一个边，单击 选择 展卷栏下的 环形 按钮，如图 6-2-16 所示。单击 编辑边 展卷栏下的 连接 【设置】按钮，分段：1，收缩：-94，单击确定，如图 6-2-17 所示。

图 6-2-16

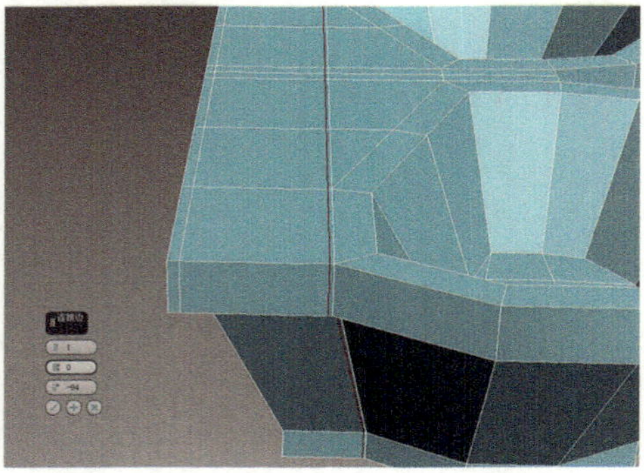

图 6-2-17

12. 在键盘上按下数字 6 键（退出可编辑多边形次物体选择），右击，选择【NURMS 切换】命令，迭代次数：3，完成洗手台模型制作，如图 6-2-18 所示。

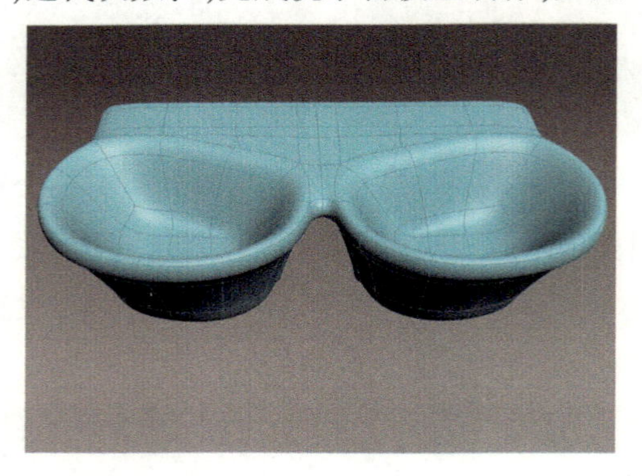

图 6-2-18

问题 1. 在编辑次物体点的时候，点的焊接命令和目标焊接命令有什么不同？

问题 2. 多个物体使用可编辑多边形附加命令和软件菜单组的命令有何区别？

知识点梳理

编辑物体级别

编辑几何体界面见图 6-2-19。

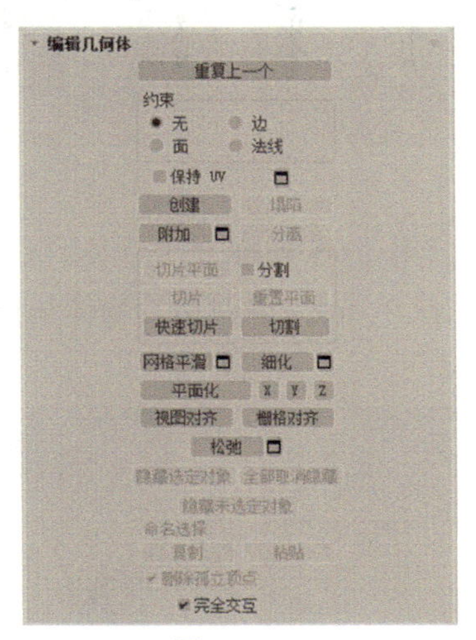

图 6-2-19

附加:单击此命令,在视图中选取其它的物体,可以是任何类型的物体,包括样条曲线、面片等。可以将他们合并到当前物体,同时转换为多边形物体类型。单击右侧设置按钮,弹出结合列表,可以方便一次合并多个物体。物体附加前如图 6-2-20 所示,物体附加后如图 6-2-21 所示。

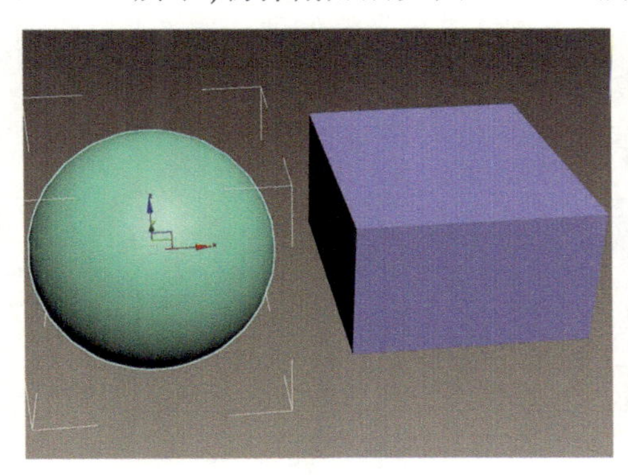

图 6-2-20

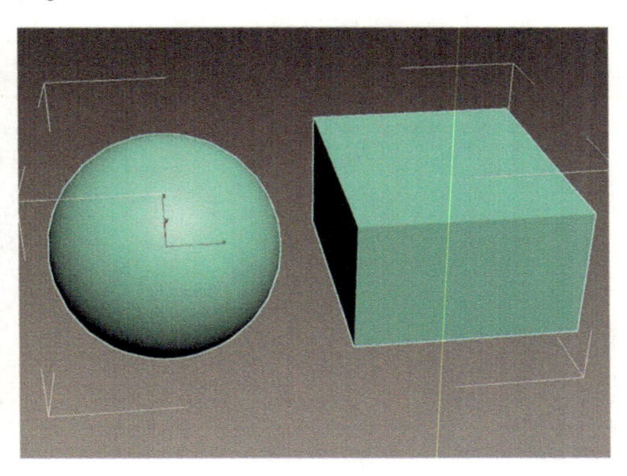

图 6-2-21

分离:将当前选择的次物体分离出去,成为一个独立的新物体。次物体分离前如图 6-2-22 所示,次物体分离后如 6-2-23 所示。

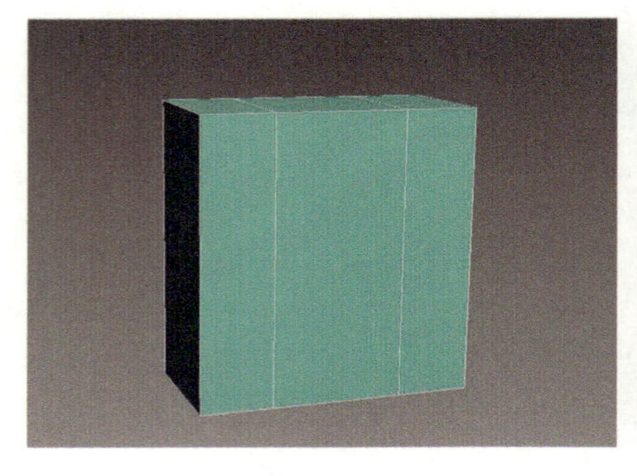

图 6-2-22

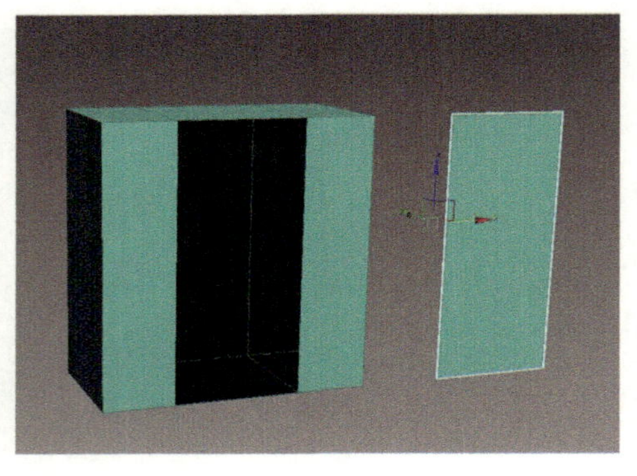

图 6-2-23

切割(剪切):通过在边上添加点来细分次物体。选择后,在需要细分的边上单击,移动鼠标到下一边,依次单击,完成剪切。物体切割前如图 6-2-24 所示,物体切割后如图 6-2-25 所示。

图 6-2-24

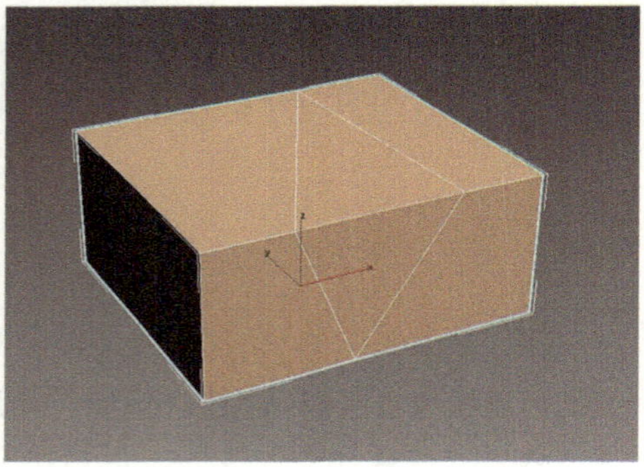

图 6-2-25

网格平滑:使用当前的光滑设置对选择的次物体进行光滑处理。物体平滑前如图 6-2-26 所示,物体一次平滑如图 6-2-27 所示,物体二次平滑如图 6-2-28 所示。

图 6-2-26

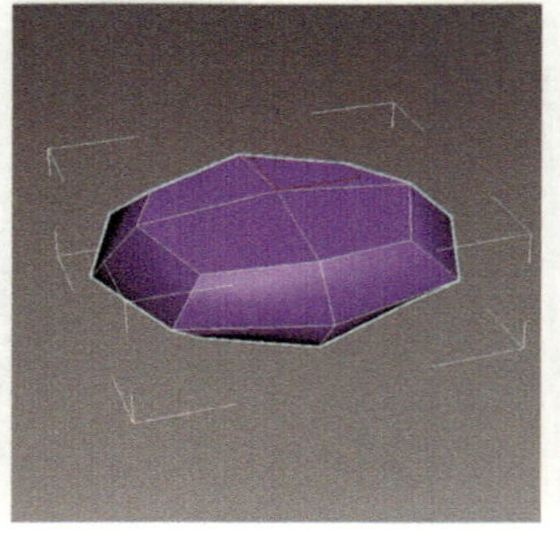

图 6-2-27

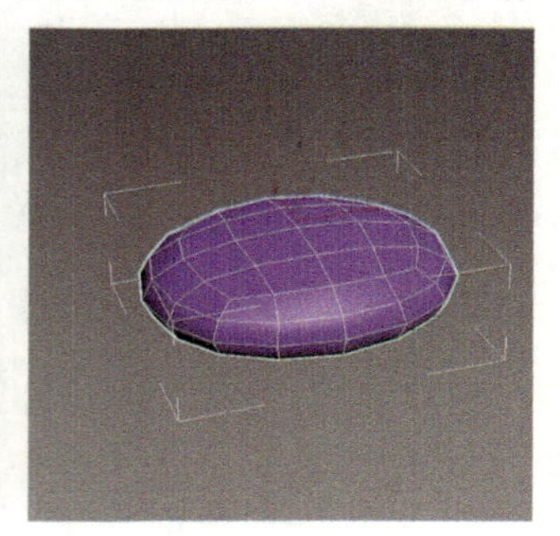

图 6-2-28

细分：对选择的次物体进行细分化处理。物体细分前如图 6-2-29 所示，物体一次细分如图 6-2-30 所示，物体二次细分如图 6-2-31 所示。

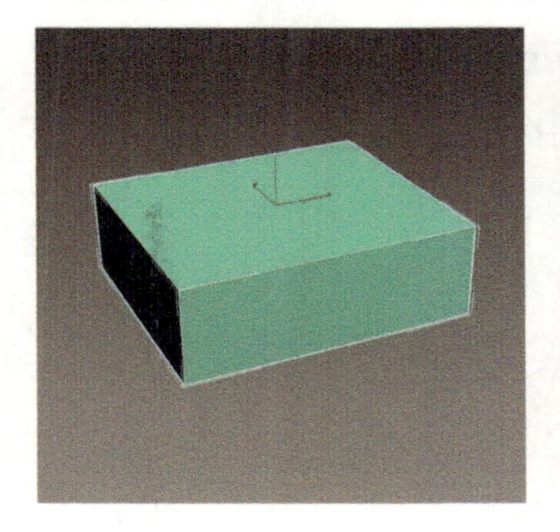

图 6-2-29

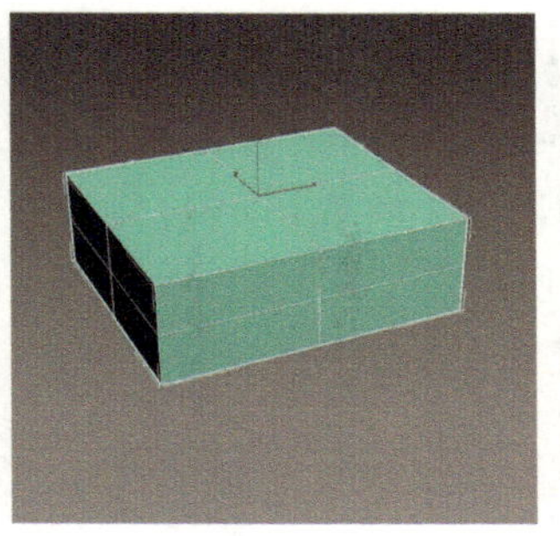

图 6-2-30

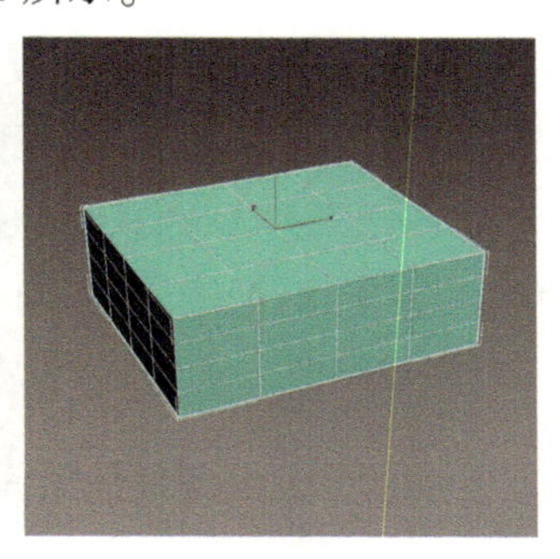

图 6-2-31

拓展任务 运用“先调点后挤形”的方法制作欧式洗手台模型

一、任务要求

1. 本次任务的重点是运用“先调点后挤形”的方法制作欧式洗手台模型。
2. 熟练运用移动、缩放工具对点、面的调整修改。
3. 熟练使用切角命令制作模型局部细节方法。

欧式洗手台模型可参考图 6-2-32。

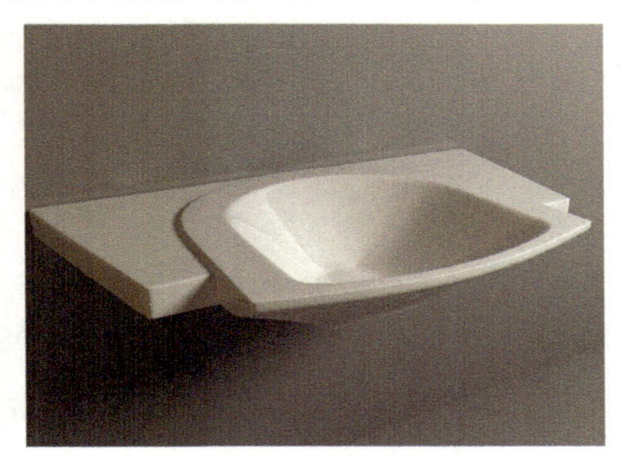

图 6-2-32

扫一扫，观看教学视频

二、实施步骤

1. 选择【文件】菜单中的【重置】命令，重新设置系统。

2. 在顶视图中使用【创建】命令，创建长方体，参数设置为长度：40，宽度：100，高度：5，长度分段数：4，宽度分段数：5，高度分段数：2，如图 6-2-33 所示。

3. 右击将模型转换为【可编辑多边形】的命令，进入【可编辑多边形】中的【多边形】层级，在透视图中选择洗手台模型中前侧的多边形面，单击 编辑多边形 展卷栏下的 挤出 【设置】按钮，高度：5，再次单击 挤出 【设置】按钮，高度：3，如图 6-2-34 所示。

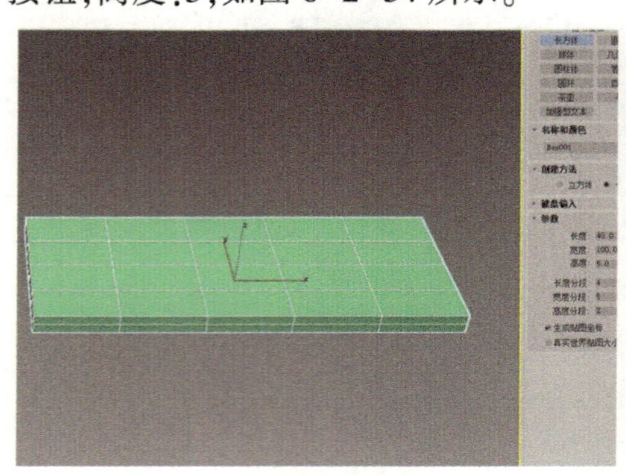

图 6-2-33

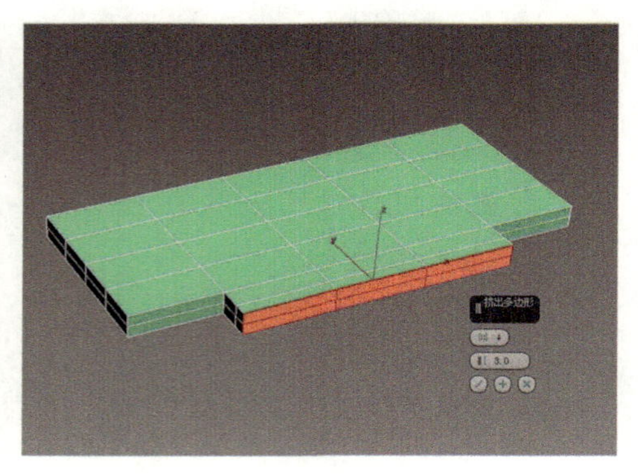

图 6-2-34

4. 在透视图中选择洗手台模型中后侧的多边形面，单击 编辑多边形 展卷栏下的 挤出 【设置】按钮，高度：2，如图 6-2-35 所示。

5. 进入【可编辑多边形】中的【点】层级，在顶视图中选择方形洗手台模型两侧的顶点，选择【缩放】工具，向内缩放，将洗手台两侧顶点调整成 T 型，如图 6-2-36 所示。

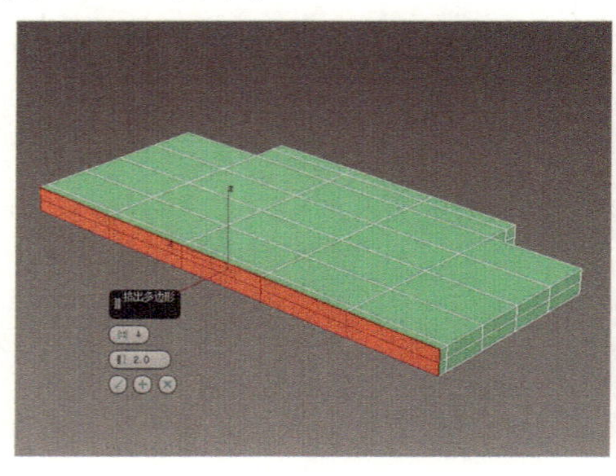

图 6-2-35

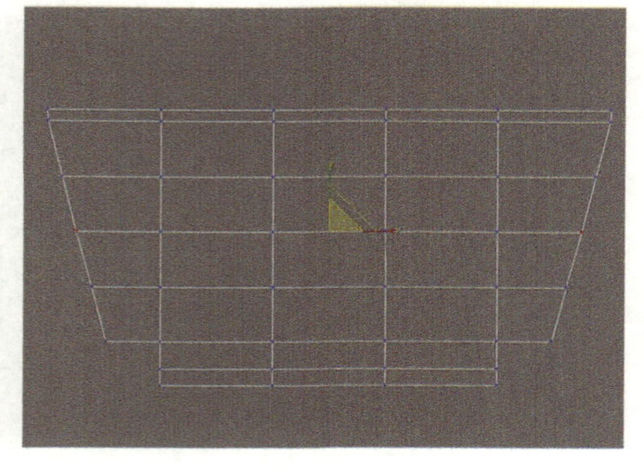

图 6-2-36

6. 单击 编辑顶点 展卷栏下的 连接 按钮，连接如图 6-2-37 所示两个端点，方形洗手台底部也完成上述操作。使用【缩放】工具，调整点的位置，如图 6-2-38 所示。

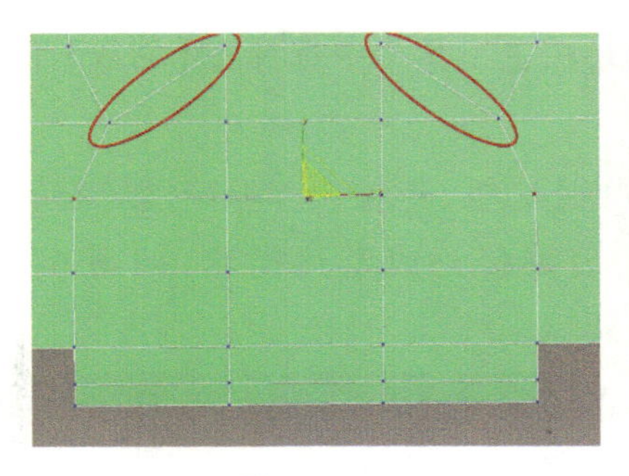

图 6-2-37

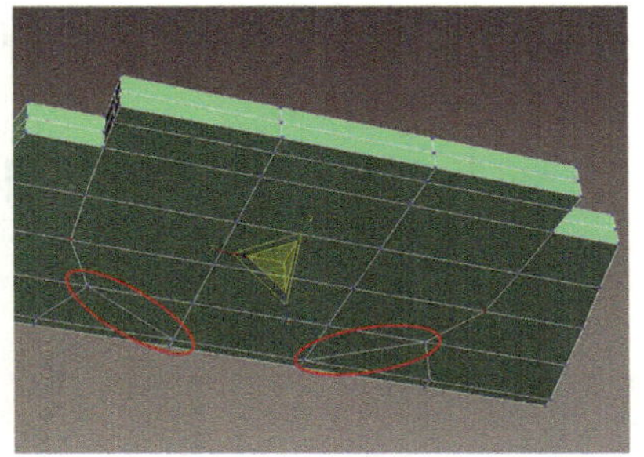

图 6-2-38

7. 进入【可编辑多边形】中的【多边形】层级，在透视图中选择洗手台模型中底部的一部分多边形面，单击 挤出 【设置】按钮，高度：15，在主工具栏中选择【缩放】工具，向内缩放。再次单击 挤出 【设置】按钮，高度：3，如图 6-2-39 所示。

8. 在透视图中选择洗手台模型中前侧的多边形面，单击 编辑多边形 展卷栏下的 挤出 【设置】按钮，高度：3，如图 6-2-40 所示。

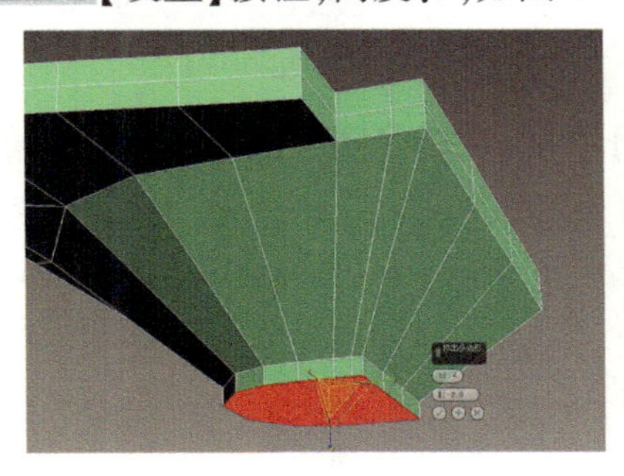

图 6-2-39

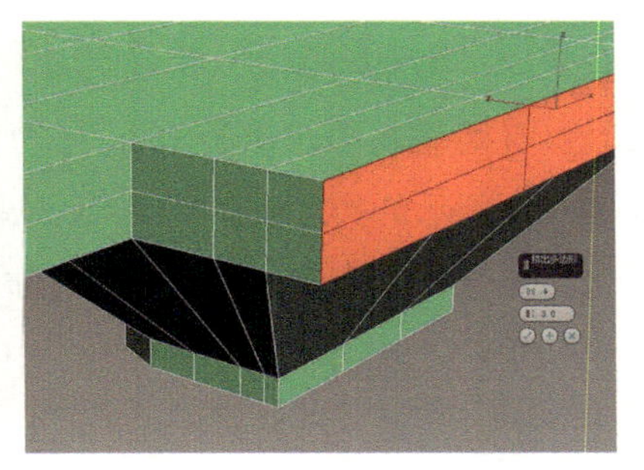

图 6-2-40

9. 在透视图中选择洗手台模型上部的多边形面，单击 编辑多边形 展卷栏下的 挤出 【设置】按钮，高度：1，如图 6-2-41 所示。再次单击 挤出 【设置】按钮，数量：0.1，在主工具栏中选择【缩放】工具，向内缩放，如图 6-2-42 所示。

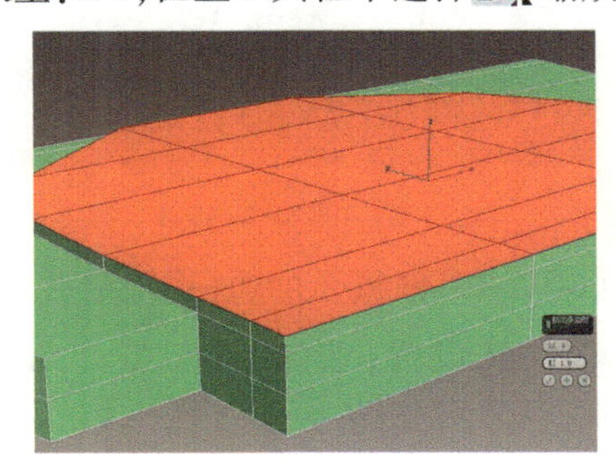

图 6-2-41

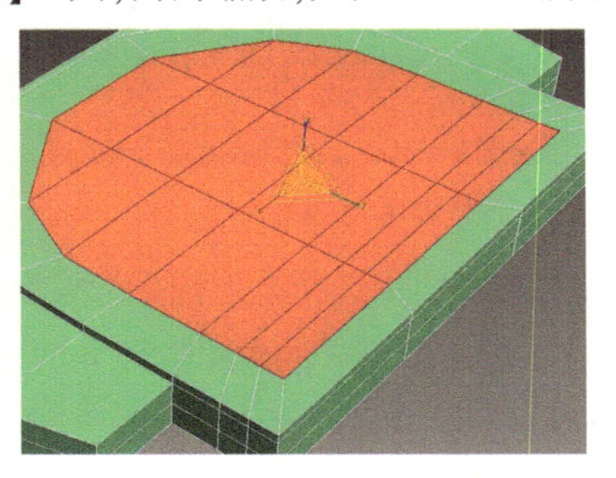

图 6-2-42

10. 再次单击 挤出 按钮，高度：-13，在主工具栏中选择【缩放】工具，向内缩放，如图 6-2-43 所示。

11. 进入【可编辑多边形】中的【点】层级，单击 编辑顶点 展卷栏下的 目标焊接 按钮，焊接如图所示两个端点，前侧都完成上述操作，如图 6-2-44 所示。

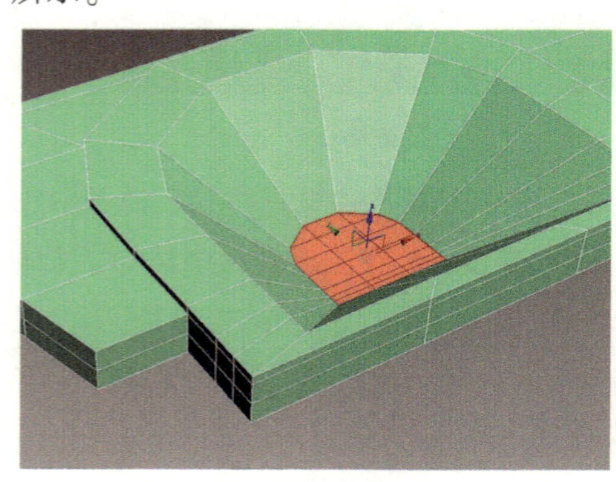

图 6-2-43

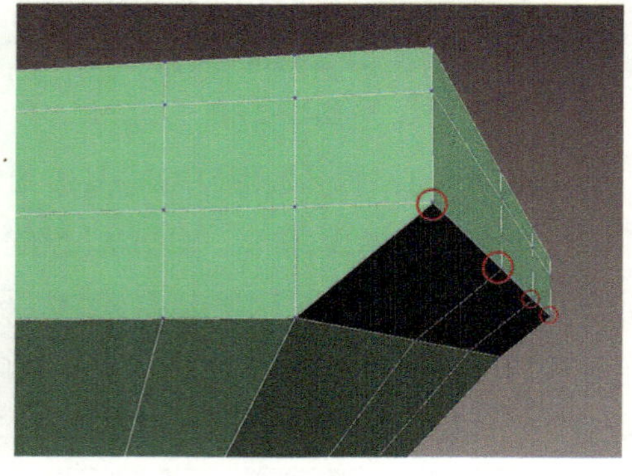

图 6-2-44

12. 进入【可编辑多边形】中的【边】层级，在透视图中选择方形洗手台模型如图 6-2-45 所示的边，单击 编辑边 展卷栏下的 移除 按钮，删除该条边，两侧都完成上述操作。右击，单击【剪切】命令，在方形洗手台模型再切出一条边，如图 6-2-46 所示。

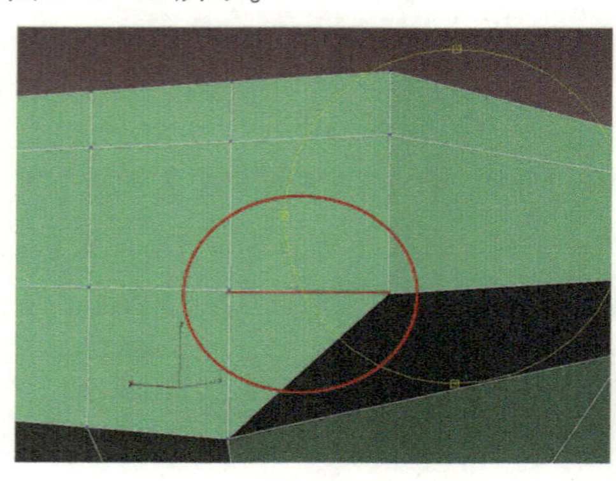

图 6-2-45

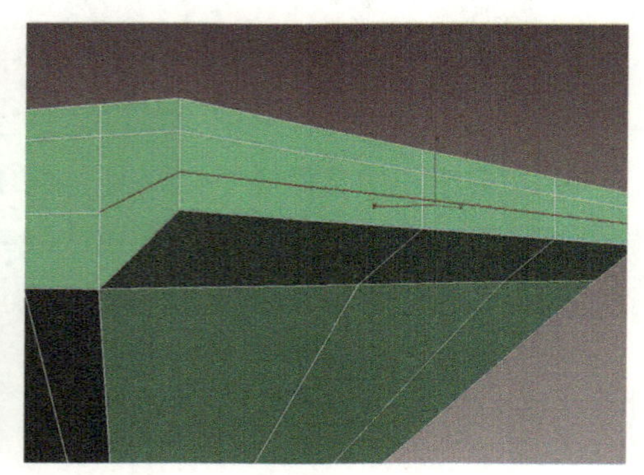

图 6-2-46

13. 在透视图中选择方形洗手台模型如图 6-2-47 所示的边（边缘最后显示硬角的边）。单击 编辑边 展卷栏下的 切角 【设置】按钮，边切角量：0. 1，如图 6-2-48 所示。

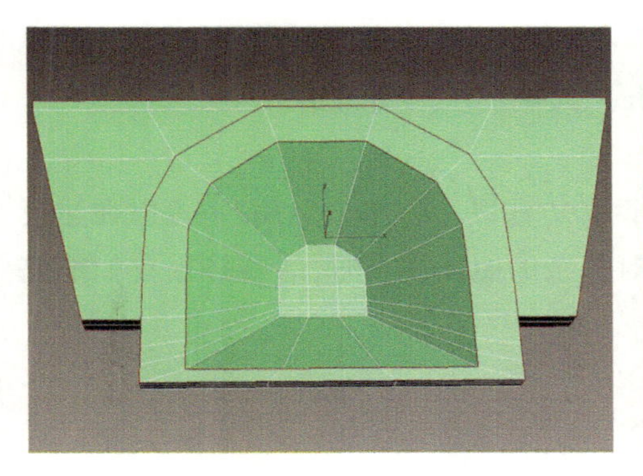

图 6-2-47

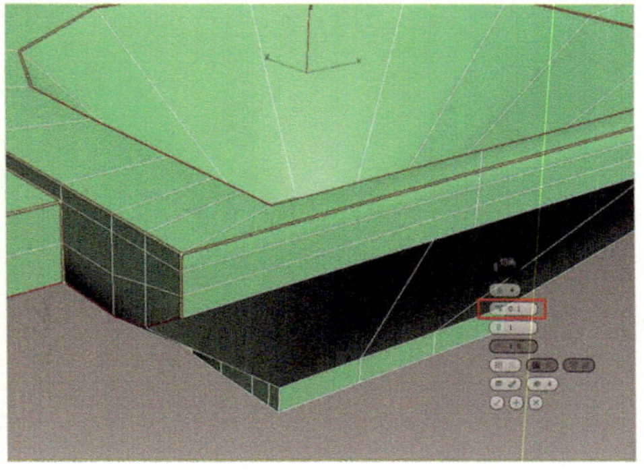

图 6-2-48

14. 进入【可编辑多边形】中的【点】层级，在顶视图中选择洗手台模型中前侧的两组顶点，向下移动，如图 6-2-49 所示。

15. 使用【移动】、【缩放】工具调整模型顶点。在键盘上按下数字 6 键(退出可编辑多边形次物体选择)，右击，选择【NURMS 切换】命令，迭代次数：3，完成 T 型洗手台模型制作，如图 6-2-50 所示。

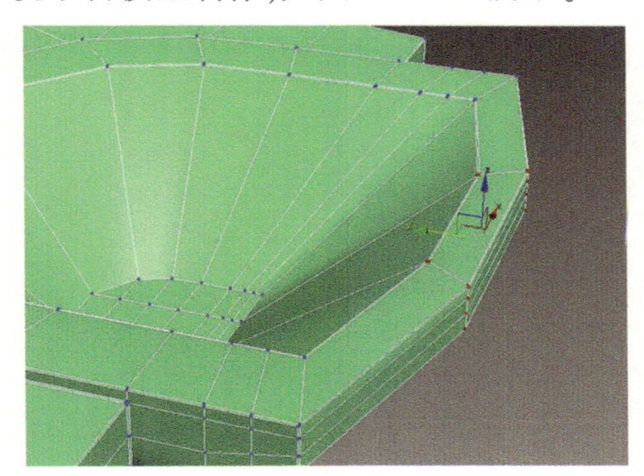

图 6-2-49

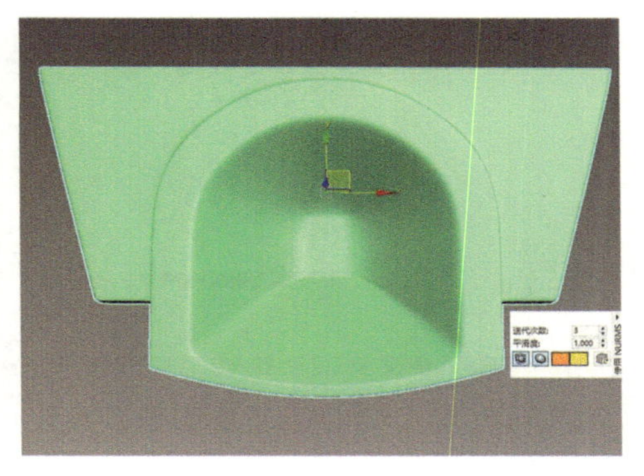

图 6-2-50

设计师点拨

“先挤形后调点”和“先调点后挤形”两种方法既可以单独运用，也可以在建模过程中交互使用，掌握两种方法后，在面对复杂的曲面模型时，能够轻松自如地完成制作，如图 6-2-51 所示。

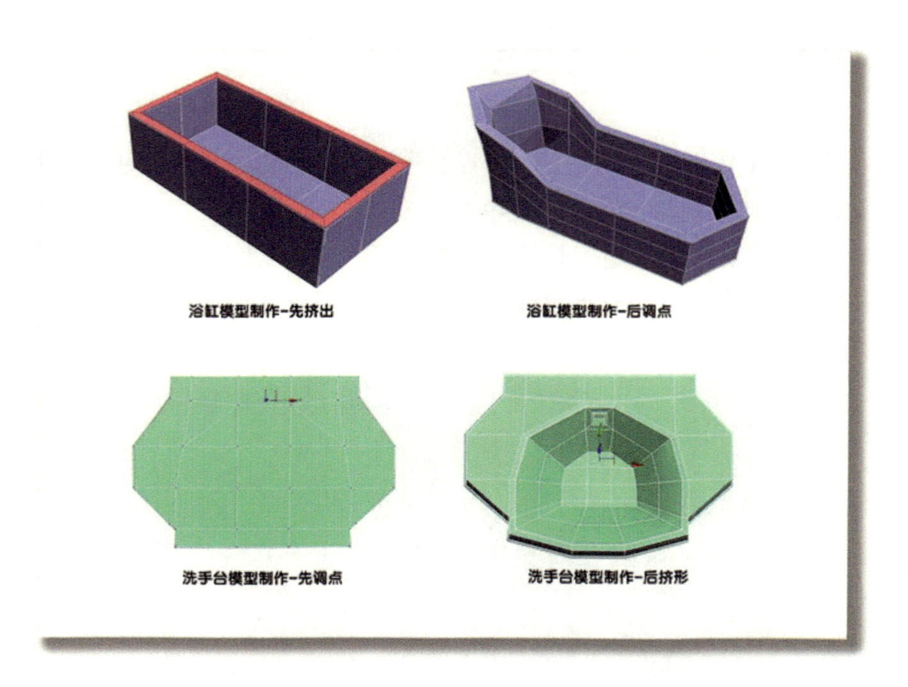

图 6-2-51

资料库 陶瓷卫浴产品生产工艺流程

陶瓷卫浴产品是现代人生活必需品之一，生产需要经过多道工序。下面对陶瓷卫浴产品的生产工艺流程进行详细介绍，以浴缸为例。

1. 陶瓷生产原料：分瓷土、釉料，其所含原料基本相同，但原料配比不同。其主要成分有长石、石英、氧化铁、氧化锆、铝粉、氧化镁和色料。

2. 模具：陶瓷生产中用于成型注浆的工具由石膏粉制成，具备吸水快、凝固时间短、修补方便及价格便宜的特性，通常一个模具可承受 80 至 120 次的灌浆。

3. 成型灌注：用浆料到石膏模中形成半成品坯体，每一件成型产品至少两块模块模型组合。

4. 喷釉：用釉料均匀地喷施在半成品坯体上，方式分为机器手喷釉和人工喷釉。

5. 烧成：喷成釉的半成品，在窑内经过高温烧热后转变为成品的过程。整个烧成过程分为三个阶段：预热带、烧成带和冷却带。常见的窑炉类型包括梭式窑、隧道窑和辊道窑。

6. 检验：检验环节主要针对浆料、釉料、色差、色泽进行评估，例如浆料的细度、比重(含水量)、收缩、强度、抗弯曲性、流动触变。

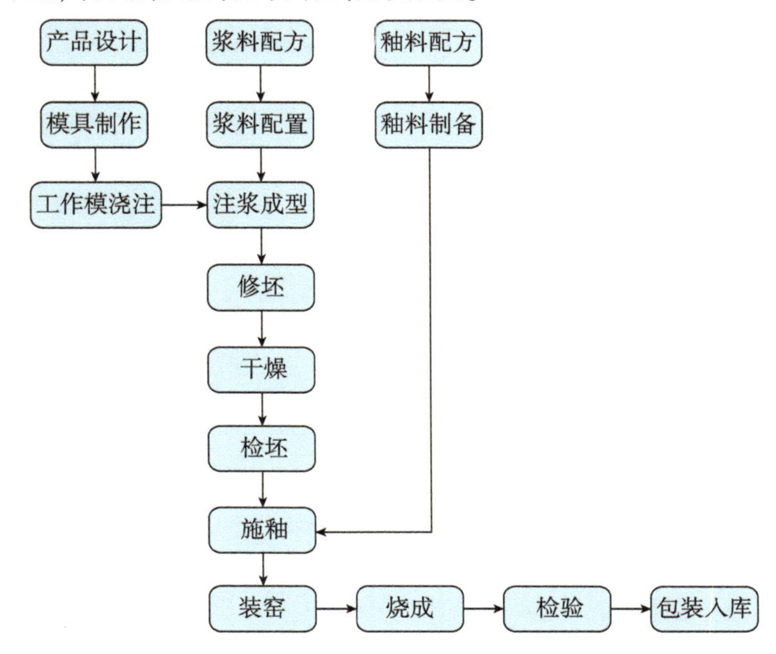

学习笔记

学生主导任务A　圆形洗手台模型制作任务单和评价单

圆形洗手台模型制作任务单

<table>
<tr><td>任务名称</td><td colspan="3">圆形洗手台模型制作</td></tr>
<tr><td>效果图</td><td colspan="3"></td></tr>
<tr><td>主体模型制作步骤示意图</td><td colspan="3"></td></tr>
<tr><td>学生姓名</td><td></td><td>同组成员</td><td></td></tr>
<tr><td>任务目的</td><td colspan="3">1. 巩固学生学习的知识和技能,要求学生独立完成圆形洗手台模型制作。
2. 培养学生的建模能力。
3. 能够举一反三,训练学生的分析能力和解决问题的能力。</td></tr>
<tr><td>任务重点</td><td colspan="3">1. 熟练运用可编辑多边形命令创建模型。
2. 熟练使用挤出、插入命令。</td></tr>
<tr><td>任务要求</td><td colspan="3">1. 使用可编辑多边形命令制作圆形洗手台模型。
2. 同学们依照图片独立完成模型制作。
3. 造型比例符合图片要求。
4. 提交文件名为:作业名称-姓名-班级,MAX 格式文件,不渲染。</td></tr>
<tr><td>学分</td><td colspan="3">圆形洗手台模型制作:0.2 学分。</td></tr>
</table>

圆形洗手台模型制作任务评价单

姓名		任务名称									
项目	评价要点及标准	自评			他评			师评			
		A	B	C	A	B	C	A	B	C	
课堂状态	注意力是否集中										
	学习是否主动										
	练习是否认真										
	学习热情是否高涨										
学习策略	认真预习										
	不耻下问										
	敢于面对困难										
	勤于动手实践										
	善于思考										
知识目标											
技能目标											
反思											

学生主导任务B 三角形洗手台模型制作任务单和评价单

三角形洗手台模型制作任务单

任务名称	三角形洗手台模型制作		
效果图			
主体模型制作步骤示意图			
学生姓名		同组成员	
任务目的	1. 巩固学生学习的知识和技能,要求学生独立完成三角形洗手台模型制作。 2. 培养学生的建模能力。 3. 能够举一反三,训练学生的分析能力和解决问题的能力。		
任务重点	1. 熟练运用可编辑多边形命令创建模型。 2. 熟练运用挤出、连接命令创建模型。 3. 探索可编辑多边形制作洗手台模型局部细节的的方法。		
任务要求	1. 使用可编辑多边形命令制作三角形洗手台模型。 2. 依照图片,同学们独立完成模型制作。 3. 造型比例符合图片要求。 4. 提交文件名为:作业名称-姓名-班级,MAX 格式文件,不渲染。		
学分	三角形洗手台模型制作:0.2 学分。		

三角形洗手台模型制作任务评价单

姓名		任务名称									
项目	评价要点及标准		自评			他评			师评		
			A	B	C	A	B	C	A	B	C
课堂状态	注意力是否集中										
	学习是否主动										
	练习是否认真										
	学习热情是否高涨										
学习策略	认真预习										
	不耻下问										
	敢于面对困难										
	勤于动手实践										
	善于思考										
知识目标											
技能目标											
反思											

课后作业任务单

任务名称	欧式风格洗手台模型制作
作业要求	1. 同学们利用课后时间，依照欧式风格洗手台模型的效果图，用我们本节任务所学的可编辑多边形命令完成模型创建。（同学们开始制作时，先不要看下页的制作要领提示，先参照效果图，锻炼同学们的分析和解决问题的能力。） 2. 本次任务既有刚学习的新知识、新技能，又同时复习了之前学习的放样建模命令。 3. 本次任务模型在局部细节制作上有一定难度，锻炼同学们学习能力。 4. 课后作业任务有一定的难度，鼓励同学们大胆探索，发现问题，提出问题，以此培养同学们不怕苦、不怕累，克服困难，耐心坚持和不轻易放弃的抗压能力和创新能力。
效果图	
分解图	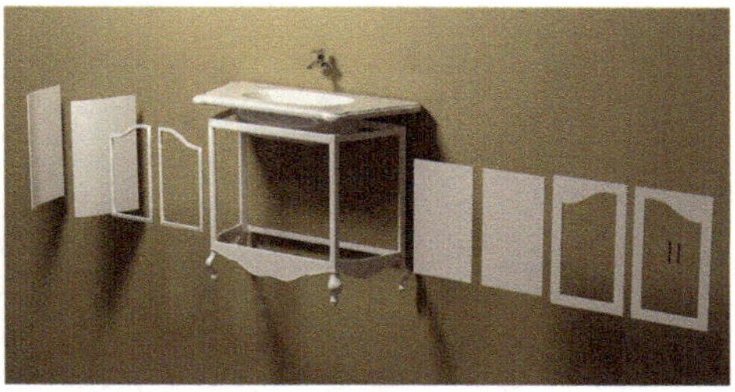
顶视图 前视图 左视图	

<table>
<tr><td rowspan="1">本节任务
知识技能</td><td>模型部件名称：
洗手台台面模型
洗手台柜子模型
洗手台水龙头模型
洗手台柜子腿模型
制作要领提示：
可编辑多边形挤出
插入命令</td><td>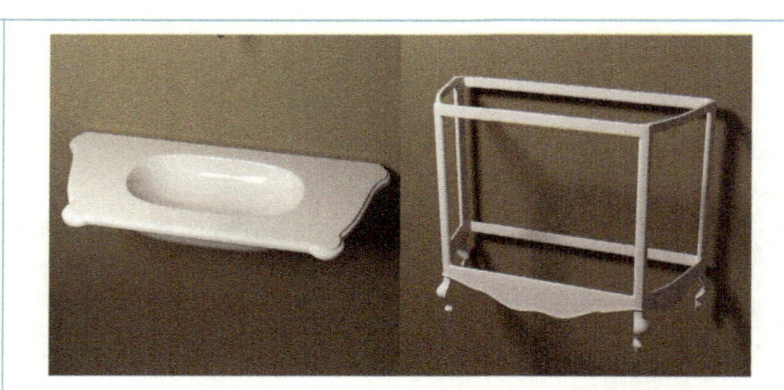
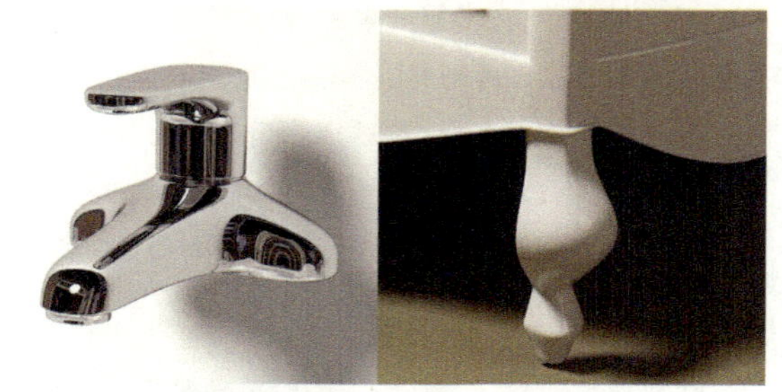</td></tr>
<tr><td>复习
知识技能</td><td>模型部件名称：
洗手台柜门模型
洗手台柜门把手模型
制作要领提示：
放样命令
挤出命令</td><td>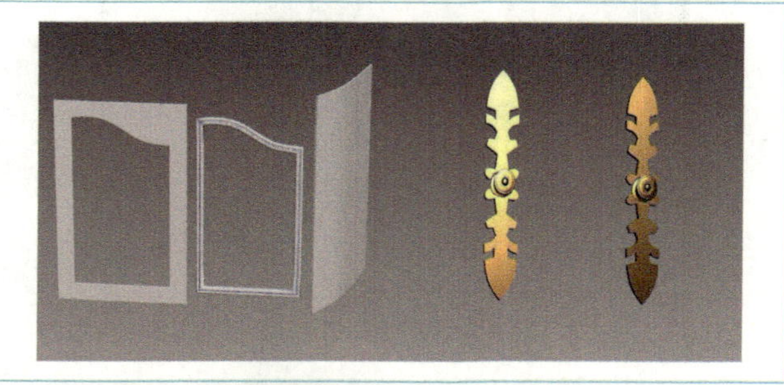</td></tr>
<tr><td rowspan="2">制作步骤
示意图</td><td>欧式风格洗手台台面模型制作步骤示意图</td><td>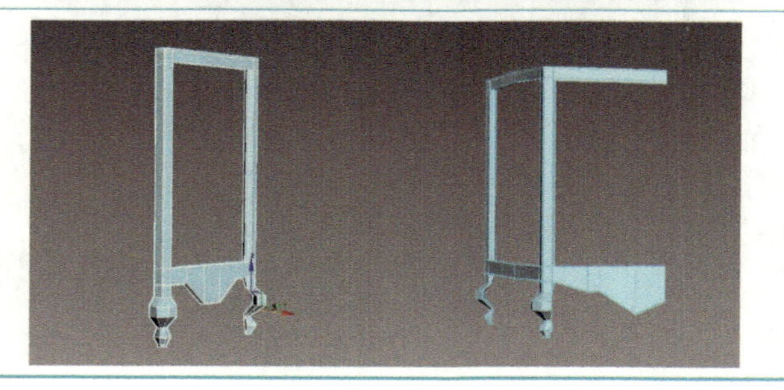</td></tr>
<tr><td>欧式风格洗手台柜子模型制作步骤示意图</td><td></td></tr>
</table>

制作步骤示意图		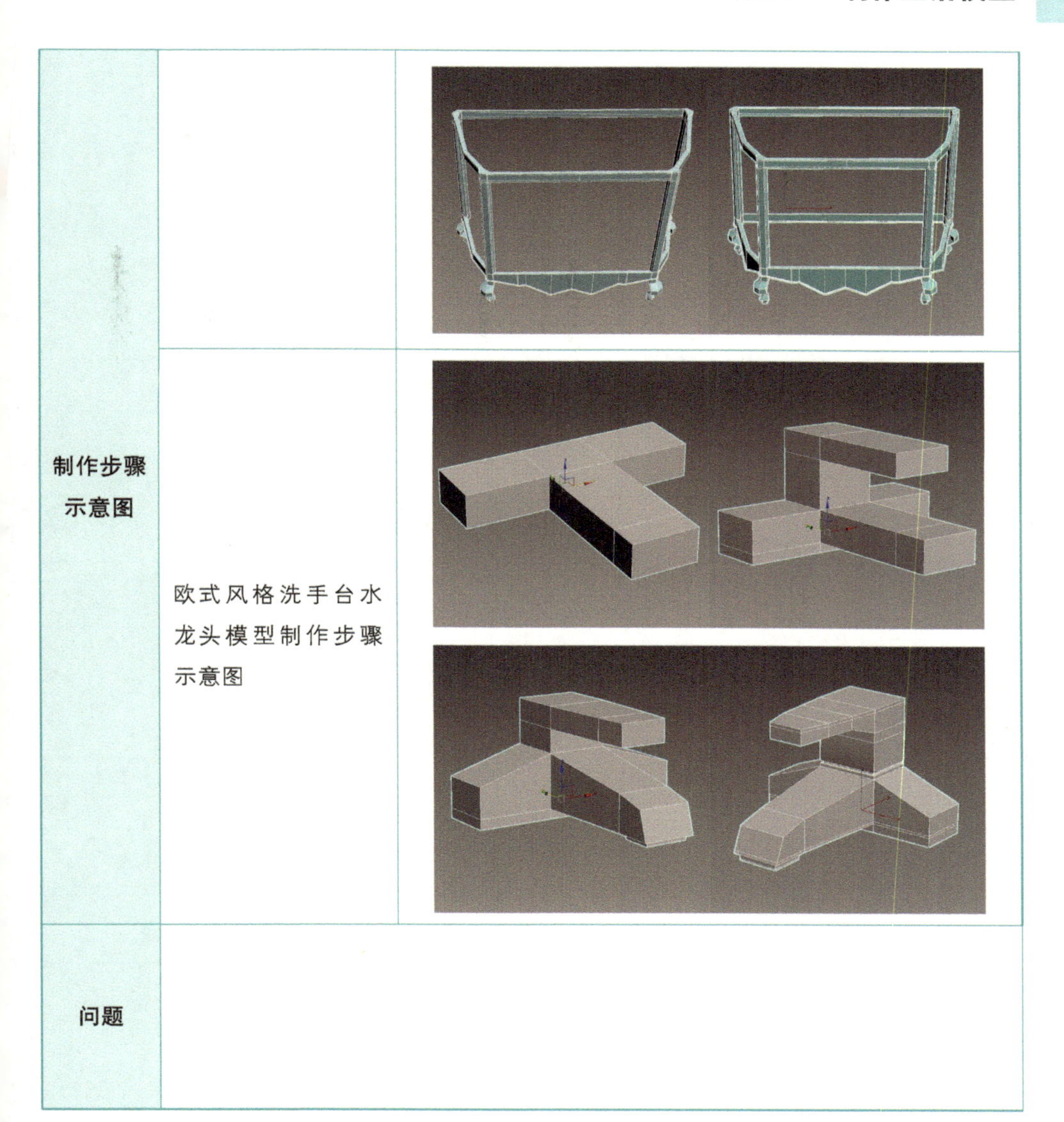
	欧式风格洗手台水龙头模型制作步骤示意图	
问题		

学习笔记